工程建设标准宣贯培训系列丛书

滑动模板工程
技术标准理解与应用指南

彭宣常　主编

中国建筑工业出版社

图书在版编目（CIP）数据

滑动模板工程技术标准理解与应用指南/彭宣常主编．—北京：中国建筑工业出版社，2020.8

（工程建设标准宣贯培训系列丛书）

ISBN 978-7-112-24976-3

Ⅰ．①滑…　Ⅱ．①彭…　Ⅲ．①滑动模板-技术标准-中国-指南　Ⅳ．①TU755.2-65

中国版本图书馆CIP数据核字(2020)第044538号

责任编辑：何玮珂　辛海丽　李　雪

责任设计：李志立

责任校对：姜小莲

工程建设标准宣贯培训系列丛书

滑动模板工程技术标准理解与应用指南

彭宣常　主编

*

中国建筑工业出版社出版、发行(北京海淀三里河路9号)

各地新华书店、建筑书店经销

北京红光制版公司制版

北京建筑工业印刷厂印刷

*

开本：787×1092毫米　1/16　印张：17¾　字数：343千字

2020年7月第一版　　2020年7月第一次印刷

定价：**80.00**元

ISBN 978-7-112-24976-3

(35725)

《滑动模板工程技术标准理解与应用指南》

编委会名单

主　编：	彭宣常					
副主编：	张亚钊	张晓萌	姚新林	彭　骏	孟春柳	高　峰
编　委：	彭宣常	孟春柳	张晓萌	高　峰	姚新林	张亚钊
	马利波	张宗亮	虎林孝	朱远江	谢正武	李凤君
	彭　骏	程宏斌	胡兴福	谢庆华	丁国平	杜秀彬
	张志明	王志龙	乔　锋	柴　卫	王怀东	张　远
	刘　波	李　洪	吴祥威	许佳琪	苏惠文	王海昌
	高栋才	孙　飚	杨志孝	赵　晨	兰　钦	米　舰
	刘和强	谭志斌	李国耀	杨翔虎	王　锋	苏元洪
	马勋才	牟宏远	毛凤林	李俊友	胡洪奇	

前　言

《滑动模板工程技术标准》GB/T 50113—2019（以下简称《标准》）是根据住房和城乡建设部《关于印发〈2015 年工程建设标准规范制订、修订计划〉的通知》（建标［2014］189 号）的要求，由中冶建筑研究总院有限公司、云南建工第四建设有限公司会同有关单位在国家标准《滑动模板工程技术规范》GB 50113—2005 的基础上修订而成。本标准由中华人民共和国住房和城乡建设部于 2019 年 5 月 24 日以第 137 号公告发布，自 2019 年 12 月 1 日起实施。

滑模施工工艺始于 20 世纪初期的混凝土构筑物施工，40 年代在国外得到了较快的发展，70 年代在我国大力推广应用。它主要在成组液压千斤顶的同步提升作用下，带动 1 米多高的工具式模板和操作平台等成套装置，沿着刚成型的混凝土表面滑动，连续绑扎钢筋——薄层浇筑混凝土——微量滑升，交替循环作业而完成整个施工。它是混凝土结构工程施工中机械化程度高、施工速度快、场地占用少、结构整体性强、安全作业有保障、环境与经济综合效益显著的一种施工方法。滑模施工技术曾获得全国首届科学技术大会奖，享誉世界的“深圳速度”，其标志性工程就是 20 世纪 80 年代采用滑模施工的深圳第一高楼——深圳国际贸易中心大厦。

国家标准《液压滑动模板施工技术规范》GBJ 113—87 由中冶建筑研究总院有限公司牵头首次编制，随着我国高、大、精、尖特种工程的日益增多，滑模施工技术得到了飞速的发展，其应用行业之广、结构类型之多、滑升面积之大是国际上少有的，如高度超过百米的深谷桥墩、深度超过 500m 的竖（斜）井、高耸入云的电视塔和烟筒、超大直径的群仓和核心筒、超千吨的托带空间结构等工程，国标滑模规范先后进行了 2 次修订，滑模规范标准在我国的基本建设中，尤其是在特种构筑物和超高层建筑的安全文明施工和工程质量方面发挥了重要指导作用。

新《标准》修订和新增的技术内容较多，尤其是新增章节：1. “5.1 荷载”一节，调整了荷载标准值，增加了荷载分项系数表和荷载基本组合、标准组合；2. 增加了“6.9 滑模安全使用和拆除”一节；3. 新增“附录 D 滑模施工检查验收记录表”；4. 新增“引用标准名录”。新增重要条文：1. 增加了采用滑模工艺结构设计的若干规定；2. 提出了采用 ϕ48.3×3.5 钢管支承杆的有关规定；3. 提出了滑模施工中采取混凝土薄层浇灌、千斤顶微量提升、减少滑升停歇等措施和规定；4．增加了保证混凝土观感质量的措施和条款。删除章节：原规范中抽孔滑模施工、滑架提模施工等。为了便于读者充分理解《标准》的编制思路，对《标准》修订和新增的主要条款内容尽快理解和融会贯通，我们特组织了《标准》编制组和滑模业内专家编写了本书，本书是《标准》的配套工具书和宣贯培训系列丛书。

本书“第一篇 标准条文理解”，主要对《标准》分章节逐条逐款进行了解读，系统地说明了滑模工程深化设计、装置制造组装、施工准备、滑模施工、质量检查与验收等各个重要环节和滑模技术基本原理，有利于准确掌握《标准》中所涉及的材料、设备、工艺、监测、计算方法，有利于保障工程质量。“第二篇 工程应用实例”主要针对滑模工程允许承载力简化计算，施工方案比选和设计，现场组装、原材料选择和配合比试配，滑升综合技术、精度测控、季节性施工、外观质量改进措施，BIM技术应用，新工艺革新实践等方面，列举了典型案例，方便对照《标准》和实例现场灵活运用，发挥正能量，有利于现场规范化管控和技术创新。“第三篇 修订主要内容与专题研究”，主要围绕《标准》编制的指导原则、开展的调研工作、征求意见和审查会意见处理情况、重要修订过程以及需要进一步研究探讨的问题等作了较为全面的介绍。

本书的编写过程中得益于《标准》主要起草人和本书编委会专家的大力协作，感谢他们为本书付出的艰辛努力。同时，还广泛征求了全国滑模科研、设计、监理、设备制造等国内滑模一流企业和专家的意见，参阅了他们的企业标准、施工方案、新技术、新工艺和新成果，实地观摩了承建的新技术示范工地，并参考了有关国际标准和国外先进标准，吸收了他们宝贵的成熟经验，从而保证了本书的实用性和编辑质量，对他们的无私奉献一并表示衷心的感谢。

由于编著时间仓促，作者水平所限和经验不足，书中难免有疏漏和不足之处，请广大工程技术人员和读者批评指正。

彭宣常

2019年12月

目　　录

第一篇　标准条文理解

第二篇　工程应用实例

第三篇　修订主要内容与专题研究

第一篇　标 准 条 文 理 解

1 总　　则

1.0.1 为在滑动模板（以下简称滑模）工程中贯彻国家技术经济政策，保证工程质量，做到技术先进、安全适用、经济合理、节能环保，制定本标准。

滑模工艺是混凝土工程施工方法之一，与一般模架施工方法相比，它具有施工速度快，机械化程度高，结构整体性能好，所占用的场地小、粉尘污染少，有利于绿色环保及安全文明施工，滑模设施易于拆散和灵活组配，可以重复利用等优点。

制定本标准是为了使滑模工程质量能够达到设计文件和相关标准的要求，确保施工安全和工程质量，同时更好地贯彻绿色施工等技术经济政策，以推动滑模施工技术的进步。

本标准增加了节能环保的目标要求。

1.0.2 本标准适用于混凝土结构滑模工程设计、施工及验收。

本标准主要用于指导采用滑模施工的混凝土结构工程的设计、施工及验收，包括筒仓、电梯井筒、井塔、水塔、造粒塔、烟囱、电视塔、油罐、桥墩等筒体结构，大型独立混凝土柱、构筑物底部框架、多层和高层等框架结构，多层、高层和超高层建筑物等剪力墙结构以及大体积混凝土、混凝土面板、竖井井壁、复合壁等特种滑模施工。

1.0.3 采用滑模施工的工程设计、施工及验收除应符合本标准的规定外，尚应符合国家现行有关标准的规定。

本标准是针对滑模施工特点编制的，因此采用滑模施工的工程，在设计和施工中除应遵守本标准外，还应遵守国家现行有关标准的规定，如《混凝土结构设计规范》GB 50010、《混凝土结构工程施工规范》GB 50666、《混凝土结构工程施工质量验收规范》GB 50204、《烟囱工程施工与验收规范》GB 50078、《煤矿井巷工程施工规范》GB 50511、《钢筋混凝土筒仓质量验收规范》GB 50669、《液压滑动模板安全技术规程》JGJ 65、《建筑施工模板安全技术规范》JGJ 162、《水工建筑物滑动模板施工技术规范》DL/T 5400 等等。

本标准还引用到如下国家现行有关标准：

《建筑结构荷载规范》GB 50009、《混凝土外加剂应用技术规范》GB 50119、《钢结构工程施工质量验收标准》GB 50205、《组合钢模板技术规范》GB/T 50214、

《低压流体输送用焊接钢管》GB/T 3091、《试验筛 金属丝编织网、穿孔板和电成型薄板 筛孔的基本尺寸》GB/T 6005、《混凝土外加剂》GB 8076、《直缝电焊钢管》GB/T 13793、《普通混凝土配合比设计规程》JGJ 55、《液压滑动模板施工安全技术规程》JGJ 65 等。

2 术语和符号

2.1 术　　语

本标准给出了14个有关涉及滑模工程的专用术语，并从滑模工程的角度赋予了其特定的涵义，但涵义不一定是其严密的定义。本标准给出了相应的推荐性英文术语，该英文术语不一定是国际上的标准术语，仅供参考。

本标准比《滑动模板工程技术规范》GB 50113—2005减少了2个术语。

2.2 符　　号

本标准给出了40个符号，并对每一个符号给出了定义，这些符号都是本标准各章节中所引用的。

本标准比《滑动模板工程技术规范》GB 50113—2005增加了20个符号。

3 滑模施工的工程设计

3.1 一般规定

3.1.1 采用滑模工艺建造的工程，结构设计应符合滑模工艺的技术特点。

本条为新增条文。采用滑模施工并不需要改变原设计的结构方案，通常也不带来特殊的设计计算问题。滑模工艺为结构设计提供了新的条件，同时需要设计了解滑模施工的一些基本要素，为采用滑模施工创造一些必备的条件，设计在先、施工在后，没有科学合理的结构设计，也很难体现滑模施工的优势。

本章的各项规定可以作为有关各方协调共识的基础。

有关滑模工程设计与滑模施工的关联见本书“滑模工程设计与滑模施工工艺的应用探讨”。

3.1.2 滑模施工单位应与设计单位协调，共同确定修改设计的内容、横向结构构件的施工程序以及节点构造，保证结构的整体性和施工安全。

总体上，滑模工程的设计与施工，两者应该相辅相成，施工应该遵循于设计，但在具体细节上，设计应积极关注施工工艺的需要，在确保设计质量的前提下，多为滑模施工创造一些有利于施工作业的条件。如对横向结构的二次施工方案，会使结构在施工过程中改变原设计的整体结构工作状态，涉及滑升过程的整体稳定问题；对于施工提出的有碍滑升的设计局部变更修改等；但施工单位不应单方面修改，应征得设计单位认可。

3.1.3 建筑结构的外轮廓应力求简洁，竖向上应使一次滑升的上下构件沿模板滑动方向的投影重合，有碍模板滑动的局部凸出部分应作设计处理。

滑模施工对建筑物的平面形态适应性较强，这是滑模工艺的又一个特点，但是对建筑物的竖向布置有些限制，模板向上滑升通过之前，任何物件不能横穿模板的垂直轨迹，因此力求平面设计时使各层构件沿模板滑动方向投影重合，尽量避免滑升过程中对模板系统做大的调整；局部横向的突出结构要作特殊处理，处理的效果应符合设计要求。

3.1.4 当建筑结构平面面积较小且高度较高时，宜按滑模工艺进行设计。

本条表明了能体现滑模施工优势的是平面面积小而高耸的结构。

滑模采用的模板板面高度一般为 1m～1.2m，主要用以成型建筑物的竖向结构，因此，结构物愈高，每立方米混凝土滑模设施的摊销费用就愈低，一般结构物高度大于 15m 采用滑模施工是经济的。当建筑平面相同、滑模施工的高度为 60m 时，每平方米墙体模板费用仅为施工高度 10m 时的 1/3 左右，滑模施工安全经济。

3.1.5　当建筑结构平面面积较大时，宜分区段或部分分区段进行设计，滑模分区的水平投影面积不宜大于 $700m^2$，当区段分界与结构变形缝不一致时，应对分界处作设计处理。

如果一次滑升的面积过大，由于各道工序的工作量、设备量增大，施工人员增多，现场的统一指挥协调工作变得复杂或困难，使工程质量和施工安全难以得到有效保证，在这种情况下，我们可以将整个结构物分若干个区段进行滑模施工，也可以选择一段最适合滑模施工的区段进行滑模施工，另一部分结构采用其他工艺施工。

本条新增滑模分区水平投影面积不宜大于 $700m^2$。对于一次滑升面积的大小，主要视施工能力、装备情况、工程结构特点及综合经济效益等而定，目前已有单位实践一次滑升面积达到 $3600m^2$ 的工程实例。

同时提出分区段问题需要从设计上创造条件，尽可能利用结构的变形缝。如因条件限制，分界线不能与结构变形缝的位置一致时，则可能要在结构上作某些局部变更，因此要求设计单位对分界处作出设计处理。

3.1.6　当建筑结构的竖向存在较大变化时，可择其适合滑模施工的区段按滑模施工要求进行设计，其他区段宜配合其他施工方法设计。

采用滑模施工要因结构条件因地制宜，可以多种施工方法相结合，不强调单一扩大滑模施工面积和范围，避免过多地制约设计和增加施工的复杂性。如多层或高层建筑的电梯井、剪力墙可采用滑模施工，其他区段采用其他工艺施工；粮仓的筒壁适合采用滑模施工，而料斗等部位宜采用普通支模方式施工等。

3.1.7　结构的截面尺寸应符合下列规定：

1　钢筋混凝土墙体的厚度不应小于 160mm；

2　圆形变截面筒体结构的筒壁厚度不应小于 160mm；

3　轻骨料混凝土墙体厚度不应小于 180mm；

4　钢筋混凝土梁的宽度不应小于 200mm；

5　钢筋混凝土矩形柱短边不应小于 400mm。

本条对结构截面尺寸的要求是按采用钢模板的条件提出的。

常规的滑模施工是指模板处于和结构混凝土直接接触，当模板提升时，在已浇灌的混凝土与模板接触面上存在着摩阻力，使混凝土有被向上拉动的趋势，这需要由结构混凝土的自重去克服这一摩阻力，模板的移动就可能把混凝土带起，使结构混凝土产生微裂缝。因此设计结构截面时，应包含这个因素。

当采用滑框倒模施工，提升平台时，模板停留在原位不动，不存在模板对混凝土的摩阻作用，且框与模板间的摩擦力很小。因此结构截面尺寸可不受本条限制。

根据国家标准《烟囱工程施工及验收规范》GB 50078—2008 的规定其壁厚不应小于 140mm，采用滑模施工其壁厚不应小于 160mm。钢筋混凝土墙体的厚度由《滑动模板工程技术规范》GB 50113—2005 的不应小于 140mm 调整为 160mm。

钢筋混凝土矩形柱短边由《滑动模板工程技术规范》GB 50113—2005 的不应小于 300mm 调整为 400mm。

当选择有丰富经验的滑模专业施工队伍，结构设计可以同常规施工方法的规定。

3.1.8 滑模施工的混凝土强度等级不宜大于 C60，并应符合下列规定：

1 普通混凝土不应低于 C20；

2 轻骨料混凝土不应低于 LC15；

3 同一个滑升区段内的承重构件，在同一标高范围应采用同一强度等级的混凝土。

关于滑模工程混凝土最低强度等级的要求，国家现行设计标准所规定的强度等级下限已可满足滑模施工的工艺需要。

要求同一标高上的承重构件宜采用同一强度等级的混凝土，由于滑模施工速度快，每一浇灌层厚度较薄，滑升区段全范围成水平分层布料，而且先后浇灌的顺序又不是固定的，避免新浇的混凝土混淆的可能，对结构质量更有保障。

但要注意采用高强度等级混凝土，其超早期的凝结性能和强度发展规律与普通的混凝土有所不同，因此应在滑模施工的准备阶段通过试验检验是否满足滑模工艺的要求，否则应对其改性使之既满足结构的需要也能满足滑模施工的需要。目前，滑模施工中采用 C40 以比较常见，也有一些成功的实例采用的是 C60 混凝土。

本标准增加了滑模施工的混凝土强度等级不宜大于 C60 的规定。

3.1.9 受力钢筋的混凝土保护层厚度宜比常规设计要求增加 5mm。

受力钢筋混凝土保护层厚度（从最外层钢筋的外缘算起）对保证结构的使用寿命具有重要意义。

本标准规定滑模施工的混凝土保护层最小厚度（在室内正常环境）比常规设计所要求的增加 5mm。模板提升时，由于混凝土与模板之间存在着摩阻力，混凝土表面有可能因此出现微裂缝。虽然混凝土出模后经过原浆压光，对这种缺陷会有很大程度上的弥补，但要百分之百避免却也十分困难，此外，由于梁一般不设弯起钢筋，箍筋直径有时较粗，柱子的纵筋需要焊接或机械连接，都涉及保护层厚度的实效。

当保护层厚度有可靠保障措施时，可不受本条限制。

如广州建筑集团开发的“爬梯”定位水平钢筋、“环形网格”定位竖向钢筋、L形钢筋定位保护层等（图3.1.9-1、图3.1.9-2）。

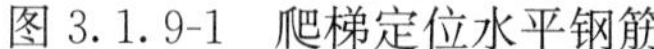

图3.1.9-1 爬梯定位水平钢筋

图3.1.9-2 “环形网格”定位竖向钢筋

北京住总集团采用与保护层厚度“等直径的钢筋棍”、竖向焊接骨架“小梯”、“焊接钢筋环”等控制钢筋保护层厚度及位置。

3.1.10 沿模板滑动方向，结构的截面尺寸应减少变化，宜采取变换混凝土强度等级或配筋量来满足结构承载力的要求。

滑模施工中若要较大地改变竖向结构截面尺寸，需要移动模板、接长围圈、增减墙体模板面积和平台铺板等，这是一件十分费时费力且安全风险较高的高空作业。在一定条件下，优先变动混凝土的强度等级及配筋量去适应结构设计的需要，从工程的综合效益出发，尽量减少竖向结构截面变化次数，则十分有利于施工安全作业。

3.1.11 结构的配筋应符合下列规定：

1 各种长度、形状的钢筋，应能在提升架横梁以下的净空内绑扎；

2 对交汇于节点处的各种钢筋应作详细排列；

3 预留与横向结构连接的连接筋，应采用HPB300，直径不宜大于12mm，连接筋的外露部分不应设弯钩。当连接筋直径大于12mm时，应采取专门措施。

本条第2款，对交汇于节点处的上下、左右的纵横钢筋，需要在施工前作详细的排列检查，使每根钢筋各占其位，不相矛盾。设计者应在施工详图中有所处置，施工人员亦应在开始滑升前，对此进行仔细检查。

本条第3款是针对二次施工的楼板连接的胡子筋，直径大于12mm的胡子筋不易调直，其外露部分有弯钩，施工中易钩挂模板，也不易事后从混凝土中拉出；锚入混凝土中的部位宜弯折（U形）。

3.1.12 对兼作结构钢筋的支承杆，其设计强度宜降低10%～25%，并应根据支承杆的位置进行钢筋代换。

本条对兼作受力钢筋使用的支承杆提出要求，过去曾做过一些试验，得出压痕对其截面局部有损伤、颤动和油污对握裹力降低较大、接头质量较难保证等结论，因此规定其设计强度宜降低10%～25%。

3.1.13 预埋件宜采用胀栓、植筋等后锚固装置替代。当需用预埋件时，其位置宜沿垂直或水平方向有规律排列，应易于安装、固定，且应与构件表面持平。

设置较多的埋件往往要占用较长的作业时间，影响滑升速度，也容易产生遗漏、标高不准确、埋件阻碍模板提升、被模板碰掉或埋入混凝土中远离构件表面等缺陷。在构件上设计采用膨胀螺栓、化学螺栓、钻孔植筋等后锚固方式，相对灵活，有利于施工和保障质量。

3.1.14 滑模工程设计中的结构分析、计算方法等应符合现行国家标准《混凝土结构设计规范》GB 50010的规定。

3.2 筒体结构

3.2.1 规模较大的群体筒仓，宜设计成多个规模较小的组合仓。

筒体结构适宜采用滑模工艺进行设计和施工。

大面积贮仓群采用整体滑模施工，在技术上是完全可行的，但存在管理难度大、质量不易保证等缺陷。贮仓主要是环向结构，不宜在筒壁上留竖向通长施工缝的办法去划分滑模施工区。需要设计上予以创新分成小群仓，为滑模施工创造有利条件。

3.2.2 仓壁截面宜上下一致。当需改变壁厚时，宜在筒壁内侧采取阶梯式变化处理。

3.2.3 筒仓底板以下的支承结构，当采用与上部筒壁同一套滑模装置施工时，宜与上部筒壁的厚度一致。当厚度不一致时，宜在筒壁的内侧变更尺寸。

3.2.4 当筒仓底板、漏斗和环梁与筒壁设计成整体结构时，宜先采取常规支模现浇完成下部结构，后滑模施工上部筒体。

3.2.5 整体结构复杂的筒仓，在生产工艺许可时，可将底板、漏斗设计成与筒壁分离式，分离部分宜采用二次常规支模浇筑。

3.2.6 筒仓的顶板结构宜设计成装配式钢结构或整体现浇混凝土结构。

3.2.2～3.2.6这些规定都是贮仓滑模施工中常遇到的问题，需要设计人员在进行结构方案设计时尽可能予以配合和创造条件。条文是把滑模施工作为有效施工方法之一，不强调按照一套滑模装置从基础施工滑升到顶。

3.2.7 井塔类结构的筒壁，应设计成加肋壁板，壁板厚度宜沿竖向不变，也可变更混凝土强度等级；壁柱与壁板接合处宜设置斜托。

井塔的筒壁在结构形态及受力条件等方面都不同一般的筒体构筑物。一般在其顶部安装有大型提升设备，塔体内有楼层，井塔的平面小，高度高（一般为40m～60m），在冶金、煤炭等系统中的数量不少，筒身采用滑模施工是优越的。根据井塔的结构特点，采用加肋壁板结构，以保持壁板厚度不变，必要时可调整壁柱截面的长边尺寸，既满足受力的设计要求，又有利于滑模施工。

壁柱与壁板、壁板与壁板连接处的阴角设置斜托，可加强转角的刚度，也有利于保证滑模施工质量。

3.2.8 井塔塔身筒体结构宜采用滑模工艺进行结构设计。

本条为新增条文，井塔的筒身适宜滑模施工，其他部分可采用普通支模方式。

3.2.9 井塔楼层结构节点的二次设计应采用下列方式：

1 主梁与壁柱的二次连接应保持壁柱的结构功能完整，在壁柱中预留槽口和预埋钢筋。

2 塔壁与楼板二次浇筑的连接，宜在壁板内侧预留槽口，其槽口深度可为20mm；当采取预留胡子筋时，其埋入部分不得为直线单根钢筋。

井塔内部楼层结构的工作量很大，结构设计条件较多，多种结构构件相互连接，既要符合整体结构设计的要求，又存在二次施工的问题。因此条文规定应进行二次设计。

3.2.10 当电梯井道单独采用滑模施工时，井道平面的内部净空尺寸应比安装尺寸每边放大25mm及以上。

本次修订将扩大尺寸由每边放大30mm进一步缩小为25mm。这是因为竖向垂直度控制水平提高了，但也要预防发生施工偏差过大时，为设备安装留出调整余地。

3.2.11 烟囱等带有内衬的筒体结构，当筒壁与内衬同时滑模施工时，支承内衬的牛腿宜采用矩形，同时应深化牛腿的隔热措施。

带内衬的钢筋混凝土烟囱，设计上大多采用在筒壁上设置斜牛腿支撑内衬，也有不少单位采用筒壁与内衬同时滑模施工（即复合壁或双滑施工）。在实际工程中筒壁上的斜牛腿多变更为矩形牛腿；牛腿的隔热处理是烟囱结构中的薄弱点，设计与施工都应重视。

3.2.12 筒体结构的内外两层钢筋网片之间应配置拉结筋，拉结筋的间距与形状应作设计规定。

关于双层钢筋网片间的拉结筋设置应在设计图纸上明确。以适当间距增设八字形拉结筋，可以有效地阻止钢筋网片的平移错位。

3.2.13 筒体结构中的环向受力钢筋接头，宜采用焊接方式连接。

3.3 框 架 结 构

3.3.1 采用滑模工艺建造的大型框架结构，其结构选型可设计成异形截面柱。

采用大型异形截面柱，可以增大层间高度，减少横梁数量，其刚度比相同截面积的常规矩形或圆形柱大几倍，可以设计出适宜滑模施工的框架结构，充分发挥滑模的优势。这种新颖的结构设计已有工程实例，如安庆铜矿主井塔架高48.7m，柱设计为四根角型柱，层高10m及12m，横梁跨度为3.6m。

3.3.2 框架结构的布置应符合下列规定：

1 各层梁的竖向投影应重合，宽度宜相等；

2 同一滑升区段内宜避免错层横梁；

3 柱宽宜比梁宽每边大50mm及以上；

4 柱的截面尺寸应减少变化，当需改变时，边柱宜在同一侧变动，中柱宜按轴线对称变动。

本条各款是为了尽量避免在高空重新改装模板系统，简化模板改装工艺所作的规定。

3.3.3 楼层结构中次梁及楼板的设计应符合下列规定：

1 当采用在主梁上预留次梁的槽口作二次浇筑施工时，设计可按整体结构计算；

2 二次浇筑的次梁与主梁的连接构造，应满足施工期及使用期的受力要求。

在主梁上预留槽口进行二次浇筑混凝土，对主梁承载能力及槽口处的剪切性能是否存在潜在影响，为此，在金川作过12根梁的对比破坏性试验（梁窝为锯齿状，次梁的高度占主梁高度的1/3～4/5），试验结果表明二次浇筑与整体浇筑没有明显区别，故可按整体结构设计计算。

主次梁的二次施工连接构造是滑模施工中常见的问题。主次梁的截面尺寸、跨度、配置及荷载大小等等条件是多变的，而且差别很大。设计中应注意主梁槽口处在施工期间的弯曲强度、剪切强度及次梁端部钢筋的锚固性能，支座接触面的剪切强度，并注意二次浇灌的可操作性，确保混凝土密实，防止锚固钢筋锈蚀。

3.3.4 框架梁的配筋应符合下列规定：

1 当楼板为二次施工时，在梁支座负弯矩区段，应满足承受施工阶段负弯矩的要求。

2 梁内不宜设弯起筋，宜根据计算加强箍筋。当有弯起筋时，弯起筋的高度应小于提升架横梁下缘距模板上口的净空尺寸。

3 箍筋的间距应根据计算确定，可采用不等距排列。

4 纵向筋端部伸入柱内的锚固长度不宜弯折，当需时可向上弯折。

5 当主梁上预留较大次梁槽口时，应对槽口截面采取加强措施。

1 设计宜将梁端的负弯矩钢筋配置成二排，让下排负钢筋在施工期发挥作用，以承受施工期的负弯矩。

2 在滑模施工中，梁的主筋又粗又长，在高空作业穿插就位比较困难，若为弯起筋就更难穿插了。

3 由于不设弯起筋，箍筋的间距一般较密，有时直径也较粗。在剪力较大区段，箍筋间距应适当加密。

4 由于梁主筋较长，如钢筋端头有较大的弯折段，施工中不便向柱头内穿插，特别是梁的主筋端头有向下的弯折段时，由于柱内已浇灌有混凝土，后安设梁的主筋，其向下的弯折段无法埋入混凝土中，因此设计上需将弯折段朝上设置。

5 在槽口部位适当加粗主筋直径，增设粗的短钢筋，必要时可减少槽口深度，保留部分梁宽截面，以保持主梁在二次浇灌前的抗弯能力。

3.3.5 柱的配筋应符合下列规定：

1 在满足构造要求的前提下，纵向受力筋宜选配粗直径钢筋，千斤顶底座及提升架横梁宽度所占据的竖向投影位置应避开纵向受力筋。

2 当各层柱的配筋量有变化时，在保持钢筋根数不变的情况下，可调整钢筋直径。

3 箍筋形式应便于从侧面套入柱内；当采用组合式箍筋时，相邻两个箍筋的拼接点位置应交替错开。

1 为了适应在柱内布置千斤顶，纵向钢筋的根数应少一些，可以更容易避开千斤顶底座及提升架横梁所占的位置。

2 保持纵向钢筋根数不变，而调整直径来适应配筋量变化的要求，给施工提供方便。

3 由于有千斤顶、提升架横跨在柱头上，柱子的箍筋不能按常规施工那样由上向下套入纵向钢筋内，只能在提升架横梁以下的净空区段从侧面置放箍筋，这是受滑模工艺所限。

此外，本标准删除了《滑动模板工程技术规范》GB 50113—2005 中该节的双肢柱、工字形柱的滑模施工。

3.4 剪力墙结构

3.4.1 采用滑模工艺的剪力墙结构，宜减少主次梁设计；一次滑升区段的平面面积不宜过大；面积较大时宜分隔滑升区段，按错台式实施滑升，并对相邻区段的接合部作设计处理。

本条为新增条文。对于一次滑升面积的大小，主要视施工能力、装备情况及工程结构特点而定；错台滑升的接合部位设计应作深化处理。

3.4.2 同一滑升区段的设计条件应符合下列规定：

1 各楼层平面布置的竖向投影应重合；

2 同一楼层的楼面标高应一致，不宜有错层；

3 同一楼层的梁底标高及门窗洞口的高度和标高宜统一。

本条第1款关于剪力墙结构的布置，要求上、下各层平面的投影重合，是为了避免施工中在高空重新组装模板。

本条第3款要求各层门窗洞口位置一致，是为了便于布置提升架，避免支承杆落入门窗洞口内。对梁底标高等方面的要求，是为了减少滑升中停歇的次数，有益于加快施工进度。

3.4.3 竖向墙体与横向楼板的节点应作设计处理，其施工顺序宜采用滑升一层墙体浇筑一层楼板的方式。

本条为新增条文。一个楼层的横向结构工作量是比较大的，滑模施工每遇一个楼层需要停顿较长时间，设计上要作一定的技术性处理，优先采用滑一浇一工艺。

3.4.4 当外墙具有保温隔热功能要求时，内外墙体可采用不同性能的混凝土。

在我国一些地区剪力墙结构的高层建筑中，为满足热功性能要求，设计多采用轻质混凝土外墙，普通混凝土内墙。在滑模施工中对两种不同性质的混凝土，能在外观上直观地加以区别，同时采取相应措施做到不混淆，质量上能够得到保证。

3.4.5 剪力墙结构的配筋应符合下列规定：

1 墙体内的双排竖向主筋应成对排列，拉结筋配置应作设计规定。竖向筋的接头位置宜设在楼板面处，同一连接区段竖向钢筋接头面积百分率不应大于50%。

2 墙体中开设的大洞口，其梁的配筋应符合本标准第3.3.4条的规定。

3 剪力墙结构中的暗框架，其柱的配筋率宜取下限值，还应符合本标准第3.3.5条的规定。

4 各种洞口周边的加强钢筋配置，宜增加其竖向和水平钢筋，替代在洞口角部设置的45°斜钢筋。当各楼层门窗洞口位置一致时，其侧边的竖向加强钢筋宜连续配置。

5 墙体竖向钢筋伸入楼板内的锚固段，其弯折长度不应超出墙体厚度。当不能满足钢筋的锚固长度时，宜采用后锚固装置接长。

6 支承在墙体上的梁，其钢筋伸入墙体内的锚固段宜向上弯。当梁为二次施工时，梁端钢筋的形式及尺寸应适应二次施工的要求。

本条所提到的墙体配筋仅是涉及与滑模施工有关的构造问题，其基本内容要求在设计钢筋的布置和形状时便于施工操作，使钢筋不妨碍模板的滑升，各种钢筋不相互矛盾。

4 滑模施工的准备

4.0.1 滑模施工应根据工程结构特点及滑模工艺的要求，进行结构深化设计和施工方案编制。

滑模施工管理难度较大，其工艺特点决定了要保证工程质量应满足施工作业的连续性，因为停歇常常会造成粘模现象，易发生混凝土掉棱掉角、表面粗糙，甚至拉裂，或者在停歇位置形成环带状的酥松区，使结构混凝土存在较多质量通病。

因此滑模施工的准备工作十分重要，应遵循的原则性标准：人员职责明确；现场备料充足；施工设备可靠；技术保障措施周全；施工组织严密高效。

本条明确提出了在滑模施工的准备工作中应进行结构深化设计和施工方案编制。

4.0.2 滑模工程深化设计应提出对工程设计的修改意见，划分滑模作业区段，确定不宜滑模施工部位的处理方法等。

施工单位应认真组织学习设计图纸，掌握结构特点，对图纸进行全面复查会审，对一些具体问题需要与设计共同协商解决办法，并通过设计单位的确认。如：适当对设计作局部修改，某些不宜滑模施工部位（如某些横向结构等）的处理方法、连接设计和构造要求；因划分滑模作业区段带来的某些结构处理等等。

4.0.3 滑模施工方案应包括下列主要内容：

1 施工部署和施工进度计划；

2 滑模连续滑升程序与滑升速度；

3 材料、半成品、预埋件、施工机具和设备等连续保障计划；

4 施工总平面布置及滑模操作平台布置；

5 滑模施工技术及特殊部位的施工措施；

6 安全文明施工、质量保证措施；

7 高温、寒潮、雷雨、大风、冬期等特殊气候条件的滑模施工专项技术措施；

8 出模混凝土表面修饰与硬化混凝土成品保护措施；

9 绿色施工技术与措施；

10 滑模装置安全使用和拆除技术措施；

11 应急预案。

本条对滑模施工方案的主要内容作了一般性规定。本次修订增加了第 2 款滑模连续滑升程序、第 6 款安全文明施工、第 7 款特殊气候条件的滑模施工专项技术措施、第 8 款出模混凝土表面修饰与硬化混凝土成品保护措施、第 9 款绿色施工技术与措施、第 10 款滑模装置安全和拆除技术措施、第 11 款应急预案。

此外，滑模施工交接班记录、滑模综合工种实操培训、现场应急演练等工作也有利于滑模安全施工和施工质量。

4.0.4 施工总平面布置应符合下列规定：

1 应满足施工工艺要求，减少施工用地和缩短地面水平运输距离。

2 在施工建筑物的周围应设置危险警戒区。警戒线至建筑物边缘的距离不应小于高度的 1/10，且不应小于 10m。对于烟囱类变截面结构，警戒线距离应增大至其高度的 1/5，且不应小于 25m。当不能满足要求时，应采取安全防护措施。

3 临时建筑物及材料堆放场地等应设在警戒区以外，当需在警戒区内堆放材料时，应采取安全防护措施。通过警戒区的人行道或运输通道，均应搭设安全防护棚。

4 材料堆放场地应靠近垂直运输机械，堆放数量应满足施工速度的要求。

5 应根据现场施工条件确定混凝土供应方式，当设置自备搅拌站时，宜靠近施工地点，其供应量应满足混凝土连续浇灌的用量。

6 现场运输、布料设备的数量应满足滑升进度的要求。

7 供水、供电应满足滑模连续施工的要求。当施工工期较长，且有断电可能时，应有双路供电或自备电源。操作平台的供水系统，应设加压水泵，满足最高点的施工要求。

8 测量施工工程垂直度和标高的观测站、点不应遭损坏，不应受振动及观测干扰。

9 操作平台上的提升架、千斤顶、液压控制台、固定施工设施等平面布置应合理，附设的安全设施应齐全。

10 应确定操作平台与地面管理点、混凝土等材料供应点以及垂直运输设备操纵室之间的通信联络方式和设备，并应有多重系统保障。

本条对滑模施工总平面布置的主要内容及要求作了一般性规定。新增了第 9 款操作平台平面布置。

4.0.5 滑模施工技术应包括下列主要内容：

1 针对不同的结构类型，综合确定适宜的滑模施工方法；

2 滑模装置的设计与制作、组装及拆除；

3 进行混凝土配合比设计，确定浇灌顺序、浇灌速度、入模时限，混凝土的连续供应能力应满足单位时间所需混凝土量的（1.3～1.5）倍；

4 进行早龄期混凝土强度贯入阻力试验，绘制混凝土贯入阻力曲线；

5 绘制所有预留孔洞及预埋件在结构物上的位置和标高的展开图；

6 确定停滑、空滑、部分空滑的部位和相关技术措施；

7 确定与滑升速度相匹配的垂直与水平运输设备；烟囱、水塔、竖井等采用柔性滑道、吊笼等装置时，应按国家现行标准进行安全及防坠落设计；

8 确定施工精度的控制方案，选配监测仪器及设置可靠的观测点；

9 制定滑模施工过程中结构物和施工操作平台稳定及纠偏、纠扭等技术措施；

10 制定施工人员上下疏散通道和安全措施。

对滑模施工技术设计的主要内容及要求作了一般性规定。本次修订增加了第1款针对不同的结构类型综合确定适宜的滑模施工方法、第4款绘制混凝土贯入阻力曲线、第6款确定停滑及空滑部位和相关技术措施、第10款滑模施工人员上下疏散通道和安全措施等。

此外，滑模施工的专业化劳动力组织、综合工种入场培训、交接班程序制度化、混凝土的垂直运输和操作平台上的水平布料、出模混凝土及时的原浆压抹等管理措施也极为重要，滑模施工通常所说的在准备阶段“七分技术、三分管理”、在施工阶段“三分技术、七分管理”反映了一定的客观规律。

5 滑模装置的设计与制作

5.1 荷　　载

5.1.1 作用于滑模装置上的荷载，可分为永久荷载和可变荷载；永久荷载应包括滑模装置自重、作用在其上的其他荷载等，可变荷载应包括滑模装置上的施工荷载、风荷载和其他可变荷载等。

本标准采用的荷载，是根据国家标准《建筑结构荷载规范》GB 50009—2012 为依据，分为永久荷载及可变荷载；永久荷载包括滑模装置系统自重、作用在滑模装置上的荷载等，可变荷载包括施工荷载、风荷载和其他可变荷载等。

荷载效应组合中，不涉及偶然荷载，这是因为禁止有撞击力等作用于滑模装置；临时结构忽略地震作用的影响。

本条为新增条文。

5.1.2 滑模装置的永久荷载标准值应根据实际情况计算，并应符合下列规定：

1 常用材料和构件的自重标准值应按现行国家标准《建筑结构荷载规范》GB 50009 的规定采用。

脚手板自重标准值可取 0.35kN/m^2；

作业层的栏杆与挡脚板自重标准值可取 0.17kN/m；

安全网的自重标准值应按实际情况采用，密目式立网自重标准值不应小于 0.01kN/m^2。

2 模板系统、操作平台系统的自重标准值应根据设计图纸计算确定。

3 千斤顶、液压控制台、随升井架等位置固定的设备应按实际重量取值。

4 浇筑混凝土时的模板侧压力标准值，对于浇筑高度约 800mm，侧压力合力可取 5.0kN/m～6.0kN/m，合力的作用点在新浇混凝土与模板接触高度的 2/5 处。

本条规定了滑模装置的永久荷载标准值。

本条第 4 款关于混凝土对模板的侧压力。侧压力是设计模板、围圈、提升架等的重要依据。混凝土对模板的侧压力与很多因素有关，如一次浇筑高度、振捣方式、混凝土浇筑速度和模板的提升制度等等。所以要精确计算施工中模板所承受的混凝土侧压力是困难的，国内外在计算侧压力时，都在实测的基础上提出多种简化的近似计算方法，但彼此间的计算结果出入较大。

滑模施工中，模板在初滑和正常滑升时的侧压力是不同的，初滑时宜是在分层连续浇灌 70cm～80cm 高度，混凝土在模板内静停 3h～4h 之后进行提升，因此在这个高度范围内均有侧压力存在。四川某建研所和四川某建筑公司曾在气温为＋26℃条件下，用坍落度 3cm～5cm、强度等级为 C20 的混凝土，以 20cm/h 的速度分层浇灌 70cm 高度，采用插入式振捣器振捣，实测模板侧压力分布见图 5.1.2。

由图可见，混凝土上部 2/3 高度范围内的侧压力分布，基本上接近液体静压力线，下部的 1/3 高度压力线呈曲线状态，压力最大值约为 $17kN/m^2$，作用在模板下口 1/3 高度处，总合力值为 $5.9kN/m^2$。

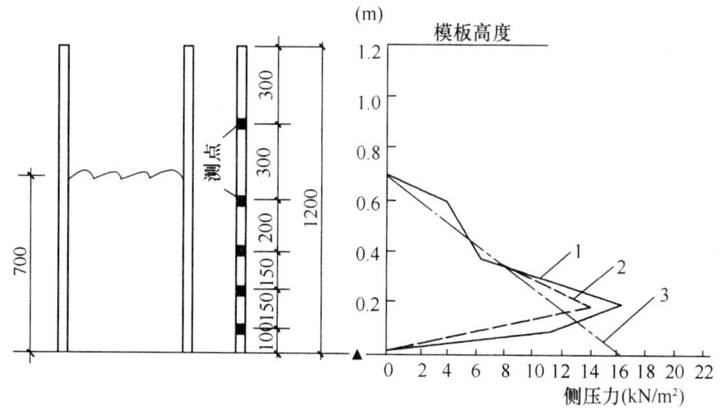

图 5.1.2 初滑时混凝土侧压力

1—机械振捣后侧压力曲线；2—未振捣时侧压力曲线；3—液体静压力线

根据原民主德国、罗马尼亚及我国一些单位的实测资料，综合分析得出结论：

正常滑升时的侧压力小于初滑时的侧压力，所以应以初滑时的侧压力作为设计依据，并将其分布简化为一等量的梯形分布替代，取 5.0 kN/m～6.0 kN/m，合力的作用点约在模板内混凝土浇筑高度的 2/5 处。

本条新增了第 1 款常用构件自重标准值。

5.1.3 滑模装置的施工荷载标准值应按下列规定采用：

1 操作平台上可移动的施工设备、施工人员、工具和临时堆放的材料等应根据实际情况计算，其均布施工荷载标准值不应小于 $2.5kN/m^2$；

2 吊架的施工荷载标准值应按实际情况计算，且不应小于 $2.0kN/m^2$；

3 当在操作平台上采用布料机浇筑混凝土时，均布施工荷载标准值不应小于 $4.0kN/m^2$。

本条规定了操作平台上的施工荷载标准值，是按国家标准《混凝土结构工程施工规范》GB 50666—2011 附录 A 的规定，施工人员及施工设备产生的活荷载标准值不应小于 2.5kN/m²；当采用布料机浇筑混凝土时，施工荷载取更大的值 4.0kN/m²。

当操作平台上设置堆载区时，应根据实际情况计取施工荷载标准值，但使用中应严格限制超过设计荷载的情况发生。

本条新增第 1 款最小荷载的要求，新增了第 3 款内容。

5.1.4 滑模装置的其他可变荷载标准值应按下列规定采用：

1 当采用料斗向平台上直接卸混凝土时，对平台卸料点产生的集中荷载应按实际情况确定，且不应小于按下式计算的标准值：

$$W_k = \gamma[(h_m + h)A_1 + B] \tag{5.1.4-1}$$

式中：W_k——卸混凝土时对平台产生的集中荷载标准值（kN）；

γ——混凝土的重力密度（kN/m^3）；

h_m——料斗内混凝土上表面至料斗口的最大高度（m）；

h——卸料时料斗口至平台卸料点的最大高度（m）；

A_1——卸料口的面积（m^2）；

B——卸料口下方可能堆存的最大混凝土量（m^3）。

2 随升起重设备刹车制动力标准值可按下式计算：

$$W = [(V_a/g) + 1]Q = K_d Q \tag{5.1.4-2}$$

式中：W——刹车时产生的荷载标准值（N）；

V_a——刹车时的制动减速度（m/s^2）；

g——重力加速度（$9.8m/s^2$）；

Q——料罐总重（N）；

K_d——动荷载系数，取 1.1～2.0。

3 当采用溜槽、串筒或小于 $0.2m^3$ 的运输工具向模板内倾倒混凝土时，作用于模板侧面的水平集中荷载标准值可取 2.0kN。

4 操作平台上垂直运输设备的起重量及柔性滑道的张紧力等应按实际荷载计算。

5 模板滑动时混凝土与模板间的摩阻力标准值，钢模板应取 1.5kN/m²～3.0kN/m²；当采用滑框倒模施工时，模板与滑轨间的摩阻力标准值应按模板面积计取 1.0kN/m²～1.5kN/m²。

6 纠偏纠扭产生的附加荷载，应按实际情况计算。

本条第 1 款当采用料斗向操作平台卸料时，对平台会产生较大的集中压力。本标准所采用的计算方法是基于以下假定条件的。

混凝土是一种不可压缩的流体，下卸到操作平台上的混凝土压力由两部分组成。一部分为当漏斗中混凝土处于最高顶面时对平台造成的压力，另一部分是落下至平台上且尚未被移走的混凝土造成的压力，则总的压力应为两者之和。

该集中力为可变荷载，作用点在漏斗口的垂直下方的平台上。

滑模施工中，不允许料斗直接向模板内倾倒新浇混凝土。

第5款关于模板滑升时的摩阻力。模板滑动时的摩阻力主要包括新浇混凝土的侧压力对模板产生的摩擦力和模板与混凝土之间的粘结力。影响摩阻力的因素很多，如混凝土的凝结时间、气温、提升的时间间隔，模板表面的光滑程度，混凝土的硬化特性、浇灌层厚度、振捣方法等等，实践证明，混凝土在模板中静停的时间愈长，即滑升速度愈慢，则出模混凝土的强度就高，混凝土与模板间的粘结力就大，摩阻力也就越大。

北京某建筑公司的试验结果见表5.1.4。

表5.1.4　实测摩阻力表

混凝土在模板内滞留时间（h）	2.5	3～4	5	6～7
摩阻力（kN/m^2）	1.5	2.28	4.04	6.57

四川某建筑公司采用1.2m高的钢模板方柱体试件，混凝土初凝时间为2.8h，终凝时间为5.5h，模板滑升速度为30cm/h。在模板正常滑升时，摩阻力沿模板高度呈曲线分布，钢模板的平均摩阻力为$2.0kN/m^2$～$2.5kN/m^2$。

一般说，混凝土在模板中停留时间最长的情况发生在模板初滑或是滑空后开始浇灌混凝土时。正常情况下，混凝土在模板内的静停时间为3h～4h，从已有的试验结果可以看出，摩阻力值在$1.5kN/m^2$～$2.5kN/m^2$之间。施工过程中也可能出现由于滑升不同步、模板变形、倾斜等原因造成的不利影响，摩阻力取$1.5kN/m^2$～$3.0kN/m^2$是适宜的。

关于采用滑框倒模法时的摩阻力。采用滑框倒模时，混凝土与模板之间无相对移动，摩阻力仅表现在钢模板与钢滑轨间的摩擦和机械咬合，其摩阻力要比混凝土与钢模板之间的摩阻力小得多，据原首钢建筑公司实践结果表明，模板与滑轨间的摩阻力标准值取$1.0kN/m^2$～$1.5kN/m^2$是合适的。

本条新增了第6款。

5.1.5　作用于滑模装置的水平均布风荷载标准值应按下式计算：

$$\omega_k = \mu_z \mu_s \omega_0 \tag{5.1.5}$$

式中：ω_k——风荷载标准值（kN/m^2）；

ω_0——基本风压值（kN/m^2），按现行国家标准《建筑结构荷载规范》GB 50009的规定采用，可取重现期$n=10$对应的风荷载，但不宜小于$0.3kN/m^2$；

μ_z——风压高度变化系数，按现行国家标准《建筑结构荷载规范》GB 50009的规定采用；

μ_s——风荷载体型系数，按现行国家标准《建筑结构荷载规范》GB 50009的规定采用，但不宜低于1.0。

水平风荷载标准值计算是根据国家标准《建筑结构荷载规范》GB 50009—2012，风振系数取β_Z=1.0，滑模装置支撑在混凝土主体结构上，风振影响相对较小。

风荷载体型系数还应根据滑模整体装置的封闭情况和施工期适当考虑挡风系数的影响。

本条为新增条文。

5.1.6 滑模装置的荷载设计值应符合下列规定：

1 当计算滑模装置承载能力极限状态的强度、稳定性时，应采用荷载设计值；荷载设计值应采用荷载标准值乘以荷载分项系数，其中分项系数应按下列规定采用：

1) 对永久荷载分项系数，当其效应对结构不利时，对由可变荷载效应控制的组合，应取1.2；对由永久荷载效应控制的组合，应取1.35。当其效应对结构有利时，一般情况应取1；对结构的倾覆验算，应取0.9。

2) 对可变荷载分项系数，一般情况下应取1.4，风荷载的分项系数应取1.4；对标准值大于4kN/m^{2}的施工荷载应取1.3。

2 当计算滑模装置正常使用极限状态的变形时，荷载设计值应采用荷载标准值，永久荷载与可变荷载的分项系数应取1.0。

3 荷载分项系数的取值应符合表5.1.6的规定。

表5.1.6 荷载分项系数

计算项目	荷载分项系数			
	永久荷载分项系数		可变荷载分项系数	
强度、稳定性	由可变荷载控制的组合	1.20	1.40	
	由永久荷载控制的组合	1.35		
倾覆验算	有利	0.90	有利	0
	不利	1.35	不利	1.40
挠度	1.00		1.00	

本条规定了滑模装置的荷载设计值，荷载设计值等于荷载标准值乘以荷载分项系数。

永久荷载分项系数、可变荷载分项系数根据不同的荷载控制组合分别取值。

荷载分项系数表是根据国家标准《建筑结构荷载规范》GB 50009—2012编

制的。

本条为新增条文。

5.1.7 滑模装置设计的荷载组合，应根据不同施工工况下可能同时出现的荷载，按承载能力极限状态和正常使用极限状态分别进行荷载组合，并应取各自最不利的效应组合进行设计。

本条为新增条文。

5.1.8 对于承载能力极限状态，应按荷载的基本组合计算荷载组合的效应设计值，并应符合下列规定：

1 永久荷载、施工荷载、风荷载应取荷载设计值；当可变荷载对抗倾覆有利时，荷载组合计算可不计入施工荷载。

2 一般施工荷载的组合值系数应取0.7；风荷载的组合值系数应取0.6。

3 滑模装置承载能力计算的基本组合宜按表5.1.8-1规定采用。

表5.1.8-1 滑模装置承载能力计算的基本组合

强度、稳定性计算项目		荷载的基本组合
操作平台结构 提升架支承杆	由可变荷载控制的组合	永久荷载+施工荷载+0.6×风荷载
	由永久荷载控制的组合	永久荷载+0.7×施工荷载+0.6×风荷载
模板围圈	由可变荷载控制的组合	永久荷载+施工荷载
	由永久荷载控制的组合	永久荷载+0.7×施工荷载
操作平台结构抗倾覆稳定		永久荷载+风荷载

注：表中的“+”仅表示各项荷载参与组合，不代表代数相加。

本条为新增条文。

本条规定了在承载能力极限状态下，应按荷载的基本组合计算荷载组合的效应设计值。

一般施工荷载的组合值系数取0.7；风荷载的组合值系数取0.6（表5.1.8-2）。

表5.1.8-2 滑模装置设计计算的荷载组合

强度、稳定性计算		荷载的基本组合
操作平台结构支承杆提升架	由可变荷载控制的组合	1.2×永久荷载+1.4×[施工荷载+0.6×风荷载]
	由永久荷载控制的组合	1.35×永久荷载+1.4×[0.7×施工荷载+0.6×风荷载]
模板围圈	由可变荷载控制的组合	1.2×永久荷载+1.4×施工荷载
	由永久荷载控制的组合	1.35×永久荷载+0.7×1.4×施工荷载
操作平台结构抗倾覆稳定		1.35×永久荷载+1.4×风荷载

注 1 表中永久荷载、施工荷载、风荷载取荷载标准值，“+”不代表代数相加。

2 抗倾覆验算时，当可变荷载对抗倾覆有利时，荷载组合计算可不计入施工荷载。

5.1.9 对正常使用极限状态，应按荷载的标准组合计算荷载组合的效应设计值，并应符合下列规定：

1 永久荷载、施工荷载、风荷载应取荷载标准值；

2 滑模装置挠度计算的基本组合宜按表 5.1.9 规定采用。

表 5.1.9 滑模装置挠度计算的标准组合

挠度计算项目	荷载的标准组合
模板、围圈	永久荷载＋施工荷载
操作平台结构提升架	永久荷载＋施工荷载＋0.6×风荷载

注：表中的“＋”仅表示各项荷载参与组合，不代表代数相加。

本条为新增条文。

5.2 总 体 设 计

5.2.1 滑模装置应包括下列主要内容：

1 模板系统包括模板、围圈、提升架、滑轨及倾斜度调节装置等；

2 操作平台系统包括操作平台、料台、吊架、安全设施、随升垂直运输设施的支承结构等；

3 提升系统包括液压控制台、油路、千斤顶、支承杆或电动提升机、手动提升器等；

4 施工精度控制系统包括建筑物轴线、标高、结构垂直度等的观测与控制设施，以及千斤顶的同步控制、平台偏扭控制等；

5 水电配套系统包括双路供电、随升施工管线、高压水泵、广播及通信监控设施以及平台上的防雷接地、消防设施等。

滑模装置根据作用不同划分为五个系统，一方面可以使施工的组织者对一个庞大的施工装置的各个部分的作用和相互之间的联系有一个清晰的认识，另一方面也便于防止各部件在具体设计时不至于漏项。

本条在修订中增加了第 2 款吊架、安全设施、第 5 款防雷接地、消防设施等安全方面的要求。

5.2.2 滑模装置的设计应包括下列主要内容：

1 绘制滑模初滑结构平面图及中间结构变化平面图；

2 确定模板、围圈、提升架及操作平台的布置，进行各类部件和节点设计；当采用滑框倒模时，进行模板与滑轨的构造专项设计；

3 确定液压千斤顶、油路及液压控制台的布置或电动等提升设备的布置；

4 制定施工精度控制措施；

5 滑模装置的模板收分、关联的运输装置、最后拆除等特殊部位处理及特殊设施布置与设计；

6 采用清水混凝土模板的专项设计；

7 绘制滑模装置的组装图，提出材料、设备、构件一览表。

本条提出滑模装置设计的基本内容和主要步骤，强调了滑模装置设计除应符合本标准外，还应遵守国家现行有关专业标准的规定。

本条在修订中增加了第5款模板收分、关联的运输装置、最后拆除等特殊情况；增加了第6款采用清水混凝土的模板应进行专项设计等质量方面的要求，清水混凝土的模板宜加大单块模板面积以减少拼缝、阴阳角特制模板、加设内衬材料等，以保证脱模后所需的饰面效果。

5.2.3 液压提升系统所需千斤顶和支承杆的最小数量可按下式确定：

$$n = N/P_0 \tag{5.2.3}$$

式中：n——所需千斤顶和支承杆的最小数量；

N——总垂直荷载（kN），取本标准永久荷载与施工荷载中所有竖向荷载的基本组合；

P_0——单个千斤顶或支承杆的允许承载力（kN），千斤顶的允许承载力为千斤顶额定提升能力的1/2；支承杆的允许承载力按本标准附录A的简化方法确定，也可根据工程实际情况采用数值分析法按空间结构计算确定；取其较小值。

在滑模施工过程中，应以滑升过程作为滑模施工的主导工序，实现微量提升，减短停歇，在提升过程中不必强求平台上的其他施工作业停顿，同时使用平台上的起重运输设备成为不可避免，因此，计算千斤顶和支承杆可能承受的最大垂直荷载应是全部垂直荷载的基本组合（包括混凝土与模板间的摩阻力和平台起重运输设备的附加荷载），可以简化为其荷载分项系数后的总和。

从千斤顶设备承载能力来说不应大于其额定承载能力的一半，因施工工艺控制方面造成的荷载不均衡性以及设备制造中可能存在的缺陷，千斤顶在使用中至少应有不小于2.0的安全储备。

本次标准修订采用国家标准《滑动模板工程技术规范》GB 50113—2005对支承杆的允许承载能力简化计算方法，但可根据工程需要采用数值分析法按空间结构计算确定。

$$n_{\min} = N/P_0$$

支承杆和千斤顶布置的总数量，除根据上述计算所需最小数量外，尚应根据结构平面布置形状和操作平台等实际状况按构造要求增加所需的数量。

有关计算见本书“滑模支承杆允许承载力简化计算”和相关实例中。

5.2.4 千斤顶的布置应使千斤顶受力均衡，布置方式应符合下列规定：

1 筒体结构宜沿筒壁均匀布置或成组等间距布置；

2 框架结构宜集中布置在柱子上，当成串布置千斤顶或在梁上布置千斤顶时，应对其支承杆进行加固；当选用大吨位千斤顶时，支承杆也可布置在柱或梁的体外，但应对支承杆进行加固；

3 剪力墙结构宜沿墙体布置，并应避开门窗洞口；当洞口部位需布置千斤顶时，应对支承杆进行加固；

4 平台上设有固定的较大荷载时应按实际荷载增加千斤顶数量；

5 在适当位置应增设一定数量的双顶。

本条第5款中新增：在适当位置增设一定数量的双顶，以预防平台扭转或偏移。

5.2.5 采用电动提升设备应进行专门设计和布置。

5.2.6 提升架的布置应与千斤顶的位置相匹配，其间距应根据结构部位的实际情况、千斤顶和支承杆允许承载能力以及模板和围圈的刚度确定。

提升用的千斤顶放置在提升架的横梁上，因此两者的位置应相适应。在结构的某些部位（例如在梁的部位）也可放置一些不设千斤顶的提升架，用以抵抗模板侧压力。对于筒体结构或剪力墙结构，当采用30kN～35kN的千斤顶时，提升架的间距建议不大于2.0m。对于框架结构、独立柱等常采用非均匀布置或集中布置提升架。提升架的设计应根据结构部位的实际情况进行，例如，设计成Ⅱ形、Γ形、X形、Y形或井字形等，在框架结构中的柱头或主、次梁相交处，至少应布置2榀提升架，组成刚度较大的提升架群。在连续变截面结构中，为满足直径变化的需要，宜将提升架布置在成对的辐射梁之间，采用收分装置使其变径，以改变提升架的位置。

5.2.7 操作平台结构应保证强度、刚度和稳定性，其结构布置宜采用下列形式：

1 连续变截面筒体结构可采用辐射梁、内外环梁以及下拉环和拉杆（或随升井架和斜撑）等组成的操作平台；

2 等截面筒体结构可采用桁架（平行或井字形布置）、梁和支撑等组成操作平台，或采用挑三脚架、中心环、拉杆及支撑等组成的环形操作平台；也可只用挑三脚架组成的内外悬挑环形平台；

3 框架、剪力墙结构可采用桁架、梁和支撑组成的固定式操作平台，或采用桁架和带边框的活动平台板组成可拆装的围梁式活动操作平台；

4 柱或排架结构可将若干个结构柱的围圈、柱间桁架组成整体式操作平台。

操作平台的结构布置，应根据建筑物的结构特点，操作平台上荷载的大小和分布情况，提升架和千斤顶的布局，平台上起重运输设备情况和是否兼作楼盖系统的模板或模板的支托等施工条件来确定。本条中介绍的各类结构操作平台布置方案是我国滑模常用的方案。

5.3 部件的设计与制作

5.3.1 滑动模板应保证强度和刚度，宜制作成定型模板，接触混凝土的模板表面应平整、耐磨，并应符合下列规定：

1 模板高度宜采用 900mm～1200mm，对筒体结构宜采用 1200mm～1500mm；滑框倒模的滑轨高度宜为 1200mm～1500mm，单块模板宽度宜为 300mm；

2 框架、剪力墙结构宜采用围模合一大钢模，标准模板宽度宜为 900mm～2400mm；筒体结构宜采用带肋定型模板，模板宽度宜为 100mm～500mm；

3 转角模板、收分模板、抽拔模板等异形模板，应根据结构截面的形状和施工要求设计；

4 围模合一大钢模的板面厚度不应小于 4mm，边框扁钢厚度不应小于 5mm，竖肋扁钢厚度不应小于 4mm，水平加强肋不宜小于［8，应直接与提升架相连，模板连接孔宜为 ϕ18mm，其间距不应大于 300mm；小型组合钢模板的面板厚度不宜小于 2.5mm；角钢肋条不宜小于 L40×4，也可采用定型小钢模板；

5 模板制作应板面平整，无卷边、翘曲、孔洞及毛刺等，阴阳角模的单面倾斜度应符合设计要求；

6 滑框倒模施工所使用的模板宜选用组合钢模板；当混凝土外表面为直面时，组合钢模板应横向组装，当为弧面时，宜选用长 300mm～600mm 的模板竖向组装；

7 清水混凝土模板应单独设计制作。

模板主要承受侧压力、倾倒混凝土时的冲击力和滑升时的摩阻力，因此模板拼缝紧密、应具有足够的刚度，保证在施工中不发生过大变形。鉴于经济效益和节能环保的要求，模板还应具有通用性、互换性、装拆方便。

本条第 7 款为新增条款。对清水混凝土的模板应单独设计定制，制作质量控制应更加严格。

5.3.2 围圈的构造应符合下列规定：

1 围圈截面尺寸应根据计算确定，上下围圈的间距宜为 450mm～750mm，围圈距模板边缘的距离不宜大于 250mm；

2 当提升架间距大于 2.5m 或操作平台的承重骨架直接支承在围圈上时，

围圈应采用桁架式；

3 围圈在转角处应设计成刚性节点；

4 固定式围圈接头应采用等刚度型钢连接，连接螺栓每边不应少于2个；

5 在使用荷载作用下，两个提升架之间围圈的垂直与水平方向的变形不应大于跨度的1/500；

6 连续变截面筒体结构的围圈宜采用分段伸缩式；

7 当设计滑框倒模的围圈时，应在围圈内挂竖向滑轨，滑轨的断面尺寸及安放间距应与模板的刚度相适应；

8 当高耸烟囱筒壁结构上下直径变化较大时，应配置多套不同曲率的围圈。

本条第7款是指采用滑框倒模工艺时，滑轨与围圈要相对固定，并有足够刚度保证滑轨内的模板不变位、不变形。当结构截面为弧形时，滑轨应适当加密。

5.3.3 提升架应按实际的受力荷载进行强度、刚度计算，宜设计成装配式，其横梁、立柱和连接支腿应具有可调性；对于结构的特殊部位，应设计专用的提升架。

多次重复使用或通用的提升架，宜设计成装配式，还应注意工程结构截面变化的范围，一般50mm～200mm的变化可通过提升架立柱与围圈间的支顶螺栓进行调节，大范围的变化通过横梁孔眼位置调节两立柱之间的净间距，施工中立柱的平移可通过立柱顶部的滑轮和平移丝杠进行调节。

5.3.4 提升架的构造应符合下列规定：

1 提升架应用型钢制作，可采用单横梁Π形架，双横梁的开形架或单立柱的Γ形架，横梁与立柱应刚性连接，两者的轴线应在同一平面内，在施工荷载作用下，立柱下端的侧向变形不应大于2mm；

2 模板上口至提升架横梁底部的净高度：采用ϕ48.3×3.5钢管支承杆时宜为500mm～900mm，采用ϕ25圆钢支承杆时宜为400mm～500mm；

3 应具有调整内外模板间距和倾斜度的装置；

4 当采用工具式支承杆设在结构体内时，应在提升架横梁下设置内径比支承杆直径大2mm～5mm的套管，其长度应延伸到模板下缘；

5 当采用工具式支承杆设在结构体外时，提升架横梁相应加长，支承杆中心线距模板距离应大于50mm。

本条第3款要求应在提升架立柱上设有内外模板和倾斜度的调节装置，即使不是变截面结构，施工中模板倾斜度也可能发生改变，也都需要调节单面倾斜度，且设置的调节装置对于粘模问题也能作出应急处理。

5.3.5 操作平台、料台和吊架的结构形式应按施工工程的结构类型和受力确定，其构造应符合下列规定：

1 操作平台宜由桁架或梁、三脚架及铺板等主要构件组成，应与提升架或围圈连成整体。当桁架的跨度较大时，桁架间应设置水平和垂直支撑，当利用操作平台作为模板或模板支承结构时，应根据实际荷载对操作平台进行验算和加固，并应采取与提升架脱离的措施。

2 当操作平台的桁架或梁支承于围圈上时，应在支承处设置支托或支架。

3 操作平台的外侧应设安全防护栏杆及安全网，其外挑宽度不宜大于900mm。

4 吊架铺板的宽度宜为500mm～800mm，钢吊杆的直径不应小于16mm，吊杆螺栓应采用双螺帽。吊架外侧应设安全防护栏杆及挡脚板，并应满挂安全网。

5 桁架梁或辐射梁的挠度不应大于其跨度的1/400。

操作平台应具有足够的强度和适当的刚度。因为，有时要靠调节操作平台的倾斜度来纠偏，如果操作平台刚度不足，则调整建筑物的垂直度和中心线的效果将会降低，而且由于千斤顶的升差容易累积，造成平台和围圈的杆件产生过大变形。如果平台上设有提升塔架或平台塔吊时，这部分的平台和千斤顶数量应进行专门的设计和验算，本条提出的构造要求是以我国工程实践经验为基础的。

实践表明，平台外挑宽度大于900mm，若设计制作考虑不周和使用不当，易引起提升架立柱变形，改变模板锥度影响模板质量，而且结构外侧悬挑太宽，易产生兜风作用，不利于平台稳定和安全。由于平台外挑部分常设有人孔和小车运输通道，除设置防护栏杆外，尚应设安全网。目前，也有单位采取加强措施将平台外挑宽度做到2200mm（图5.3.5-1、图5.3.5-2）。

本条增加了第5款桁架梁或辐射梁的挠度不应大于其跨度的1/400。

图5.3.5-1　外挑平台

图5.3.5-2　运输通道及小车

5.3.6 滑模装置各种构件的制作要求应符合现行国家标准《钢结构工程施工质量验收规范》GB 50205和《组合钢模板技术规范》GB/T 50214的规定，其允许偏差应符合表5.3.6的规定。其构件表面，除支承杆及接触混凝土的模板表面外，均应刷防锈涂料。

表 5.3.6 构件制作的允许偏差

名称	内容	允许偏差（mm）
钢模板	高度	±1
	宽度	−0.7～0
	表面平整度	±1
	侧面平直度	±1
	连接孔位置	±0.5
围圈	长度	−5
	弯曲长度≤3m	±2
	弯曲长度>3m	±4
	连接孔位置	±0.5
提升架	高度	±3
	宽度	±3
	围圈支托位置	±2
	连接孔位置	±0.5
支承杆	弯曲	<（1/1000）L
	ϕ48.3×3.5 钢管直径	−0.5～0.5
	ϕ25 圆钢直径	−0.5～0.5
	椭圆度公差	−0.25～0.25
	对接焊缝凸出母材	<0，0.25

注：L 为支承杆加工长度。

本条规定的各类构件制作时的允许偏差，基本上采用国家标准《滑动模板工程技术规范》GB 50113—2005，根据已往施工经验，这些允许偏差要求能够保证滑模装置组装的总体质量，满足施工要求，各施工单位一般也是可以做得到的。

5.3.7 液压控制台的选用应符合下列规定：

1 液压控制台内，油泵的额定压力不应小于 12MPa，其流量可根据所带动的千斤顶数量、每只千斤顶油缸内容积及一次给油时间确定。大面积滑模施工时可多个控制台并联使用；

2 液压控制台的换向阀和溢流阀的流量及额定压力均应等于或大于油泵的流量和液压系统最大工作压力，阀的公称内径不应小于 10mm，宜采用通流能力大、动作速度快、密封性能好、工作性能稳定的换向阀；

3 液压控制台的油箱应易散热、排污，并应有油液过滤的装置，油箱的有效容量应为油泵排油量的 2 倍及以上；

4 液压控制台供电方式应采用三相五线制，电气控制系统应保证电动机、换向阀等按滑模千斤顶爬升的要求正常工作；

5 液压控制台应设有油压表、漏电保护装置、电压及电流表、工作信号灯和控制加压、回油、停滑报警、滑升次数时间继电器等。

5.3.8 油路的设计应符合下列规定：

1 输油管应采用高压耐油胶管或金属管，其耐压力不应低于25MPa。主油管内径不应小于16mm，二级分油管内径宜为10mm～16mm，连接千斤顶的油管内径宜为6mm～10mm；

2 油管接头、针形阀的耐压力和通径应与输油管相适应；

3 液压油应定期进行更换，并应有良好的润滑性和稳定性，其各项指标应符合国家现行有关标准的规定。

输油管的内径越大，对加快进、回油速度，减少油路故障，降低油温有利，若油路出现破裂引起泄漏，极易污染混凝土和结构钢筋，处理很困难，滑模施工中操作平台上人员和设备较集中，油管遭受损伤的潜在因素较多，经验表明应适当加大油管的耐压能力，以保证油路的正常使用。

液压油应符合国家标准《液压油（L-HL、L-HM、L-HV、L-HS、L-HG）》GB/T 11118.1—2011的有关规定。

5.3.9 滑模千斤顶应逐个编号经过检验，并应符合下列规定：

1 千斤顶空载起动压力不应高于0.3MPa；

2 当千斤顶最大工作油压为额定压力1.25倍时，卡头应锁固牢靠、放松灵活、升降过程应连续平稳；

3 当千斤顶的试验压力为额定油压的1.5倍时应保压5min，各密封处应无渗漏；

4 当出厂前千斤顶在额定压力提升荷载时，下卡头锁固时的回降量对滚珠式千斤顶不应大于5mm，对楔块式或滚楔混合式千斤顶不应大于3mm；

5 同一批组装的千斤顶应调整其行程，其行程差不应大于1mm。

对滑模千斤顶提出了5个方面的要求。

不同的液压系统压力形成了不同的千斤顶提升能力和千斤顶型号系列。当前施工使用的液压千斤顶绝大多数是以8MPa的工作压力乘上活塞面积的积作为其提升能力。

1 空载起动压力大小可以衡量千斤顶的制造质量及千斤顶密封寿命。

2 本款明确了检验荷载为额定荷载的125%，即千斤顶工作压力不应超过10MPa，有利于检验工作的实际操作。

3 本款规定了液压千斤顶超压试验压力为12MPa，该压力比千斤顶最大工作压力高出20%，比千斤顶额定压力提高了50%，因而严格限制了千斤顶的上限，它保护了千斤顶和相关设备。工地上超过 12MPa 时强行提升的现象时有发生，这是不允许的。

4 液压千斤顶的上卡头锁固相对平稳，行程损失量稳定；下卡锁固时受冲击作用，行程损失量大，而且损失量不稳定造成千斤顶群杆的不同步，所以特别规定下卡头锁固时的回降量，一般专业厂家可以满足质量要求。

5 本款所指的是在筛选使用的千斤顶时要通过试验，在施工设计荷载下行程差不大于 1mm，以限制提升时操作平台不致因千斤顶固有行程差过大，造成升差积累，而出现过大变形。

5.3.10 支承杆的选用与检验应符合下列规定：

1 支承杆的制作材料宜选用 Q235B 焊接钢管，对热轧退火的钢管，其表面不应有冷硬加工层，并应符合现行国家标准《直缝电焊钢管》GB/T 13793 或《低压流体输送用焊接钢管》GB/T 3091 中的规定。

2 支承杆直径应与千斤顶的要求相适应，长度宜为 3m～6m。

3 采用工具式支承杆时应用螺纹连接：钢管 ϕ48.3×3.5 支承杆的连接螺纹宜为 M30，螺纹长度不宜小于 40mm；圆钢 ϕ25 支承杆的连接螺纹宜为 M18，螺纹长度不宜小于 20mm。任何连接螺纹接头中心位置处公差均应为±0.15mm，支承杆借助连接螺纹对接后，支承杆轴线允许偏斜度应为其支承杆长度的 1/1000。

4 HPB300 级圆钢和 HRB335 级钢筋支承杆采用冷拉调直时，其延伸率不应大于 3%；支承杆表面不应有油漆和铁锈。

5 工具式支承杆的套管与提升架之间的连接构造，宜做成可使套管转动并能有 50mm 以上的上下移动量的方式。

6 对兼作结构钢筋的支承杆，其材质和接头应符合设计要求，并应按国家现行有关标准的规定进行抽样检验。

对滑模支承杆提出了 6 个方面的要求。

第 1 款千斤顶依靠其卡头卡固在支承杆上，支承杆的表面如有硬加工或采用硬度高的材料制造，不利于卡头钢珠和卡块齿的嵌入，严重时卡头机构在支承杆上打滑，也影响卡头寿命。

第 2 款支承杆在使用中长度太短，会使杆的接头数量增多，长度过大使用中易弯曲变形，这都会在施工时不利于保证质量。

第 3、4、5 款都是根据施工经验提出的。

第 6 款是根据结构钢筋原材料检验的要求提出的。

5.3.11 精度控制仪器、设备的选配应符合下列规定：

1 千斤顶同步控制装置可采用限位卡挡、激光扫描仪、水杯自控仪、计算机整体提升系统等；

2 垂直度观测设备可采用激光铅直仪、全站仪、经纬仪等，其精度不应低于 1/10000；

3 测量靶标及观测站的设置应稳定可靠，便于测量操作，并应根据结构特征和关键控制部位确定其位置。

5.3.12 水、电系统的选配应符合下列规定：

1 动力及照明用电、通信与信号的设置均应符合国家现行有关标准的规定；

2 电源线的选用规格应根据平台上全部电器设备总功率计算确定，其长度应大于从地面起滑开始至滑模终止所需的高度再增加 10m；

3 平台上的总配电箱、分区配电箱均应设置漏电保护器，配电箱中的插座规格、数量应能满足施工的需要；

4 平台上的照明应满足夜间施工所需的照度要求，吊架上及便携式的照明灯具，其电压不应高于 36V；

5 通信联络设施的声光信号应准确、统一、清楚，不扰民；

6 电视监控应能覆盖全面、局部以及关键部位；

7 向操作平台上供水的水泵和管路，其扬程和供水量应能满足滑模施工高度、施工用水及施工消防的需要。

水、电系统是滑模装置系统工程中不可缺少的部分，但过去一些单位往往重视不够，影响施工进度和混凝土外观质量，本条文明确规定了动力、照明、通信、监控与滑模施工相关的主要部分，应符合现行国家标准《建筑工程施工现场供用电安全规范》GB 50194、现行行业标准《液压滑动模板施工安全技术规程》JGJ 65 的规定。

6 滑 模 施 工

6.1 滑模装置的组装

6.1.1 滑模装置组装前，应弹出组装线，完成各组装部件的编号、操作平台的水平标记、钢筋保护层垫块及预埋件等工作。

本条对滑模装置组装前的工作提出基本要求。

6.1.2 滑模装置的组装宜按下列程序进行：

1 安装提升架，使所有提升架的标高满足操作平台水平度的要求，对带有辐射梁或辐射桁架的操作平台，同时安装辐射梁或辐射桁架及其环梁；

2 安装内外围圈，调整其位置，使其满足模板倾斜度的要求；

3 绑扎竖向钢筋和提升架横梁以下钢筋，安设预埋件及预留孔洞的胎模，对体内工具式支承杆套管下端进行包扎；

4 当采用滑框倒模工艺时，安装框架式滑轨，并调整倾斜度；

5 安装模板，宜先安装角模后再安装其他模板；

6 安装操作平台的桁架、支撑和平台铺板；

7 安装外操作平台的支架、铺板和安全栏杆等；

8 安装液压提升系统，垂直运输系统及水、电、通信、信号精度控制和观测装置，并分别进行编号、检查和试验；

9 在液压系统试验合格后，插入支承杆；

10 在地面或横向结构面上组装滑模装置时，待模板滑至适当高度后，再安装内外吊架，挂安全网。

本条是对滑模装置组装程序提出一般要求，并根据现场实际情况及时完善滑模装置系统。

第 2 款主要是指上下两道围圈对垂线间的倾斜度，因为模板的倾斜度主要是靠围圈位置来保证的。

第 4 款采用滑框倒模工艺时，框架式滑轨是指围圈和滑轨组成一个框架，框架限制模板不变位，但这个框架又能整体地沿模板外表面滑升，滑轨同样需要有正确的倾斜度来保证模板位置的正确。

第 8 款中提到的垂直运输系统，主要指与滑模装置相连的垂直运输系统，例如：高耸构筑物施工中采用的无井架运输系统，设在操作平台上的拔杆、布料机等，它们的重量和安装工作量都较大，其支承构件又常常与滑模装置结构相连，因此，滑模装置组装时应同时完善垂直运输系统。

6.1.3 模板的安装应符合下列规定：

1 安装固定的模板截面尺寸应上口小、下口大，单面倾斜度宜为模板高度的0.1%～0.3%，对带坡度的筒体结构其模板倾斜度应根据结构坡度情况适当调整；

2 模板上口以下2/3模板高度处的净间距应与结构设计截面等宽；

3 圆形连续变截面结构的收分模板应沿圆周对称布置，每对模板的收分方向应相反，收分模板的搭接处不应漏浆。

组装好的模板应具有上口小、下口大的倾斜度，目的是要保证施工中如遇平台歪斜或浇灌混凝土时上围圈变形等情况时，模板不出现反倾斜度；避免混凝土被拉裂。但安装的倾斜度过大或因提升架刚度不足使施工过程中的倾斜度过大，提升后会在模板与混凝土之间形成较大的缝隙，新浇混凝土沿缝隙流淌，而使结构表面形成鱼鳞片，俗称穿裙子，影响混凝土外观质量。

关于模板保持结构设计截面的位置，各施工单位的经验不完全相同，一般当使用的提升架和围圈刚度较大，混凝土的硬化速度较快或滑升速度较慢时，结构设计尺寸位置宜取在模板的较上部位，如取在模板的上口以下1/3或1/2高度处；当提升架和围圈刚度较小，混凝土的硬化速度较缓慢或滑升速度较快结构设计尺寸位置宜取在模板的较下部位，如取在模板上口以下2/3，甚至模板下口处；即要注意新浇筑混凝土自重变形的影响，还应注意浇灌混凝土时胀模的影响。已有调查说明滑模施工的结构截面尺寸出现正公差的情况较多，故本条规定在一般情况下，将模板上口以下2/3模板高度处的净距与结构设计截面等宽。

6.1.4 滑模装置组装的允许偏差应符合表6.1.4规定。

表6.1.4 滑模装置组装的允许偏差

内容		允许偏差（mm）
模板结构轴线与相应结构轴线位置		3
围圈位置偏差	水平方向	±3
	垂直方向	±3
提升架的垂直偏差	平面内	±3
	平面外	±2
安放千斤顶的提升架横梁相对标高偏差		±5
模板尺寸的偏差	上口	−1～0
	下口	0～2

续表 6.1.4

内　　容		允许偏差（mm）
千斤顶位置安装的偏差	提升架平面内	±5
	提升架平面外	±5
圆模直径、方模边长的偏差		−2～3
相邻两块模板平面平整度偏差		2
组装模板内表面平整度偏差		3

本表增加了“组装模板内表面平整度偏差”的指标。

6.1.5 液压系统组装完毕，应在插入支承杆前进行试验和检查，并应符合下列规定：

1 对千斤顶应逐一进行排气，并应排气彻底；

2 液压系统在试验油压下应保压5min，不应渗油和漏油；

3 空载、保压、往复次数、排气等整体试验应达到指标要求，记录应准确。

本条第1款安装的千斤顶如排气不彻底，在使用中将造成千斤顶之间不同步或增大千斤顶之间的升差，导致部分支承杆超载，平台构件产生扭曲变形，可影响结构的外观质量，因此排气是一项重要工序。

本条第2款液压系统安装以后，支承杆插入之前，应进行一次耐压试验，保证在使用时系统无漏油、渗油现象。

6.1.6 液压系统试验合格后方可插入支承杆，支承杆轴线应与千斤顶轴线保持一致，其垂直度允许偏差宜为2‰。

插入的支承杆轴线与千斤顶轴线偏斜超差时，支承杆侧向挤压千斤顶活塞，造成排油不畅，延长回油时间。严重时甚至使排油不彻底，使在进油时活塞行程小于设计行程，因而会加大千斤顶之间的升差。

6.2 钢　　筋

6.2.1 钢筋加工应符合下列规定：

1 横向钢筋的长度不宜大于9m；

2 当竖向钢筋的直径小于或等于22mm时，其长度不宜大于5m。

本条提出的不宜大于9m，主要是便于加工，运输绑扎方便，筒体结构的环筋如有条件连续布筋，不受此限制。

竖向钢筋加工长度主要是有利于钢筋竖起时的稳定，以保证钢筋位置准确。若滑模施工操作平台设计为双层并有钢筋固定架时，则竖向钢筋的长度不受上述限制。

6.2.2 钢筋绑扎时，钢筋位置应准确，并应符合下列规定：

1 每一浇灌层混凝土浇灌完毕后，在混凝土表面以上至少应有一道绑扎好的横向钢筋；

2 竖向钢筋绑扎后，提升架横梁以上部分应采用限位支架等临时固定；

3 双层配筋的墙或筒壁，其立筋应成对排列，钢筋网片间应采用V字形拉结筋或用焊接钢筋骨架定位；

4 门窗等洞口上下两侧横向钢筋端头应绑扎平直、整齐，下口横筋宜与竖向钢筋焊接；

5 钢筋弯钩均应背向模板面；

6 应设置混凝土垫块或专用固定卡等保证钢筋保护层厚度；

7 当滑模施工的结构有预应力钢筋时，应在其预留孔道位置增加附加筋与主筋连接固定；

8 顶部的钢筋如挂有砂浆等污染物，在滑升前应及时清除。

钢筋位置不正确会影响工程质量，因此规定一些具体措施加以保证。

第1款混凝土表面以上至少有一道绑扎好的横向钢筋，以便借此确定继续绑扎的横向钢筋位置。

第2款提升架横梁以上的竖向钢筋，如没有限位措施容易发生倾斜、歪倒或弯曲，其位置变动会带来工程质量上的问题。

第3款配有双层钢筋的墙或筒壁，钢筋绑扎后用拉结筋定位。拉结筋的形状如仅仅采用直线型（S形）一种，只能保证两层钢筋网片之间距离不增大，尚不足以保证两层钢筋网片之间的距离不会变小。为阻止浇灌混凝土时挤压内侧钢筋，避免平行错位，需要设置一定数量的V字形或W形拉结筋定位。

第5款是为了防止钢筋弯钩钩挂模板，而造成质量缺陷。

第6款由于滑模提升时受摩阻力的作用，混凝土表面易产生微裂缝，施工中应有相应的措施，例如设置竖向钢筋架立的支架、钢筋网片之间设置V字形拉结筋及在模板上口设置带钩的圆钢筋等，以保证最外排钢筋与模板板面之间的距离。

有关钢筋保护层厚度应用实例见本标准3.1.9条文说明。

6.3 支 承 杆

6.3.1 支承杆宜采用ϕ48.3×3.5焊接钢管，设置在混凝土体内的支承杆不应有油污。

支承杆宜采用ϕ48.3×3.5焊接钢管，并应符合国家标准《直缝电焊钢管》GB/T 13793—2016或《低压流体输送用焊接钢管》GB/T 3091—2015中的规定；与 $\phi25$ 的实心圆钢比较，其截面积基本相同，而钢管比实心圆钢的惯性矩约大 6 倍，这对压杆的稳定是十分有利的。

支承杆表面被油污染后，如不处理，将降低混凝土对支承杆的握裹力及混凝土强度。试验表明，当埋在混凝土中的支承杆被油污染面积达到 15%时，比同样压痕条件下无油污者的握裹力（粘结力）降低 11.2N/cm^2～156.5N/cm^2，降低幅度为 2.82%～36.26%，比既无油污又无压痕的母材降低 46.8N/cm^2～201.9N/cm^2，降低幅度达 10.54%～45.45%。油污面积每增加 5%，支承杆的握裹力约降低 15N/cm^2～80N/cm^2，油污面积达 75%时，握裹力降低至一半。因此应及时更换漏油的千斤顶，并将混凝土上的油污清除干净。

关于 $\phi48.3\times3.5$ 钢管支承杆的壁厚应引起重视，由于钢管出租一般以长度计取租赁费用，一些租赁企业和小规模钢管厂将标准壁厚 3.5mm 改为 2.75mm～3.2mm，这样每吨可多出 20 多米的钢管，使得标准壁厚的钢管几乎没有市场。

建议滑模施工企业宜定制 $\phi48.3\times3.5$ 钢管支承杆，在计算中按现场钢管实际截面尺寸取值，并适当增加支承杆的个数及富裕量。

6.3.2 支承杆的直径、规格应与所使用的千斤顶相适应，第一批插入千斤顶的支承杆长度不宜少于 4 种，两相邻接头位置高差不应小于 1m，同一高度上支承杆接头数不应大于总量的 1/4。

当采用钢管支承杆并布置在混凝土结构体外时，对支承杆的调直、接长、加固应作专项设计。

支承杆的接头处是滑模装置的薄弱部位，因此在同一高度截面内不允许有过多的接头出现。两相邻接头位置高差应符合本条和国家标准《混凝土结构工程施工规范》GB 50666—2011 的规定，不应小于 1m。

采用设置在结构体外的钢管支承杆，其承载能力与支承杆的调直方法、接头方式以及加固情况等有关，因此应作专项设计，以保证支承系统的稳定、可靠。

本条在《滑动模板工程技术规范》GB 50113—2005 中是强制性条文，应充分重视现场监督检查工作。

监督检查要点	判定方法说明
支承杆接头处是滑模装置的薄弱部位，因此在同一高度截面内不允许有过多的接头，确保支承体系的安全。 支承杆的质量及接头部位应满足要求； 体外钢管支承杆的质量及接长加固应满足要求	检查第一批插入使用的支承杆数量或施工记录，其长度规格应不少于 4 种，现场检查每次需要接长的支承杆数量不超过总数的 1/4。 检查支承杆的接头部位竖向错开最小距离应≥1m，并应符合现行国家标准《混凝土结构工程施工质量验收规范》GB 50204 的要求。 检查体外钢管支承杆的现场布设实际状况是否符合专项设计和规范的要求

6.3.3 对采用平头对接、榫接或螺纹接头的非工具式支承杆，当千斤顶通过接头部位后，应对接头进行焊接加固，当采用钢管支承杆并设置在混凝土体外时，宜采用工具式扣件加固。

采用平头对接、榫接的支承杆不能承受弯矩。采用螺纹连接的支承杆，经西安某建筑学院等单位试验，在垂直荷载作用下，其破坏荷载可达无接头支承杆的90%，但丝扣接头的支承杆，据有关资料介绍，其承受弯矩的能力很差，当试件产生弯曲时，杆的一侧出现应力，压杆即迅速破坏。因此都要求接头部位通过千斤顶后及时进行焊接加固。

6.3.4 采用钢管做支承杆时应符合下列规定：

1 钢管支承杆的规格宜为 ϕ48.3×3.5，材质 Q235B，管径允许偏差均应为 −0.5mm～0.5mm，壁厚允许偏差应为其厚度的 10%；

2 当采用焊接方法接长钢管支承杆时，宜对钢管一端端头进行缩口，缩口的长度不应小于 50mm，间隙应控制在 1.5mm 之内，当其接头通过千斤顶后，再进行焊接加固。也可采取在钢管一端倒角 2×45°，点焊 3 点以上，通过千斤顶后在接头处加焊衬管或钢筋，长度应大于 200mm；

3 当作为工具式支承杆时，钢管两端应分别焊接螺母和螺杆，螺纹宜为 M30，螺纹长度不应小于 40mm，螺杆和螺母应与钢管同心；

4 工具式支承杆的平直度偏差不应大于 1/1000；

5 工具式支承杆长度宜为 3m。第一次安装时可配合采用 4.5m、1.5m 长的支承杆，接头应错开。

本条规定了采用钢管支承杆时的基本要求。

第 1 款 ϕ48.3×3.5 焊接钢管在市场上壁厚通常是负公差，按规定钢管最薄厚度不宜小于 3.15mm，因此可选常用厚度 3.2mm 及以上的焊接钢管作为支承杆，同时管径的公差应与配套使用的千斤顶卡头相适应。

第 2 款、第 3 款是埋入式和工具式 ϕ48.3×3.5 钢管支承接长时常用的方法。本次修订增加了连接快捷、稳定性好的钢管液压缩口连接技术（图 6.3.4）。

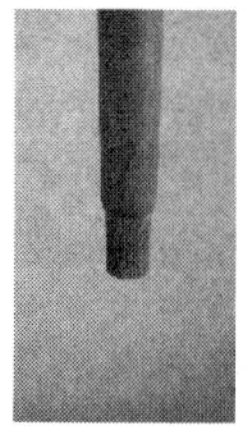
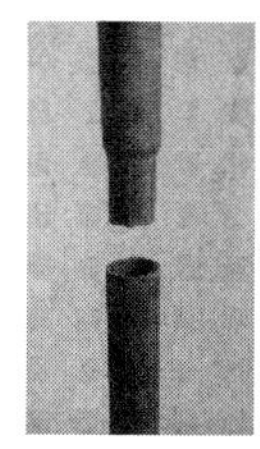
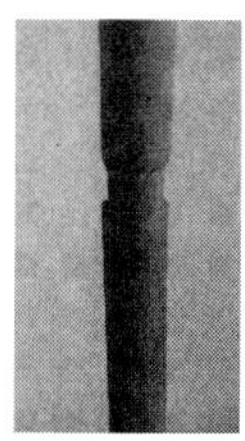

图 6.3.4 钢管液压缩口连接技术

第 4 款支承杆对千斤顶的爬升运动起导向作用。因此对支承杆本身的平直度和两根支承杆接头处的同轴性提出要求，这对减少操作平台中心线飘移和扭转有重要作用。

第5款要求工具式支承杆长度小于建筑物楼层的净高是为了使支承杆在事后易于拆出。

6.3.5 当选用ϕ48.3×3.5钢管支承杆时应符合下列规定：

1 当支承杆设置在结构体内时，宜采用埋入方式；

2 设置在结构体外的工具式支承杆，其数量应能满足（5～6）个楼层高度的需要；应在支承杆穿过楼板的位置用扣件卡紧，使支承杆的荷载通过传力钢板、传力槽钢等传递到各层楼板上；

3 设置在体外的工具式支承杆，可采用脚手架钢管和扣件进行加固。当支承杆为群杆时，相互间应采用纵、横向钢管水平连接成整体；当支承杆为单根时，应采取其他措施可靠连接。

本条是根据使用ϕ48.3×3.5钢管支承杆时取得的经验撰写的。

当支承杆设置在结构体内时，宜采用埋入方式，不回收。当需要回收时，支承杆应增设套管，套管的长度应从提升架横梁下到模板高度的一半。

6.3.6 用于筒体结构施工的非工具式支承杆，当通过千斤顶后，应与横向钢筋点焊连接，焊点间距不宜大于500mm，点焊时严禁损伤受力钢筋。

6.3.7 定期检查支承杆的工作状态，当发现支承杆被千斤顶拔起或局部侧弯等情况时，应立即进行加固处理。当支承杆穿过较高洞口或模板滑空时，应对支承杆进行加固。

6.3.6、6.3.7 筒体结构壁厚一般较薄，非工具式支承杆与横向钢筋点焊连接，可以缩短支承杆的自由长度，对提高支承杆的稳定性十分有利。当发现支承杆被千斤顶带起、弯曲、过大倾斜等异常情况时，应立即进行处理，以防发生群杆失稳等连锁反应，造成恶性事故。

6.3.8 当工具式支承杆分批拔出时，应按实际荷载确定每批拔出的数量，并不应超过总数的1/4。对于ϕ25圆钢支承杆，其套管的外径不宜大于ϕ36；拔出的工具式支承杆应经检查合格后方可使用。

分批拔出工具式支承杆时，每批拔出的数量不宜超过总数的1/4。当一批拔出1/4的支承杆后，其余支承杆的荷载将平均增大33%，支承杆的平均荷载安全储备将由2.0降至1.5。

根据首钢的二烧结框架滑模施工支承杆受力情况实测结果，支承杆的平均荷载为实际可能发生的最大荷载的59.3%，按各单位对支承杆承载能力试验结果统计，当支承杆的脱空长度为1.4m，支承杆的极限承载能力约为30kN，此时，当拔出1/4支承杆后，受荷载较大的支承杆的安全系数30/24=1.25。因此规定同一批拔出的支承杆数量不应超过总数量的1/4。

6.3.9 对于壁厚小于200mm的结构，不应采用工具式支承杆。

本次修订独立成条文，强调壁厚小于200mm的结构，其支承杆不应抽拔，以确保混凝土质量。

6.4 混　凝　土

6.4.1 用于滑模施工的混凝土早期强度增长速度应满足滑升速度的要求。

根据滑模工程的特点，通过试验确定不同工况下的现场配合比，掌握施工用混凝土24小时早期强度的增长规律，采取综合措施调整到最佳的滑升速度，使混凝土早期强度的增长与滑升速度匹配，同时满足设计所要求的混凝土强度、密实度、耐久性，确保工程质量和施工安全。

在滑模施工中要特别注意防止支承杆下部失稳。

本条在《滑动模板工程技术规范》GB 50113—2005强制性条文的基础上适当修订，应充分重视现场监督检查工作。

监督检查要点	判定方法说明
根据滑模施工的特点，为了保证工程质量和施工安全，混凝土早期强度的增长必须满足滑升速度的要求。 通过试验掌握施工用混凝土早期强度的增长规律	检查混凝土配合比的试配记录和不同工况下确定的常用配合比。 检查混凝土早期强度（24小时龄期内）的增长曲线规律记录。 检查滑升速度的计算值和现场实际差异及现场采取的具体措施效果

当处于低温寒潮滑模施工时，还要注意出模后下部一定高度处的实际混凝土强度是否达到设计规定值，确保主体结构在滑模施工中的整体安全。

6.4.2 滑模施工前，应根据季节性施工等因素进行混凝土配合比的试配，应符合现行行业标准《普通混凝土配合比设计规程》JGJ 55的有关规定，并应符合下列规定：

1 混凝土宜采用硅酸盐水泥或普通硅酸盐水泥配制；

2 在混凝土中掺入的外加剂或掺合料应符合现行国家标准《混凝土外加剂》GB 8076和《混凝土外加剂应用技术规范》GB 50119和有关环境保护标准的规定，其品种和掺量应通过试验确定；

3 混凝土入模时的坍落度应符合设计要求；其允许偏差应符合现行国家标准《混凝土结构工程施工规范》GB 50666的有关规定。

由于普通硅酸盐水泥早期硬化性能比较稳定，因此宜采用普通硅酸盐水泥。

外加剂和掺合料在我国已广泛使用，但过去施工中，因外加剂使用不当造成的质量事故确有发生。另外，近年来有些单位研究发现高强高性能混凝土由于添加了硅粉类添加剂，从而使其黏度变大，在滑升过程中易出现粘模及拉裂现象，滑模的粘模现象与外加剂存在一定的关联，应引起注意。

为了便于混凝土的浇灌，防止因强烈振捣使模板系统产生过大变形，滑模施工的混凝土坍落度宜大一些，其允许偏差应符合国家标准《混凝土结构工程施工规范》GB 50666—2011 的有关规定。

6.4.3 正常滑升时，混凝土的浇筑应符合下列规定：

1 应均匀对称交圈浇灌；每一浇灌层的混凝土表面应在一个水平面上，并应有计划、均匀地变换浇灌方向；

2 应采取薄层浇灌，浇灌层的厚度不宜大于 200mm；

3 上层混凝土覆盖下层混凝土的时间间隔不应大于混凝土的凝结时间，当间隔时间超过规定时，接茬处应按施工缝的要求处理；

4 在气温较高的时段，宜先浇灌内墙，后浇灌阳光直射的外墙；应先浇灌墙角、墙垛及门窗洞口等的两侧，后浇灌直墙；应先浇灌较厚的墙，后浇灌较薄的墙；

5 预留孔洞、门窗口、烟道口、变形缝及通风管道等两侧的混凝土应对称均衡浇灌。

本条提出了滑模混凝土浇灌时的一般要求。

1 采取均匀浇灌、交圈制度，是为了保证出模混凝土的强度大致相同，使提升时支承杆受力比较均衡。有计划地、匀称地变换浇灌方向，可以防止平台的飘移、倾斜或偏扭。

2 关于混凝土的浇灌层厚度问题，基于以前人们把浇灌混凝土——绑轧钢筋——提升模板作为三个独立的工序来组织循环作业，即模板的提升应在一圈钢筋绑扎完毕和一个浇灌层厚度范围内的混凝土全部浇灌完毕后，才能允许进行模板提升，然后再进行下一个作业循环。模板的提升高度也就是混凝土浇灌层的厚度。而在现场，随着现代化的施工机械设备的大量普及应用，浇灌层厚度可以达到 500mm 甚至更多都可实现。现在大家都体会到，混凝土浇灌层盲目加厚确实给施工带来很多不利的影响：

1）会较大地增加支承杆的脱空长度，降低支承杆的承载能力；

2）模板中的混凝土对操作平台的总体稳定是一个有利的因素，一次滑空高度加大，会削弱这一有利因素；

3）浇灌层过大会增大一次绑扎钢筋、浇灌混凝土的数量以及提升模板所需的时间，实际上是增大了混凝土在模板内的静停时间；这会增大模板与混凝土之间的摩阻力，提升时易造成混凝土表面粗糙、出现裂缝或掉楞掉角等质量缺陷；

4）一次提升过高，易产生穿裙子现象；

5）对有收分要求的筒体结构，由于提升时模板对刚浇灌的混凝土壁有一定的挤压作用，如果一次提升过高，较难保证筒壁混凝土的质量；

6）浇灌层厚度过厚，施工组织管理协调的难度加大；

已有的工程实践已经表明，浇灌层过大带来的一系列问题，其中最突出的是管理跟不上，混凝土表面粗糙、外观质量欠佳。因此，本标准强调采取薄层浇灌、微量提升、减少停歇的作业方式，将薄层浇灌的厚度定为不宜大于200mm。

3 为使浇灌时新浇灌的混凝土与下层混凝土之间良好结合，浇灌的间隔时间不应超过下层混凝土凝结所需要的时间，即不出现冷接缝。混凝土凝结时间系指该混凝土贯入阻力值达到3.5MPa，相当于混凝土达到贯入阻力值0.35kN/cm^2所需的时间，当间隔时间超过凝结时间，结合面应按施工缝处理。

4 高温季节浇灌混凝土的顺序，应使出模混凝土强度基本一致，其他几点要求是根据工程实践经验提出的，先浇灌墙角、墙垛、厚墙等较厚部位的混凝土，对减少模板系统的飘移是有利的。

5 预留孔洞等部位，一般都设有胎模。强调在胎模两侧对称均匀地浇灌混凝土，以防止侧压力不对称使胎模产生过大的位移。

6.4.4 当采用布料机布送混凝土时，应进行专项设计，并应符合下列规定：

1 布料机的活动半径宜能覆盖全部待浇混凝土的部位；

2 布料机的活动高度应能满足模板系统和钢筋的高度；

3 布料机不宜直接支承在滑模平台上，当确需支承在平台上时，支承系统应进行专门设计；

4 布料机和泵送系统之间应有可靠的通信联系，混凝土宜先布料在操作平台的受料器中，再送入模板，并应控制每一区域的布料数量；

5 平台上的混凝土残渣应及时清出，严禁铲入模板内或掺入新混凝土中使用；

6 夜间作业时应有足够的照明。

滑模施工中采用布料机布送混凝土，由于布料机要随着操作平台的提升而升高，使用上有其独特的条件，因此应进行专项设计，以解决布料机的选型、覆盖面范围、机身高度、支撑系统、爬提方式、布料程序、操作方法、通信、安全措施等一系列技术组织问题。

6.4.5 混凝土的振捣应符合下列规定：

1 宜使用滑模专用的振捣器及浇筑用的配套工具；

2 振捣混凝土时振捣器不应直接触及支承杆、钢筋；

3 振捣器应插入下一层混凝土内，但深度不应超过 50mm；

4 振捣不应过振或漏振。

在振捣混凝土时，如果振捣器直接触及支承杆、钢筋和模板，可能使埋入混凝土中的支承杆和钢筋握裹力遭到损坏，模板产生较大变形，以致影响滑模支承系统的稳定和工程质量。

振捣器插入深度，以保证两层混凝土良好结合为度，插入下层混凝土过深，可能扰动已凝固的混凝土，对保证已成型的混凝土质量和支承杆的稳定不利。同时，也不应漏振或过振。

6.4.6 混凝土出模后应及时检查，宜采用原浆压光进行修整。

本条修订新增的内容，原浆压光工艺实践表明简便易行，对改善滑模混凝土的外观质量十分有利。

过去，大家更多地关注操作平台上部的绑钢筋、浇混凝土、滑升等三大主要工序，对于操作平台下部刚出模的混凝土强度普查、混凝土外观质量检查修饰等关注度不够，对于原浆压光的时间掌控、抹灰工人数量安排重视不足，实践表明，专门安排熟练、足够的抹灰工，及时采取原浆压光工艺修饰刚刚出模的混凝土表面，对改善混凝土观感质量有重要作用，原浆压光可以作为滑模施工另一大主要工序。

另外，中交系统 21 世纪初针对采用滑模施工的大型海工构件如沉箱，开展了历时 4 年的混凝土质量和耐久性等综合跟踪检测专项研究工作，检测证明滑模施工的大型海工混凝土构件，采用原浆抹面技术，可以保障混凝土的面层质量，满足我国现行港口工程有关标准规范的要求（图 6.4.6-1～图 6.4.6-3）。

图 6.4.6-1 筒仓压光后外观图

6.4.7 混凝土的养护应符合下列规定：

1 浇筑的混凝土硬化后应及时养护，应保持混凝土表面湿润，养护时间不应少于 7d；

2 养护方法宜选用连续均匀喷雾养护或喷涂养护液；

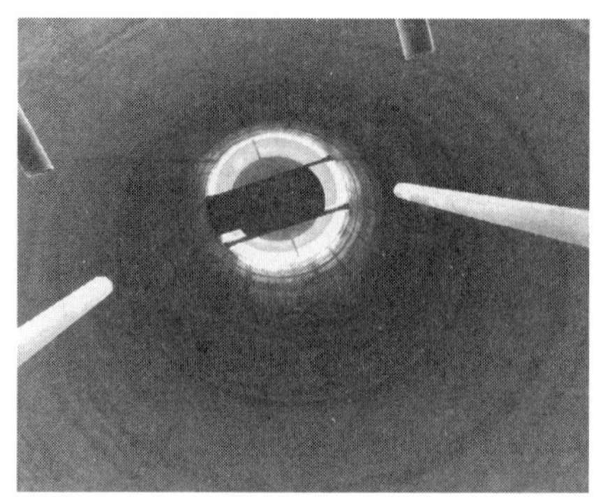

图 6.4.6-2　出模后工人压光作业图　　　　图 6.4.6-3　筒仓内壁成型图

3　混凝土的养护不应污染成品混凝土；

4　建筑物外墙外侧、较高筒体的两侧，可利用操作平台的吊架增设喷雾装置等加强养护。

由于滑模施工中脱模后的早期混凝土即裸露在大气环境中，若养护不当，对混凝土强度增长是不利的，因此，应特别认真地对待养护工作。

第 1 款强调对所有混凝土表面进行养护，养护时间是根据国家标准《混凝土结构工程施工规范》GB 50666—2011 的规定制定的。

第 2 款是提出适用于滑模施工混凝土的两种主要养护方法，将过去常用的浇水养护改为喷雾养护，因喷雾养护节水，对混凝土表面湿润均匀；喷涂养护液是近年发展较快、性能较好的一类混凝土养生剂。

新修订增加第 3 款混凝土的养护不应污染成品混凝土。

新修订增加第 4 款对薄弱环节要加强养护。

6.4.8　混凝土的缺陷修整应符合现行国家标准《混凝土结构工程施工规范》GB 50666 的有关规定。

硬化后的混凝土质量缺陷修整，不能由工人任意处置，应按国家标准《混凝土结构工程施工规范》GB 50666—2011 的有关规定执行。

本条为新增条款。

6.5　预留孔和预埋件

6.5.1　预埋件安装应位置准确、固定牢靠，不应突出模板表面。预埋件出模板后应及时清理使其外露。

本条对预埋件的安装提出的基本要求是：固定牢固、位置准确、不妨碍模板滑升。

6.5.2 预留孔洞的胎模应具有设计的刚度，其厚度应比模板上口尺寸小 5mm～10mm，并应与结构钢筋固定牢靠。

预留孔洞的胎模或门窗框衬模厚度（宽度），应略小于模板上口尺寸，保证胎模能在模板间顺利通过，避免提升时胎模被模板卡住，使胎模被带起或增大提升时的摩阻力。

当支承杆穿过较大预留孔洞时，应及时采取加固措施，防止支承杆失稳。

6.5.3 当门窗框采用预先安装时，门窗和衬框的总宽度应比模板上口尺寸小 5mm～10mm，安装应有可靠的固定措施，门窗框安装的偏差应符合表 6.5.3 的规定。

表 6.5.3 门窗框安装的允许偏差

项目	允许偏差（mm）	
	钢门窗	铝合金（或塑钢）门窗
中心线位移	5.0	5.0
框正、侧面垂直度	3.0	2.0
框对角线长度		
≤2000mm	5.0	2.0
>2000mm	6.0	3.0
框的水平度	3.0	1.5

6.6 滑　　升

6.6.1 滑模施工中应采取混凝土薄层浇灌、千斤顶微量提升等措施减少停歇，在规定时间内应连续滑升。

本条强调了减少停歇，通过采取薄层浇灌、微量提升等综合措施将其他各工序作业均安排在限定时间内完成。

以往不少施工单位在滑模施工中仅对绑扎钢筋、浇灌混凝土、提升模板这三个主要工序重视，而对滑模施工的时间限定性常重视不够，即从事各工序操作的施工人员只关心如何去完成本工序的工作，而对应该在多长时间内完成却较少注意，或者说在最短时间或指定时间内完成作业的意识并不十分强烈。应该指出，滑模施工的时限性要求是这一施工方法的显著特性之一。因此滑升这个工序应是滑模施工的主导工序，其他操作应在满足提升速度的前提下完成，不宜用停滑或减缓滑升速度来迁就其他作业。

当采用滑框倒模施工时，可不受本条的限制。

根据滑模施工实践，有滑模施工经验的技工通过现场直观辨声和简单的目测混凝土表面的状况，如滑升过程中能听到“沙、沙”声，出模的混凝土表面湿润、无流淌和变形，无拉裂现象；大拇指按压或划痕有硬的感觉，并能留下隐约1mm左右深的指印或划道，可以大致判断合适的滑升速度和滑升出模时间。若指印过深应减缓或停止滑升，若过硬则要加快滑升速度；滑升过后应及时进行原浆抹面及收光。但这些只是传统的感性认识，其准确性波动较大，难以定量把控，应按新标准规定的贯入阻力法等定量监测。

6.6.2 在确定滑升程序或滑升速度时，除应满足混凝土出模强度要求外，还应根据下列相关因素调整：

1 气候条件；

2 混凝土原材料及强度等级；

3 结构特点，包括结构形状、构件截面尺寸及配筋情况；

4 模板条件，包括模板表面状况及清理维护情况；

5 混凝土出模外观质量情况等。

滑模施工的特点之一就是滑模施工时的全部荷载是依靠埋设在混凝土中或体外刚度较小的支承杆承受的，其上部混凝土强度很低，因而施工中的一切活动都应保证与结构混凝土强度增长相协调，即滑升程序或滑升速度的确定，至少应包含本条规定的5个因素。

第5款是本次修订新增加的内容。

6.6.3 初滑时，宜将混凝土分层交圈浇筑至500mm～700mm（或模板高度的1/2～2/3）高度，待第一层混凝土强度达到0.2MPa～0.4MPa或混凝土贯入阻力值为0.30kN/cm^2～1.05kN/cm^{2}时，应进行（1～2）个千斤顶行程的提升，并对滑模装置和混凝土凝结状态进行全面检查，确定正常后，方可转为正常滑升。

混凝土贯入阻力值测定方法应符合本标准附录B的规定。

初滑是指工程开始时进行的初次提升阶段，也包括在模板空滑后的首次提升，初滑程序应在施工方案中予以规定，主要应注意以下几点：

1 初滑时既要能使混凝土自重克服模板与混凝土之间的摩阻力，又要使下端混凝土达到必要的出模强度，因此，应对混凝土的凝结状态进行全面检查；

2 初滑一般是模板结构在组装后初次经受提升荷载的考验，因此要经过一个试探性提升过程，同时检查模板装置工作是否正常，发现问题立即处理。

本标准附录B的混凝土贯入阻力测定方法，是根据国家标准《普通混凝土拌合物性能试验方法标准》GB/T 50080—2016和参照美国材料与试验协会标准ASTM C403等制订的，其单位为kN/cm^{2}而不采用MPa，主要是与通常所称的混凝土强度有所区别。

近年来，北京某建设公司研究开发的混凝土早期强度测试仪，具有智能、便携、快速读数等优点，得到了专家的肯定。建议可在混凝土早期强度日常普查中使用，以进一步积累资料和经验。

原冶金部某建筑研究院曾对早龄期受荷混凝土的强度损失和变形进行了试验研究。试验时模拟滑升速度分别为 10cm/h、20cm/h 和 30cm/h 对试件分级加荷，同时测其变形值，直至荷载达到 7.5N/ cm^2。荷载保持 24h 后卸荷，再与未加荷的试件同时送标准养护室养护。待混凝土龄期达到 28d 后试验，确定试件的强度。结果见表 6.6.3-1 及图 6.6.3。

表 6.6.3-1 早期受荷混凝土对 28d 强度的影响

模拟滑升速度 cm/h	试件受荷混凝土对 28d 强度的影响（MPa）								
	0.1			0.2			0.3		
	28d 强度		差率（%）	28d 强度		差率（%）	28d 强度		差率（%）
	受荷	未受荷		受荷	未受荷		受荷	未受荷	
10	28.57	32.63	−12.44	33.13	33.80	−1.98	35.87	35.90	−0.09
20	29.23	34.03	−14.11	34.63	36.53	−5.2	33.43	34.17	−2.15
30	29.20	36.73	−20.51	30.50	34.07	−10.47	33.50	34.20	−2.1

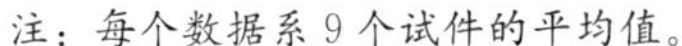
注：每个数据系 9 个试件的平均值。

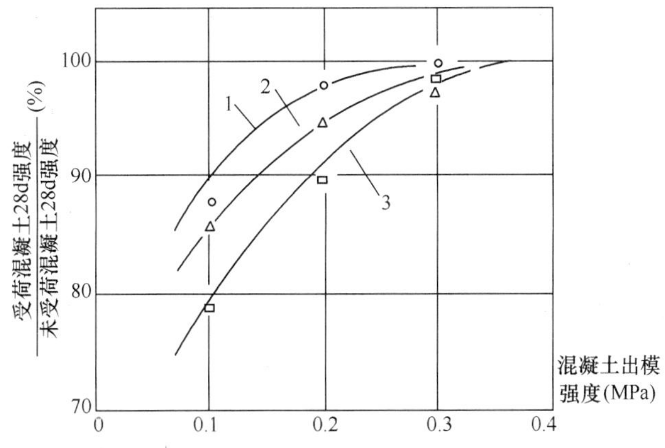

图 6.6.3 不同滑升速度和出模强度对 28d 强度的影响

1—滑升速度为 10cm/h；2—滑升速度为 20cm/h；3—滑升速度为 30cm/h

从试验结果可以看出，过低混凝土出模强度，会造成 28 天抗压强度降低，且滑升速度愈快降低的比例也愈大。当出模的最低强度控制在 0.2MPa 以上，滑升速度在 10cm/h～20cm/h 时，混凝土的 28d 抗压强度降低 2%～5%，出模强度达到 0.3MPa，混凝土 28d 强度则基本不降低。

早龄期混凝土在荷载作用下的相对变形，随混凝土的初始强度的提高而减少，与荷载速度的关系不大，早期受荷混凝土变形结果见表6.6.3-2。

此外，国外有试验资料表明即使具有0.1MPa(1fkg/cm²)强度的混凝土，在受到1m～1.2m高的混凝土自重压力作用下(2.5N/cm²)也会发生较大的塑性变形，且28d强度平均损失达16%，当强度大于或等于0.2MPa(2fkg/cm²)时，在自重作用下不仅塑性变形小，对28天抗压强度基本上无影响。

国外对出模强度的要求很不一致，从0.05MPa至0.7MPa者均有。为了不过分影响滑模混凝土后期强度或不致为弥补这种损失而提高混凝土配合比设计的强度等级，也不因强度太高过分增大提升摩阻力，因此，滑模混凝土出模强度定为0.2MPa～0.4MPa或混凝土贯入阻力值为0.3kN/cm²～1.05kN/cm²。

表6.6.3-2　混凝土早期受荷时的相对变形

模拟滑升速度 cm/h	混凝土早期受荷初始强度（MPa）					
	0.1		0.2		0.3	
	28d强度		28d强度		28d强度	
	试件相对变形（×10⁻²）					
	受荷	未受荷	受荷	未受荷	受荷	未受荷
10	6.35	7.33	2.17	4.05	0.75	3.24
20	5.18	6.19	1.72	4.34	0.92	3.07
30	5.46	7.18	1.77	3.58	0.82	4.33

注：相对变形值为试验荷载加至7.5N/cm²时测定的平均值。

6.6.4　正常滑升过程中，应采取微量提刀的方式，两次提升的时间间隔不宜超过0.5h。

本条明确提出了在正常滑升过程中，应采取微量提升的方式。

在滑模施工中能否严格做到正常滑升所规定的两次提升间隔时间，即混凝土在模板中的静停时间的要求，是直接关系到防止混凝土出现被拉裂、防止出现冷接头，保证工程质量的关键。因此，本条规定两次提升的间隔的时间不宜超过0.5h。当气温很高时，为防止混凝土硬化太快，提升时摩阻力过大，混凝土有被拉裂的危险，可在两提升间隔时间内增加(1～2)次中间提升，中间提升的高度为(1～2)个千斤顶行程，以阻止混凝土和模板之间的粘结，使两者之间的接触不超过0.5h。

当采用滑框倒模施工时，可不受本条的限制。

6.6.5　滑升过程中，应使所有的千斤顶充分的进油、排油。当出现油压增至正常滑升工作压力值的1.2倍，尚不能使全部千斤顶升起时，应立即停止提升操作，检查原因，及时进行处理。

提升时要求千斤顶充分进油、排油，是为了防止提升中因进油回油不充分，各千斤顶之间产生累积升差。进油、排油时间应通过试验确定。

提升模板时，如果将油压值提高至正常滑升时油值的1.2倍，尚不能使全部液压千斤顶升起，说明已发生了问题，此时应立即停止提升操作进行检查，找出故障原因及时处理，禁止盲目增压强行提升。

6.6.6 在正常滑升过程中，每滑升200mm～400mm，应对各千斤顶进行一次调平，特殊结构或特殊部位应采取专门措施保持操作平台基本水平。各千斤顶的相对标高差不应大于40mm；相邻两个提升架上千斤顶升差不应大于20mm。

滑升中保持操作平台基本水平，对防止结构中心线飘移和混凝土外观质量有重要意义，因此每滑升200mm～400mm都应对各千斤顶进行一次自检调平。目前操作平台水平控制方法主要有限位卡调平、联通管自动调平系统，激光平面法自动调平也可选用，经验表明都可使相邻千斤顶的高差控制在20mm内。

6.6.7 连续变截面结构，每滑升200mm高度，至少应进行一次模板收分。模板一次收分量不宜大于6mm。当结构的坡度大于3.0%时，应减小每次提升高度，当设计支承杆数量时，应适当降低其设计承载能力。

根据一些施工单位的经验，连续变截面结构的滑升中一次收分量不宜大于6mm。烟囱、电视塔等变坡度结构习惯上是每提升一次进行一次收分操作。提升过程中内模板有托起内壁混凝土的趋势，收分过程中外模板又有压迫外壁混凝土趋势，而一次提升高度和收分量愈大，对混凝土质量的潜在影响也愈大。如结构坡度大于3.0%，应适当降低支承杆的设计承载能力。

6.6.8 在滑升过程中，应检查和记录结构垂直度、水平度、扭转及结构截面尺寸等偏差数值。检查及纠偏、纠扭应符合下列规定：

1 每滑升一个浇灌层高度应自检一次，每次交接班时应全面检查、记录一次；

2 在纠正结构垂直度偏差时，应徐缓进行，避免出现硬弯；

3 当采用倾斜操作平台的方法纠正垂直偏差时，操作平台的倾斜度应控制在1%之内；

4 对筒体结构，任意3m高度上的相对扭转值不应大于30mm，且任意一点的全高最大扭转值不应大于200mm。

滑模装置是由单个刚度较小的支承杆来支承，因此操作平台空间变位的可能性较大，过去有些工程由于对成型结构的垂直度、扭转等的观测不够及时，导致结构物的施工精度达不到要求的情况时有发生。而偏移一旦形成，消除就十分困难。

施工实践表明，整体刚度小、高度较高、缺少横向约束的结构，施工中容易产生垂直偏差和扭转，因此，要及时根据记录，分析滑升中存在的问题、平台飘移的规律以及各种处置方法是否恰当，以便及时总结经验，进一步提高工程质量。

针对偏差产生的原因，如能在出现偏差的萌芽阶段就采取纠正措施，一般都是比较容易纠正的。但应注意，当成型的结构已经产生较大的垂直度偏差时，纠偏应徐缓进行，避免出现硬弯。因此，滑模施工精度控制应强调勤观测、勤调整的原则。

当垂直度出现偏差后，通常将操作平台调成倾斜以纠正偏差。这种纠偏方法除了利用模板对混凝土的导向作用和千斤顶倾斜改变支承杆的方向外，还利用滑模装置的自重及施工荷载对操作平台产生的水平推力来达到纠偏的目的。为避免因平台倾斜造成支承杆承载力损失过大，本条规定操作平台的倾斜度应控制在1%以内。此外操作平台倾斜度过大还会引起模板产生反锥度，以及滑模装置的某些构件出现过大变形。

筒体结构在滑模施工中若管理不当很容易产生扭转，扭转的结果不仅有损于结构外观，更重要的是会导致支承杆倾斜，从而降低其承载能力。

6.6.9 在滑升过程中，应检查操作平台结构、支承杆的工作状态及混凝土的凝结状态，发现异常，应及时分析原因并采取有效的处理措施。

滑升过程中，整个操作平台装置都处于动态，模板下口部位的混凝土强度相对较低，支承杆也处于不利工作状态下，因此要随时检查操作平台、支承杆以及混凝土的凝结状态，及时发现异常并解决。

如检查支承杆是否出现弯曲或倾斜、千斤顶卡固失灵；检查操作平台是否出现偏扭变形、模板出现反锥度；检查刚出模的混凝土是否出现流淌、坍塌、裂缝以及其他异常情况等。并编制针对性的预案，根据现场实际情况分析原因，作出是否停滑的决定，及时采取有效措施处理，避免安全质量事故的发生。

本条在《滑动模板工程技术规范》GB 50113—2005 中是强制性条文，应充分重视现场监督检查工作。

监督检查要点	判定方法说明
滑升过程中，整个操作平台装置都处于动态，模板下口部位的混凝土强度相对较低，支承杆也处于不利工作状态下，因此要随时检查，及时发现异常并解决	检查滑升阶段的预案措施。 检查支承杆是否出现弯曲或倾斜、千斤顶卡固失灵。 检查操作平台是否出现偏扭变形、模板出现反锥度。 检查刚出模的混凝土是否出现流淌、坍塌、裂缝以及其他异常情况等。 针对性处置后达到的现实效果等

6.6.10 框架结构柱子模板的停歇位置，宜设在梁底以下 100mm～200mm 处。

主要为梁的钢筋绑扎或安装提供一定的时间、空间，而不致妨碍其操作。

6.6.11 在滑升过程中，应及时清理粘结在模板上的砂浆和转角模板、收分模板与活动模板之间的灰浆，严禁将已硬结的灰浆混进新浇的混凝土中。

对施工过程中落在操作平台上、吊架上以及围圈支架上的混凝土和灰浆等杂物，每个作业班应进行及时清扫，以防止施工中杂物坠落，造成安全事故。对粘结在模板上的砂浆应及时清理，否则模板内表面粗糙，提升摩阻力增大，出模混凝土表面会被拉伤，有损结构质量。尤其是转角模板处粘结的灰浆常常是造成出模混凝土缺棱少角的主要原因，变截面结构的收分模板和活动模板连接处，浇灌混凝土时砂浆极易挤入收分模板和活动模板之间，使成型的结构混凝土表面拉出深沟，有损结构的外观质量。因此，施工中应特别注意清理，由于这些部位的模板清理比较困难，有时需要拆除模板才能彻底进行。已硬结的干灰落入模板内或混入混凝土中，会造成上下层混凝土之间出现烂渣夹层，如混入新浇混凝土中会严重影响混凝土的结构质量。

6.6.12 滑升过程中不应出现漏油，凡被油污染的钢筋和混凝土，应及时处理干净。

液压油污染了钢筋或混凝土会降低混凝土质量和混凝土对钢筋的握裹力，施工中如果发生这种情况的处理方法：对支承杆和钢筋一般用喷灯烘烤除油，对混凝土用棉纱吸除浮油，并清除掉被污染表面的混凝土。

6.6.13 当因施工需要或其他原因不能连续滑升时，应采取下列停滑措施：

1 混凝土应浇灌至同一标高；

2 模板应每隔一定时间提升(1～2)个千斤顶行程，直至模板与混凝土不再粘结为止；

3 当采用工具式支承杆时，在模板滑升前应先转动并适当托起套管，使之与混凝土脱离，以避免将混凝土拉裂。

本条第3款使用工具式支承杆时，由于支承杆一般都设置在结构截面的内部，模板提升时，其套管与混凝土之间也存在着较大的摩阻力，即产生的总摩阻力要比使用非工具式支承杆时更大，因此在这种情况下应在提升模板之前转动和适当托起套管，以减小由此引起的摩阻力，防止混凝土被拉裂。

当采用滑框倒模施工时，可不受本条第2款的限制。

6.6.14 模板空滑时，应验算支承杆在操作平台自重、施工荷载、风荷载等组合作用下的稳定性，稳定性不满足要求时，应对支承杆采取可靠的加固措施。

正常施工中浇灌的混凝土被模板所夹持，对操作平台的总体稳定能够起到一定的保障作用。空滑是滑模施工中一个相对潜在危险的工作状态，模板与浇灌的混凝土已脱离，且支承杆的脱空长度有时会达到2m以上，抵抗垂直荷载和水平荷载的能力都很低，应验算该工况下的稳定性。

当稳定性不足时，应对空滑的支承杆采取可靠的加固措施，并检查滑模施工方案设计中模板空滑工况、现场支承杆和操作平台的加固是否符合专项设计要求。

对于支承杆和操作平台加固的方法较多，如可以临时加固支承杆，适当增加支承杆的数量，减少操作平台施工荷载等方法来解决支承杆稳定性问题。

本条在《滑动模板工程技术规范》GB 50113—2005 中是强制性条文，应充分重视现场监督检查工作。

监督检查要点	判定方法说明
"空滑"是滑模施工中一个相对危险的工作状态，模板与浇灌的混凝土已脱离，且支承杆的脱空长度有时会达到2m以上，抵抗垂直荷载和水平荷载的能力都很低，应验算该工况下的稳定性。 当稳定性不足时，应对空滑的支承杆采取可靠的加固措施	检查滑模施工方案设计中模板空滑工况验算和相关措施。 检查现场支承杆和操作平台的加固是否符合专项设计要求

6.6.15 混凝土出模强度应控制在 0.2MPa～0.4MPa 或混凝土贯入阻力值为 $0.30\text{kN/cm}^2 \sim 1.05\text{kN/cm}^2$。采用滑框倒模施工的混凝土出模强度不应小于 0.2MPa。

混凝土出模强度，通常要求以保证刚出模的混凝土不坍塌、不流淌、也不被拉裂，并可在其表面进行原浆压实等简单修饰和后期强度不降低等提出来的。

试验结果表明，当混凝土早期强度大于或等于 0.2MPa 时，可以达到滑模施工的要求。混凝土出模强度以采用本标准附录 B 的混凝土贯入阻力测定方法试验为准。

采用滑框倒模施工时，由于仅滑框沿着模板表面滑动，而模板只从滑框下口脱出，不与混凝土表面之间发生滑动摩擦，因此，只规定混凝土出模强度最小值为为 0.2MPa。

本条在《滑动模板工程技术规范》GB 50113—2005 中是强制性条文，应充分重视现场监督检查工作。

监督检查要点	判定方法说明
混凝土出模强度，通常要求以保证刚出模的混凝土不坍塌、不流淌、也不被拉裂，并可在其表面进行简单修饰和后期强度不降低等提出来的。 试验结果表明，当混凝土强度≥0.2MPa 时，可以满足滑模施工的要求	检查现场常用的混凝土贯入阻力曲线记录。 必要时，现场做贯入阻力试验验证

建议在滑模平台上采用西安建筑科技大学早期研制的“压痕仪”、北京国合建设公司目前开发的“智能混凝土早期强度测试仪”等现场普查，以积累出模混凝土早期强度实时动态监测资料，改进完善滑模混凝土早期强度测试设备。

有关“压痕仪”、“智能混凝土早期强度测试仪”的介绍见本书“滑模出模强度现场快速检测仪器设备应用”。

6.6.16 当支承杆无失稳可能时，应按混凝土的出模强度控制，模板的滑升速度应按下式计算：

$$V = (H - h_0 - a)/t \qquad (6.6.16)$$

式中：V——模板滑升速度（m/h）；

H——模板高度（m）；

h_0——每个浇筑层厚度（m）；

a——混凝土浇筑后其表面到模板上口的距离，取 0.05m～0.10m；

t——混凝土从浇灌到位至达到出模强度所需的时间（h），由试验确定。

当滑模施工中支承杆不可能发生失稳情况时，可按混凝土出模强度要求来确定最大滑升速度。例如，采用吊挂支承杆滑模或支承杆经过加固在任何时候都不可能因受压失稳时，则滑升速度的控制只需满足出模混凝土不流淌，不拉裂，混凝土后期强度不损失等条件，即保证达到出模混凝土要求的强度即可。

$$V = (H - h_0 - a)/t$$

6.6.17 当支承杆受压时，应按支承杆的稳定条件控制，模板的滑升速度应按下列规定确定：

1 对于 ϕ48.3×3.5 钢管支承杆，应按下式计算：

$$V = 26.5/[T_1(K \cdot P)^{1/2}] + 0.6/T_1 \qquad (6.6.17\text{-}1)$$

式中：P——单根支承杆承受的垂直荷载（kN）；

T_1——在作业班的平均气温条件下，混凝土强度达到 2.5MPa 所需的时间（h），由试验确定；

K——安全系数，取 K=2.0。

2 对于 ϕ25 圆钢支承杆，应按下式计算：

$$V = 10.5/[T_2.(K.P)^{1/2}] + 0.6/T_2 \qquad (6.6.17\text{-}2)$$

式中：T_2——在作业班的平均气温条件下，混凝土强度达到 0.7MPa～1.0MPa 所需的时间（h），由试验确定。

当支承杆受压且设置在结构混凝土内部时（一般滑模多属这种情况），滑升速度由支承杆的稳定性来确定，支承杆的失稳有两种情况，一种是杆子上部在临界荷载下弯曲，失稳时弯曲部位发生在支承杆的脱空部分，另一种是支承杆的弯曲部分发生在混凝土内部，这种情况一般是在混凝土早期强度增长很缓慢，杆子脱空长度较小时较易发生，一旦出现，模板下口附近的混凝土被弯曲的支承杆鼓坏，造成混凝土坍塌，甚至平台倾覆等恶性事故。因此我们在确定支承杆承载力时是以滑升速度与混凝土硬化状态相适应（即不发生下部失稳）为前提，求得支承杆在不同荷载、不同混凝土的硬化状态下与滑升速度的关系。

1 对 $\phi48.3\times3.5$ 钢管受压支承杆，当支承杆设置在结构混凝土体内时，我们参照 $\phi25$ 支承杆的假定条件来确定其极限滑升速度，理论上推定 $\phi48.3\times3.5$ 钢管支承杆的稳定嵌固强度值为 2.5MPa。

与 $\phi25$ 支承杆相同，确定 $\phi48.3\times3.5$ 支承杆的允许滑升速度按其下部失稳条件进行控制，即杆子失稳时的上端弯曲点在模板的中部，处于半铰结状态，下端被 2.5MPa 强度的混凝土完全嵌固。则推导出本条款允许滑升速度的计算公式，并经试算，可以满足当前工程需要，但还需要深入开展这方面的工程试验研究工作。

$$V = 26.5/[T_1 \times (K \cdot P)^{1/2}] + 0.6/T_1 \qquad (6.6.17\text{-}3)$$

2 对于 $\phi25$ 支承杆，为简化计算，我们假定：

1）模板高度假设 1.2m，支承下部失稳是在上部不失稳的条件下发生的；

2）混凝土对 $\phi25$ 圆钢支承杆的嵌固强度取 0.7MPa～1.0MPa；

3）忽略支承杆与横向钢筋联系等有利作用；

4）杆子下部失稳时，上弯曲点的位置在模板的中部（由于模板有倾斜度，模板下部 1/2 的混凝土已与模板脱离接触）并处于半嵌固状态。其下端被 0.7MPa 强度的混凝土完全嵌固，参考图 6.6.17。

通过上述假定把一个很复杂的问题简化为一个上端为半铰、下部全嵌固的理想压杆来处理。由此推导出本条款的计算公式：

$$V = 10.5/[T_2 . (K \cdot P)^{1/2}] + 0.6/T_2 \qquad (6.6.17\text{-}4)$$

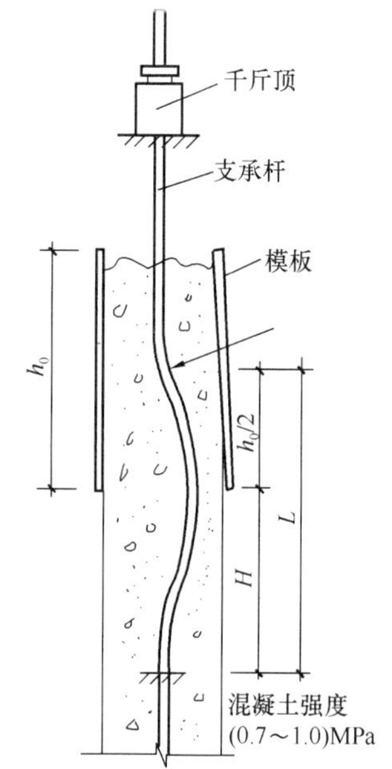

图 6.6.17　支承杆下部失稳示意图

6.6.18　当以滑升过程中工程结构的整体稳定控制模板的滑升速度时，应根据工程结构的具体情况，计算确定。

根据施工过程中滑模工程结构或支承系统的整体稳定来控制滑升速度，一般是在以下情况下时需要：结构的自重荷载相对较大；施工中为保证结构稳定的横向结构后期施工（如高层建筑后做楼板、框架结构后做横梁等）；或支承杆系统组成一个整体承力结构。为防止整个工程结构或支承结构系统在施工中发生失稳才进行这种验算。验算中除了工程结构形式、滑模结构系统支承等具体情况外，还涉及对混凝土强度增长速度的要求，因而需要对滑升速度作出限制。

6.6.19 当 ϕ48.3×3.5 钢管支承杆设置在结构体外且处于受压状态时，该支承杆的脱空长度不应大于按下式计算的长度：

$$L_0 = 21.2/(K \cdot P)^{1/2} \tag{6.6.19-1}$$

式中：L_0——支承杆的脱空长度。

当 ϕ48.3×3.5 钢管支承杆受压且设置在结构体外时，支承杆四周没有混凝土扶持。假设其上端千斤顶卡固，假定为半铰状态，下端为铰支（即取 $\mu=0.75$），可按欧拉公式推导出本条款的计算公式：

$$L_0 = 21.2/(K \cdot P)^{1/2} \tag{6.6.19-1}$$

施工中应保证支承杆的脱空长度在任何情况下都应小于 L_0 的要求。

按上式计算支承杆的脱空长度结果列于下表：

支承杆荷载（kN）	10	20	30	40	50	60	70
允许的自由长度（m）	4.74	3.35	2.74	2.37	2.12	1.94	1.79

我国曾发生过两起因支承杆下部失稳而引发的重大安全事故，总结经验教训，认为在施工中支承杆失稳是导致发生事故的最主要原因，或者说是滑升速度与混凝土凝固程度不相适应的结果，因而标准中比较明确地规定滑升速度控制的要求十分必要；应该说目前提出的滑升速度的计算方法，还需要进一步积累经验和完善。

6.7 横向结构的施工

6.7.1 按整体结构设计的横向结构，当采用后期施工时，应保证施工过程中的结构稳定，并应符合设计要求。

按整体设计的横向结构如高层建筑的楼板、框架结构的横梁等对保证柱、墙等竖向构件的稳定性和合理受力有重要意义。当这些横向结构不同步施工时，会使施工期间的柱子或墙体的自由高度大大增加，因此应关注施工过程中结构的稳定性。

另外，由于横向构件后期施工会存在横向和纵向结构间的连接问题，这种连接应满足按原整体结构设计的要求，如果需要改变结构的连接方式，应通过设计认可，并有变更后的完整施工图。

本条在《滑动模板工程技术规范》GB 50113—2005 中是强制性条文，应充分重视现场监督检查工作。

监督检查要点	判定方法说明
横向结构对保证竖向构件的稳定性和合理受力有重要意义。当这些横向结构不同步施工时，会使施工期间的柱子或墙体的自由高度大大增加，因此应考虑施工过程中结构的稳定性。 横向构件后期施工的预留连接应满足原结构设计的要求	检查滑模施工方案中横向结构的施工方法和技术措施。 检查横向结构采用后期施工时的设计变更记录，及修改的施工图

6.7.2 滑模工程横向结构的施工，宜采取逐层空滑现浇楼板施工。

本条指出采用滑模施工的楼板结构宜采用逐层空滑现浇楼板工艺施工，即滑一浇一工艺。

6.7.3 当剪力墙结构采用逐层空滑现浇楼板工艺施工时，应符合下列规定：

1 当墙体模板空滑时，其外周模板与墙体接触部分的高度不应小于200mm；

2 楼板混凝土强度应达到1.2MPa及以上，方能进行下道工序，支设楼板的模板时，不应损害下层楼板混凝土；

3 楼板模板支柱的拆除时间，除应符合现行国家标准《混凝土结构工程施工规范》GB 50666的规定外，还应保证楼板的结构强度满足承受上部施工荷载的要求。

剪力墙结构采用逐层空滑现浇楼板工艺施工时，本标准提出几点要求：

1 要保证模板滑空时操作平台支承系统的稳定与安全。主要措施是对支承杆进行可靠加固，并加长建筑物外侧模板，使滑空时仍有不少于200mm高度的模板与外墙混凝土接触。

2 逐层现浇的楼板，楼板的底模一般是通过支柱支承在下层已浇筑的楼面上，由于一层墙体滑升所需的时间比较短，下层楼面混凝土浇筑完毕，一般停顿1d～2d，即需要在其上面作业，而此时混凝土强度较低，应有技术措施来保证不因此而损害楼板质量。

3 楼板模板的拆除应满足国家标准《混凝土结构工程施工规范》GB 50666—2011的规定，高层建筑的楼板模板采用逐层顶撑支设时，上层荷载是依次通过中间各层楼板和支柱传递到低层结构上的。因此本标准要求拆除支柱的上层楼板的结构强度应满足上部施工荷载的要求。

在上部施工荷载作用下，底层支柱究竟承受到多少荷载，综合对已有的研究成果总结分析，得出如下结论：

(1) 最下层支柱所承受的最大施工荷载，以作用在最上层支柱的荷载为单位荷载来表示荷载比为1.0～1.1；

（2）作用在最下层支柱所承受的楼板或梁上的最大荷载（即传递给最下层楼板的最大荷载）如连其自重计算在内，一般荷载比为 2.0～2.1；

（3）最大荷载比与使用多少层支柱、隔多少天浇筑混凝土无直接关联，也基本上不受支柱刚性大小、楼板与其周边梁的刚度比例及其他因素的影响。

因此可求出楼板设计荷载与施工荷载的比值 γ。

$$\gamma = [2.1(\rho d + W_{\mathrm{f}})]/(\rho d + W_{\mathrm{L}}) \tag{6.7.3}$$

式中：ρ——混凝土的重力密度（kN/m^2）；

d——板厚（m）；

W_{f}——楼板模板单位面积上的重量（kN/m^2）；

W_{L}——设计用活荷载（kN/m^2）。

用逐层顶撑支模方法施工对于 γ 值超过 1.5 时，不仅要对钢筋补强，还要待混凝土达到设计强度后才能拆模。

6.7.4 当剪力墙结构的楼板采用逐层空滑安装预制楼板时，板下墙体混凝土的强度不应低于 4.0MPa，并严禁用撬棍在墙体上挪动楼板。

6.7.5 当剪力墙结构的楼板采用在墙上预留孔洞或现浇牛腿支承预制楼板时，现浇区钢筋应与预制楼板中的钢筋连成整体。预制楼板应设临时支撑，待现浇区混凝土达到设计强度标准值 70%后，方可拆除支撑。

6.7.6 后期施工的现浇楼板，宜采用早拆模板体系。

6.7.7 所有二次施工的构件，其预留槽口的接触面不应有油污染，在二次浇筑之前，应彻底清除酥松的浮渣、污物，并应按施工缝的程序做好各项作业，加强二次浇筑混凝土的振捣和养护。

二次施工的构件与滑模施工的构件之间的连接，为保证结构形成整体，通常在节点处都作了必要的结构处理，如设置槽口、梁窝、增加插筋、预埋件、齿槽等等。这些部位比较隐蔽，因此二次施工之前应彻底清理这些部位，按要求做好施工缝处理，加强二次浇筑混凝土的振捣和养护，确保二次施工的构件节点和构件本身的质量可靠。

6.8 滑模托带施工

6.8.1 大型空间等重大结构物，当支承结构采用滑模工艺施工时，可采用滑模托带方法进行整体就位安装。

钢网架、整体钢桁架、大型井字梁等重大结构物，如果其支承结构（如墙、柱、梁）采用滑模施工时，则可利用同一套滑模装置将这种重大结构物随着滑模施工托带到其设计标高进行整体就位安装。该结构物是滑模施工的荷载，也可以作为滑模操作平台或操作平台的一部分在滑模施工中使用。滑模托带施工的显著优点是把一些位于建筑物高空的特大、特重的结构物，在地面组装成整体，随滑模施工托带至设计标高就位，这样就使大量的结构组装工作由高空作业变为地面作业，从而对提高工程质量、加快施工进度、保障施工安全有十分重要的意义，采用滑模施工托带方式来提升结构物，不仅省去了大型吊装设备，也省去了搭架安装等一系列作业和占用施工地面。因此这是一种优质、安全、快速经济的施工方法（图 6.8.1-1、图 6.8.1-2）。

图 6.8.1-1　熟料库网架安装

图 6.8.1-2　滑模施工托带细部图

6.8.2　当滑模托带施工时，支承结构从托带起始面正常滑升至托带结构高度位置，应采取停滑措施，在地面将被托带结构组装完毕，并应与滑模装置连接成整体；当支承结构再继续滑升时，托带结构应随同上升直到其支座就位标高，并应固定于相应的混凝土顶面。

6.8.3　滑模托带装置的设计，应能满足钢筋混凝土结构滑模施工和托带结构就位安装的要求。其施工技术设计应包括下列主要内容：

1 滑模托带施工程序设计；

2 墙、柱、梁、筒壁等支承结构的滑模装置设计；

3 被托带结构与滑模装置的连接措施与分离方法；

4 千斤顶的布置与支承杆的加固方法；

5 被托带结构到顶滑模机具拆除时的临时固定措施和下降就位措施；

6 拖带结构的变形观测与防止托带结构变形的技术措施。

由于被托带的结构是附着在其支承结构（墙、柱或梁）的滑模装置上，因此滑模托带装置不仅要满足其支承结构混凝土滑模施工的需要，同时还应满足被托带结构随升和就位安装的需要。本条指出了托带施工技术设计应包括的主要内容，包括整个工程的施工程序（包括滑模施工到被托带结构的就位固定）设计、支承结构的滑模装置设计、被托带物与滑模装置连接与分离方法和构造设计、整个提升系统的设计（包括千斤顶的布置和支承杆的加固措施等）、被托带结构到顶与滑模装置脱离后，对托带结构的临时固定方法以及在某些情况下，被托带结构需要少量下降就位的措施，施工过程中被托带结构的变形观测（包括各杆件的变形和各支座点的高差等），如施工设计中发现支座高差在施工允许范围内，而某些杆件出现了超常应力时，应该在施工之前对那些杆件进行加固。鉴于托带施工使滑模受力系统增加了很大荷载，而且在施工过程中对操作平台的调平控制和稳定提升要求更高，因此施工的前期准备和技术设计应做到更加完善和可靠。

6.8.4 滑模托带施工应对被托带结构进行附加应力和变形验算，计算各支座的最大反力值和最大允许升差值。

被托带物由多个支承点与其支承结构的滑模装置连接。在滑模托带提升时，由托带物施加到滑模装置上的荷载，即是托带物支承点的反力。计算该支点反力时，其荷载除常规荷载外，还应包括提升中由于各千斤顶的不同步引起的升差，导致托带结构产生附加的支承反力。千斤顶的升差（即被托带结构支承点不在同一标高上）会导致被托带结构的杆件内力发生变化，升差过大时，可使某些杆件超负荷，甚至使结构破坏；另一方面也使某些支座的反力增大，使托带物施加到滑模装置上的荷载增大，甚至导致出现滑模支承杆失稳等情况。因此，在滑模托带工程的施工设计中应根据施工中可能发生的情况，对托带结构构件的内力进行验算，并对施工中提出相应的控制要求是十分必要的，例如，提升支座点之间的允许升差限制，托带结构上荷载的限制，对某些杆件进行预先加固等等。

6.8.5 滑模托带装置的设计荷载除应按常规滑模计入荷载外，还应包括下列荷载：

1 被托带结构施工过程中的支座反力，依据托带结构的自重、托带结构上的施工荷载、风荷载以及施工中支座最大升差引起的附加荷载计算出各支承点的最大作用荷载；

2 滑模托带施工总荷载。

本条规定了滑模托带装置设计应计取的荷载。

6.8.6 滑模托带施工的千斤顶和支承杆的承载能力应留有安全储备：对楔块式和滚楔混合式千斤顶安全系数不应小于3.0，对滚珠式千斤顶安全系数不应小于2.5。

由于在滑模装置上托带了重量较大、面积较大且具有一定刚度的结构物，任何使托带结构状态（包括支座水平状态、荷载状态等）发生变化的情况都会影响到滑模支承杆的受力大小。因此，滑模托带施工时其支承杆受力大小的变化幅度，往往比普通滑模时变化的幅度更大，为适应这种情况，本条规定托带工程千斤顶和支承杆承载能力的安全储备，比普通滑模时要大。

6.8.7 施工中应保持被托带结构同步稳定提升，相邻两个支承点之间的允许升差值不应大于20mm，且不应大于相邻两支座距离的1/400，最高点和最低点允许升差值应小于托带结构的最大允许升差值，并不应大于40mm。

6.8.8 当采用限位调平法控制升差时，支承杆上的限位卡应每隔150mm～200mm限位调平一次。

滑模托带施工的被托带结构一般是具有相当大刚度和多个支承点的整体结构，其支承点的不均匀沉降（即支承点不在同一标高）对被托带结构的杆件内力变化有很大影响。因此施工中应控制托带结构支承点的升差，做到勤观察、勤调整。

6.8.9 当滑模托带结构到达预定标高后，可采用常规现浇施工方法浇筑固定支座的混凝土。托带结构就位后的变形、最大挠度应符合设计要求，允许偏差应符合现行国家标准《钢结构工程施工质量验收规范》GB 50205的规定。

修订增加了托带结构就位后，其变形、挠度应符合国家现行有关标准的规定。

6.9 滑模安全使用和拆除

6.9.1 滑模装置的组装和拆除应按施工方案的要求进行，应指定专人负责现场统一指挥，并应对作业人员进行专项安全技术交底。

滑模装置的组装是滑模施工刚开始的一道工序，而拆除是滑模施工最后一道工序，也是安全风险较大的一个环节。安装和拆除作业都应按照批准的专项施工方案有序的进行，根据滑模施工的经验教训，在施工过程中应加强组织管理，指定专人负责统一指挥，所有参加操作的人员应进行专项安全技术交底，熟悉安装和拆除的内容、方法和顺序，大家是一个有机整体，中途不宜随意更换作业人员，防止工作紊乱，杜绝安全事故发生。

6.9.2 组装和拆除滑模装置前，在建（构）筑物周围和垂直运输设施运行周围应划出警戒区、拉警戒线、设置明显的警示标志，并应设专人监护，非操作人员严禁进入警戒线内。

在安装和拆除滑模装置时，应加倍注意安全，在建（构）筑物周围和塔吊运行范围周边应划出警戒区。警戒线应设置明显的警示标志，应设专人监护和管理，非操作人员不应进入警戒线内。

6.9.3 滑模装置的安装和拆除作业应在白天进行；当遇到雷、雨、雾、雪、风速大于 8.0m/s 以上等恶劣天气时，不应进行滑模装置的安装和拆除作业。

安装和拆除作业应在白天光线充足、能见度良好、天气正常情况下进行，以确保安全操作。夜间不应进行安装和拆除作业，在气候条件恶化时，也不允许进行作业。

风速 8.0m/s 相当于五级风（五级风的风速为 8.0m/s～10.7m/s），小树摇摆。风速 10.8m/s～13.8m/s 相当于六级风，大树枝摇动，电线有呼呼声，打雨伞行走有困难。风速 13.9m/s～17.1m/s 相当于七级风，使人感觉行走困难。风速 17.2m/s～20.7m/s 相当于八级风，其破坏力可以折断细枝，人迎风行走阻力甚大。风速 20.8m/s～24.4m/s 相当于九级风，其破坏力可以使房屋小损。风速 24.5m/s～28.4m/s 相当于十级风，其破坏力可以拔起树木，建筑物损害较重，陆地上少见。十二级以上的风叫台风或飓风。

在高耸建构筑物滑模施工操作平台上可采用轻便风速表测风，条件许可时，在操作平台上安装风速自动记录仪，以监测实际风速。

6.9.4 滑模装置上的施工荷载不应超过施工方案设计的允许荷载。

滑模装置上的永久荷载施工期间变化不大，但要限制施工荷载不应超过设计荷载，以保证操作平台的安全。

6.9.5 每次初滑、空滑时，应全面检查滑模装置；正常滑升过程中应定期检查；每次检查确认安全后方可继续使用。

6.9.6 当滑模施工过程中发现安全隐患时，应及时排除，严禁强行组织滑升。

初滑、空滑是滑模施工的工况之一，尤其是处于空滑状态时，模板内没有混凝土挟持，是相对危险的情况，应全面检查滑模装置；正常滑升过程中也应定期检查，如每 1 个标准楼层检查 1 次；每次检查确认安全后方可继续使用。当滑模施工过程中发现安全隐患时，应及时排除，不应为了赶工期，强行组织滑升。

6.9.7 滑模装置系统上的施工机具设备、剩余材料、活动盖板与部件、吊架、杂物等应先清理，捆扎牢固，集中下运，严禁抛掷。

由于使用后的滑模装置有可能已发生潜在的磨损，有时甚至发生明显的废损，装置上的混凝土残渣时有存在，平台上的一些物件可先行清理，严禁高空抛物。

6.9.8 滑模装置宜分段整体拆除，各分段应采取临时固定措施，在起重吊索绷紧后再割除支承杆或解除与体外支承杆的连接，下运至地面分拆，分类维护和保养。

滑模装置在平台上采用分段整体拆除、然后到地面解体，目的是为了减少高处作业，防止高空坠落事故发生。

支承杆在拆除时由于自重或割断，很可能从千斤顶中滑脱，各分段甚至整个滑模装置也有可能倾倒或坠落，因此，应对滑模平台装置采取搭脚手架、设斜支撑、钢丝绳拉结等临时固定措施，对支承杆可直接将其从千斤顶下部取出、在千斤顶以上用限位卡卡紧或焊接短钢筋头或扣件卡紧等防坠落措施（图 6.9.8-1、图 6.9.8-2）。

图 6.9.8-1　滑膜装置拆除图一

图 6.9.8-2　滑膜装置拆除图二

6.9.9 滑模施工中的现场管理、劳动保护、通信与信号、防雷、消防等要求，应符合现行行业标准《液压滑动模板施工安全技术规程》JGJ 65 的有关规定。

行业标准《液压滑动模板施工安全技术规程》JGJ 65—2013 是滑模施工安全工作的专业标准，它对滑模施工的安全技术和管理都作了全面系统的规定，应遵照执行。

7 特种滑模施工

7.1 大体积混凝土施工

7.1.1 混凝土坝、闸门井、闸墩及大型桥墩、挡土墙等无筋和配有少量钢筋的混凝土工程，可采用大体积混凝土特种滑模施工。

本条是根据我国现阶段的工程经验，规定了可采用滑模施工的大体积混凝土的工程范围。

我国在水工构筑物中的混凝土坝、挡土墙、闸墩及大型桥墩等大体积混凝土的工程中已取得了成功经验（图 7.1.1-1、图 7.1.1-2）。

图 7.1.1-1 滑模施工的混凝土坝

图 7.1.1-2 滑模施工的大型桥墩

7.1.2 滑模装置的总体设计除应符合本标准第 5.2 节的相关规定外，还应符合构筑物曲率、竖向坡度变化和精度控制要求。

大体积混凝土工程施工的特点是混凝土浇筑的体积大、仓面大、强度高。一般多采用皮带机、地泵等机械化作业方式入仓下料，滑模装置设计应适应这一特点，且应注意结构物的曲率、坡度等外型特征和施工精度控制装置的有效性。

7.1.3 当长度较大的构筑物整体浇筑时，其滑模装置应分段自成体系，分段长度不宜大于 20m，体系间接头处的模板应衔接平滑。

本条根据我国水工施工经验，对仓面长宽较大的情况，采用几套滑模装置分段独立滑升，实践证明是行之有效的。

7.1.4 支承杆及千斤顶的布置，应受力均匀。宜沿构筑物断面成组均匀布置。支承杆至混凝土边缘的距离不应小于 200mm。

本条规定了大体积混凝土中滑模施工支承杆和千斤顶布置的原则和方式。对支承杆离边距大于200mm的要求，主要是为了防止因混凝土的嵌固作用不足使其发生失稳或混凝土表面坍塌或裂缝。

7.1.5 滑模装置的部件设计除应符合本标准第5.3节的相关规定外，还应符合下列规定：

1 操作平台宜由主梁、连系梁及铺板构成；在变截面结构的滑模操作平台中，应制定外悬部分的拆除措施；

2 主梁宜采用槽钢制作，并应根据构筑物的特征平行或径向布置，其间距宜为2m～3m；其最大变形量不应大于计算跨度的1/500；

3 围圈宜采用型钢制作，其最大变形量不应大于计算跨度的1/1000；

4 梁端提升收分车行走的部位，应平直光洁，上部应设保护盖。

本条规定是根据大体积混凝土滑模施工中滑模装置设计、组装的实践经验及工程现场试验作出的一般规定。

7.1.6 混凝土浇筑铺料厚度宜为250mm～400mm；当采取分段滑升时，相邻段铺料厚度差不应大于一个铺料层厚；当采用吊罐直接入仓下料时，混凝土吊罐底部至操作平台顶部的安全距离不应小于600mm。

大体积混凝土的浇筑厚度应根据仓面大小、混凝土的制备能力、机械运输及布料等因数确定；当相邻段的铺料厚度高差过大时，由于模板受力不均，平台间易发生错位或卡死现象。对于采用吊罐直接入仓下料，应设有专人负责安全，600mm仅为警戒高度。

7.1.7 大体积混凝土工程滑模施工时的滑升速度宜为50mm/h～100mm/h，混凝土的出模强度宜为0.2MPa～0.4MPa，相邻两次提升的间隔时间不宜超过1.0h；对反坡部位混凝土的出模强度，应通过试验确定。

对反坡部位混凝土的出模强度，应根据现场试验和实践经验确定。

7.1.8 大体积混凝土工程中的预埋件施工，应制定专项技术措施。

7.1.9 操作平台的偏移，应按下列规定进行检查与调整：

1 每提升一个浇灌层，应全面检查平台偏移情况，作出记录并及时调整；

2 当操作平台的累积偏移量超过50mm尚不能调平时，应停止滑升并及时处理。

在大体积混凝土滑模施工中，对操作平台也应做到勤观察、勤调整，避免累积误差过大；纠偏调整应按计划逐步并缓慢地进行，当偏移量达到控制值还不能调平时，应立即停止施工另行处理。

7.2 混凝土面板施工

7.2.1 溢流面、泄水槽和渠道护面、隧洞底拱衬砌及堆石坝面板等工程，可采用混凝土面板特种滑模施工。

本条规定了混凝土面板工程滑模施工的范围。

20 世纪 40 年代美国工程兵就在渠道护面工程中采用滑模施工，其他如堆石坝的面板、溢洪道、溢流面、水工隧洞等在我国也普遍采用滑模施工，工程质量良好（图 7.2.1-1、图 7.2.1-2）。

图 7.2.1-1 采用滑模施工的溢流面

图 7.2.1-2 采用滑模施工的堆石坝面板

7.2.2 面板工程的滑模装置设计，应包括下列主要内容：

1 模板结构系统（包括模板、行走机构、抹面架）；

2 滑模牵引系统；

3 轨道及支架系统；

4 辅助结构及通信、照明、安全设施等。

由于面板滑模装置及支承方式和一般滑模不同，例如模板结构一般采用梁式框架结构，支承于轨道上，牵引方式有液压千斤顶、爬轨器或卷扬机等形式，因此对滑模装置设计作了基本规定。

7.2.3 模板结构的设计荷载应符合下列规定：

1 模板结构的自重（包括配重）应按实际重量计；

2 机具、设备等施工荷载按实际重量计；施工人员取 1.0kN/m²；

3 当模板倾角小于 45°时，新浇混凝土对模板的上托力取 3kN/m²～5kN/m²；当模板倾角大于或等于 45°时，其上托力取 5kN/m²～15kN/m²；对曲线坡面，取较大值；

4 在确定混凝土与模板的摩阻力时，对新浇混凝土与钢模板的粘结力取 0.5kN/m²，混凝土与钢模板的摩擦系数取 0.4～0.5；

5 在确定模板结构与滑轨的摩擦力时，对滚轮与轨道间的摩擦系数取0.05，滑块与轨道间的摩擦系数取0.15～0.5。

7.2.4 模板结构的主梁应有足够的刚度，在设计荷载作用下的最大挠度应符合下列规定：

1 溢流面模板主梁的最大挠度不应大于主梁计算跨度的1/800；

2 其他面板工程模板主梁的最大挠度不应大于主梁计算跨度的1/500。

模板结构设计中，应计算浇灌混凝土时对模板的上托力影响，并对影响工程外观的模板结构刚度提出了具体要求，这是根据水电系统已往工程设计经验、现场试验综合确定的。

本标准采用的混凝土的上托力不同于其他资料中的浮托力，因滑模装置在斜面或曲面上滑动时，模板前沿堆积了混凝土，混凝土对模板不仅有浮托力，模板对混凝土还有挤压力。上托力按模板倾角大小分二种情况计取。

7.2.5 模板牵引力应按下式计算：

$$R=[FA+G\sin\beta+f_1|G\cos\beta-P_c|+f_2G\cos\beta]K \tag{7.2.5}$$

式中：R——模板牵引力（kN）；

F——模板与混凝土的粘结力（kN/m^2）；

A——模板与混凝土的接触面积（m^2）；

G——模板系统自重（包括配重及施工荷载）（kN）；

β——模板的倾角（°）；

f_1——模板与混凝土间的摩擦系数；

P_c——混凝土的上托力（kN）；

f_2——滚轮或滑块与轨道间的摩擦系数；

K——牵引力安全系数，取1.5～2.0。

7.2.6 滑模牵引设备及其固定支座应符合下列规定：

1 牵引设备宜选用液压千斤顶、爬轨器、慢速卷扬机等，对溢流面的牵引设备，宜选用爬轨器；

2 当采用卷扬机和钢丝绳牵拉时，支承架、锚固装置的设计能力，应为总牵引力的(3～5)倍；

3 当采用液压千斤顶牵引时，设计能力应为总牵引力的(1.5～2.0)倍；

4 牵引力在模板上的牵引点应设在模板两端，至混凝土面的距离不应大于300mm；牵引力的方向与滑轨切线的夹角不应大于10°，否则应设置导向滑轮；

5 模板结构两端应设同步控制机构。

7.2.7 轨道及支架系统的设计应符合下列规定：

1 轨道可选用型钢制作，其分节长度应便于运输、安装；

2 在设计荷载作用下，支点间轨道的变形不应大于 2mm；

3 轨道的接头应布置在支承架的顶板上。

7.2.8 滑模装置的组装应符合下列规定：

1 组装顺序宜为轨道支承架、轨道、牵引设备、模板结构及辅助设施；

2 轨道安装的允许偏差应符合表 7.2.8 的规定；

表 7.2.8 安装轨道允许偏差

序号	项目	允许偏差（mm）	
		溢流面结构	其他结构
1	标高	−2	5
2	轨距	3	3
3	轨道中心线	3	3

3 对牵引设备应进行检查并试运转，对液压设备应按本标准第 5.3.9 条进行检验。

7.2.9 混凝土的浇灌与模板的滑升应符合下列规定：

1 混凝土应分层浇灌，每层厚度宜为 300mm；

2 混凝土的浇灌顺序应从中间开始向两端对称进行，振捣时应防止模板上浮；

3 混凝土出模后应及时修整和养护；

4 因故停滑时，应采取相应的停滑措施。

7.2.10 混凝土的出模强度宜通过试验确定，亦可按下列规定选用：

1 当模板倾角小于 45°时，取 0.1MPa；

2 当模板倾角等于或大于 45°时，取 0.1MPa～0.3MPa。

7.2.11 对于陡坡上的滑模施工，应设置多重安全保险措施。当牵引机具为卷扬机钢丝绳时，地锚应安全可靠；当牵引机具为液压千斤顶时，还应对千斤顶的配套拉杆作整根试验检查。

在陡坡上采用滑模施工，一旦失控急速下滑，后果十分严重，因此，应设置多种安全保险装置。

7.2.12 面板成型后，其外形尺寸的允许偏差应符合下列规定：

1 溢流面表面平整度不应超过±3mm；

2 其他护面面板表面平整度不应超过±5mm。

水工建筑中的溢流面平整度，设计详图中一般有规定。通常滑模施工的溢流面表面可以做到平整光滑，尤其是在解决大面积有曲率变化的表面平整光滑方面突显优势。对于没有溢流要求的面板工程可相对放宽控制尺度。

7.3 竖井井壁施工

7.3.1 混凝土或钢筋混凝土的竖井，可采用竖井井壁特种滑模施工。

混凝土成型的各种竖井（也称立井）井壁，包括煤炭、冶金、有色金属、核工业、建材、水利、电力、城建等各个行业工程建设中的竖井，均可采用特种滑模施工。尤其是煤炭系统的立井采用滑模施工已有30余年的历史，已是一种相对成熟的井壁混凝土施工技术。

如“淮南顾南煤矿进风井”井筒净径8.6m、井深达1038m，采用滑模施工历时25天，每天套壁滑升约14m/天，井壁施工质量优良，无安全事故。

还有采用滑模施工的中国大瑞铁路高黎贡山隧道1号竖井，是目前国内铁路竖井井深最深纪录——763m；三峡船闸斜井全断面变径滑模施工；抽水蓄能电站引水斜井连续式爬升滑模技术（XHM-7型斜井滑模技术曾荣获2001年“国家科技进步二等奖”）等。

7.3.2 滑模施工的竖井混凝土强度不宜低于C25，井壁厚度不宜小于160mm，井壁内径不宜小于2m。当井壁结构设计为两层或三层时，采用滑模施工的每层井壁厚度不宜小于160mm。

竖井的井壁根据井深和地质条件一般分为单层或两层结构，特殊情况分为三层结构。外层井壁在掘进时起到加固井壁岩土和防水作用，常用凿井与井壁主体并行方法（即边掘边砌）施工；内层井壁（内套壁）主要承受地层压力和安装各种设备，也起防水作用。当井筒内地下水丰富、渗水严重或地层压力较大时，还应增加一层井壁。此时各层的井壁厚度均不应小于160mm。

7.3.3 竖井应为单侧滑模施工，滑模装置应主要包括凿井绞车、提升井架、防护盘、工作盘（平台）、提升架、吊笼、通风、水电管线以及常规滑模施工的机具。

本条提出了竖井滑模与常规滑模所需要的不同施工设施，以便施工前做好准备。

7.3.4 井壁滑模应设内围圈和内模板。围圈宜采用型钢加工成桁架形式；模板宜采用2.5mm～3.5mm厚大钢模，按井径可分为3块～6块，高度宜为1200mm～1500mm，在接缝处配以收分或楔形抽拔模板，模板的组装单面倾斜度宜为5‰～8‰；提升架应为单腿“「”形。

井壁滑模时只有内模板，施工经验表明，模板提升时，其单侧倾斜度会变小，施工时如按常规滑模倾斜度0.1%～0.3%组装，易将混凝土拉裂。因此，井壁滑模的模板倾斜度应大于一般滑模时的倾斜度。国家标准《煤矿井巷工程质量验收规范》GB 50213—2010 中规定的倾斜度为 0.6%～1.0%，实践表明，倾斜度过大井壁表面易形成波浪或穿裙子，而且挂腊现象也较严重。因此本标准适当减小了模板倾斜度值，规定为 0.5%～0.8%。

7.3.5 防护盘应根据井深和井筒作业情况设置(3～5)层。防护盘的承重骨架宜采用型钢制作，上铺厚度 60mm 以上的木板，2mm～3mm 厚钢板，其上再铺一层 500mm 厚的松软缓冲材料。防护盘除采用绞车悬吊外，还应采用卡具(或千斤顶)与井壁固定牢固。

本条对防护盘的设置提出了较具体要求。其他配套设施是指绞车、钢丝缆、提升设备、绳卡、通风、排水、给水、供电等设施的选择和使用，应按国家现行有关标准执行。

7.3.6 外层井壁宜采用边掘边砌的方法，由上而下分段进行滑模施工，分段深度应按工程地质和水文情况确定，宜为 3m～6m。当外层井壁采用掘进一定深度再施工该段井壁时，分段滑模的深度宜为 30m～60m。在滑模施工前，应对井筒岩土进行临时支护。

外层井壁采用边掘边砌时，井壁滑模的分段高度宜为 3m～6m，并行作业相对安全方便，另外分段高度还应根据竖向钢筋的进料长度，尽量减少接头。

7.3.7 竖井滑模使用的支承杆，宜采用拉杆式，并应符合下列规定：

1 拉杆式支承杆宜布置在结构体外，支承杆接长宜用丝扣连接；

2 拉杆式支承杆的上端应固定在专用环梁或上层防护盘的外环梁上；

3 固定支承杆的环梁宜采用槽钢制作，应由计算确定其规格；

4 环梁应使用绞车悬吊在井筒内，并采用 4 台以上千斤顶或紧固件与井壁固定；

5 当边掘边砌施工井壁时，宜采用拉杆式支承杆和升降式千斤顶；

6 当采用承压式支承杆时，支承杆应同常规滑模的支承杆布置在混凝土体内。

竖井滑模施工，宜采用拉杆式支承杆，一般设置在结构体外，一方面可回收重复使用，另一方面避免使用电焊来处理支承杆接头和对支承杆加固。

采用边掘边砌方法，当滑模施工外层井壁时，如采用升降式千斤顶，在模板及围圈系统增加伸缩装置，可将滑模装置整体下降到另一工作段上使用，这样就更能减少滑模装置的装拆时间。

压杆式支承杆设在井壁混凝土体内，作用与普通滑模支承杆相同，技术要求也基本相同。

7.3.8 竖井井壁的滑模装置，应在地面进行预组装，检查调整达到质量标准，再进行编号，按顺序吊运到井下进行组装。每段滑模施工完毕，应对滑模装置进行复检，符合要求后，再送到下一工作面使用。需要拆散重新组装的部件，应编号后再拆运，应按号组装。

7.3.9 当滑模装置安装时，应对井筒中心与滑模工作盘中心、提升吊笼中心以及工作平台预留提升孔中心进行监测；应对拉杆式支承杆的中心与千斤顶中心、各层工作盘水平度进行监测。

7.3.10 在组装滑模装置前，沿井壁四周安放的刃脚模板应先固定牢固，滑升时，不应将刃脚模板带起。

滑模装置组装前，要沿井壁四周安放刃脚模板，通过刃脚模板，可将上、下两段井壁的接头处做成为45°的斜面便于接茬，并防止渗漏。刃脚模板安装并临时固定牢稳后，再在其上安装滑模装置。

滑升时不应将刃脚模板带起，刃脚模板拆下后可转到下一段使用。

7.3.11 当滑模中遇到与井壁相连的各种水平或倾斜巷道口、峒室时，应对滑模系统进行加固，并应做好空滑处理。在滑模施工前，应对靠近井壁 3m～5m 内的巷道口、峒室进行永久性支护。

本条是竖井滑模施工中遇有横向或斜向洞口时，应采取的加固措施，这些措施应在竖井支护设计中明确。

7.3.12 滑模施工中应控制井筒中心的位移情况。边掘边砌的工程每一滑升段应检查一次；当分段滑模的深度超过 15m 时，每 10m 高应检查一次；其最大偏移量不应大于 15mm。

竖井壁采用滑模施工时，同样应按勤观测、勤调整的原则，控制井筒中心的位移，保证井筒中心与设计中心的偏差不大于 15mm。

7.3.13 滑模施工期间应绘制井筒实测纵横断面图，并应填写混凝土和预埋件检查验收记录。

7.3.14 井壁质量应符合下列规定：

1 与井筒相连的各水平巷道或峒室的标高应符合设计要求，其最大允许偏差为 100mm；

2 井筒的最终深度，不应小于设计值；

3 井筒的内半径最大允许偏差：有提升设备时不应大于 50mm，无提升设备时不应大于 50mm；

4 井壁厚度局部偏差不应大于 50mm。

7.4 复合壁施工

7.4.1 保温复合壁贮仓、节能型高层建筑、双层墙壁的冷库、冻结法施工的矿井复合井壁等工程可采用复合壁特种滑模施工。

复合壁滑模施工是指两种不同材料性能的现浇混凝土结合在一起的混凝土竖壁，采用滑模一次施工的方法，即双滑。采用复合壁的工程一般多是由于结构有保温、隔热、隔声、防潮、防水等功能要求的建（构）筑物，如有保温要求的贮仓、节能型高层建筑外墙等。

7.4.2 复合壁施工的滑模装置应在内外模板之间设置隔离板，并应符合下列规定：

1 隔离板应采用钢板制作；

2 在面向有配筋的墙壁一侧，隔离板在竖向上应焊接与其底部平齐的圆钢，圆钢的上端与提升架间的联系梁等应可靠连接，圆钢的直径宜为 $\phi25\sim\phi28$，间距宜为 1000mm～1500mm；

3 隔离板安装后应保持垂直，其上口应高于模板上口 50mm～100mm，深入模板内的高度可根据现场施工情况确定，应小于混凝土的浇灌层厚度 25mm。

复合壁采用滑模一次施工，最重要的是要使两种不同性能的混凝土截然分开，互不混淆，成型后两者又能自动结合成一体。在内外侧模板之间（双层墙壁的分界处）设置隔离板的目的是分隔两种不同性能的混凝土，防止两种不同的材料在施工时混合，以实现同步双滑，因此设计并安装好隔离板是复合壁滑模施工成功的关键。隔离板上的圆钢棍起到悬挂隔离板，固定其位置、增强隔离板的刚度、控制结构层混凝土钢筋保护层厚度，增加两种混凝土材料结合面积的作用。为方便水平钢筋的绑扎，悬吊隔离板高于模板上口 50mm～100mm，是防止两种不同性能混凝土在入模时混淆。隔离板深入模板内的高度比混凝土浇筑层厚度减少 25mm，即模板提升后，隔离板下口的位置应在混凝土表面以上 25mm；浇灌时使结构混凝土可以从此缝隙中稍有挤出，以增加两种混凝土之间的咬合。此外，应使圆钢棍的上端与提升井架立柱或提升架之间的横向连系梁刚性连接，以保证在隔离板的一侧浇筑混凝土时，隔离板的位置不会产生大的变化。

7.4.3 滑模用的支承杆应布置在强度等级较高一侧的混凝土内。

强度低的混凝土对支承杆的稳定嵌固能力低，因此支承杆应设置在强度较高的混凝土内。

7.4.4 当浇灌两种不同性质的混凝土时，应先浇灌强度等级高的混凝土，后浇灌强度等级较低的混凝土；振捣时，先振捣强度等级高的混凝土，再振捣强度等级较低的混凝土，直至密实。同一层两种不同性质的混凝土浇灌层厚度应一致，浇灌振捣密实后其上表面应在同一平面上。

先浇灌强度较高一侧的结构混凝土，可使结构混凝土通过隔离板下口的缝隙，少量掺入轻质混凝土内，起到类似挑牛腿的作用，使两者良好咬合，同时对轻质混凝土也起到增强的作用。先振捣强度较高的混凝土，一方面是防止振捣混凝土时隔离板向强度较高侧的混凝土方向变形，减小结构混凝土层的厚度，影响结构安全和质量，另一方面先振捣较高强度一侧的混凝土，可使模板提升后钢棍留下的孔道和隔离板留下的空间由强度较高的结构混凝土充填，有利于两种不同性质的结合。

每层混凝土浇灌完毕后，应保持两种混凝土的上表面一致，否则隔离板提出混凝土后，较高位侧的混凝土有向较低位侧的混凝土流动的趋势，从而造成两种不同性能混凝土混淆。

7.4.5 隔离板上粘结的砂浆应及时清除。两种不同的混凝土内应加入合适的外加剂调整其凝结时间、流动性和强度增长速度，使两种不同性能的混凝土均能满足同一滑升速度的需要。

隔离板的内外两侧均与混凝土相接触，其表面如粘结有砂浆等污物，会变得粗糙，这将大幅度增加隔离板与混凝土之间的摩阻力，从而在提升中将混凝土拉裂或带起，造成质量问题。因此应随时保持隔离基线的光洁和位置正确。

复合壁滑模施工是两种不同性能的混凝土双滑成型，两种混凝土的滑升速度应相同，因此，这两种混凝土都应事先进行试验，通过掺入早强剂、减水剂、缓凝剂等外加剂，调整它们的凝结时间、流动性和强度增长速度，使之相互配合，避免出现一侧混凝土因凝结过于缓慢或过于迅速，使该侧混凝土坍塌或拉裂等有损结构质量的现象发生。

7.4.6 在复合壁滑模施工中，不应进行空滑施工。当停滑时应按本标准第6.6.13条的规定采取停滑措施，但模板总的提升高度不应大于一个混凝土浇灌层的厚度。

复合壁模板提升时，其内、外侧模板及隔离板同时向上移动，而隔离板的下口仅深入至内、外侧模板上口以下约175mm。当每次提升200mm时隔离板下口脱离混凝土表面并与表面形成25mm间隙，如提升高度增大，间隙也加大，隔离板将失去对两种不同性质混凝土的隔离作用，高位一侧的混凝土将向低位一侧流动，使两种混凝土混淆。对这一点，施工中应特别注意：其一，每次混凝土的浇灌高度和提升高度都应严格控制；其二，采用本工艺成型复合壁时不应进行空滑施工，除非有防止空滑段两种不同性能混凝土混淆的措施。

当需要停滑时，应按本标准第6.6.13条规定采取停滑措施，即混凝土应浇灌至同一水平，模板每隔一定时间提升(1～2)个千斤顶行程，直至模板与混凝土不再粘结为止。复合壁滑模施工在停滑时，还应满足模板的总提升高度不应大于一个浇灌层厚度(如200mm)，因为提升高度大于一个浇灌层厚度，会使隔离板下口至混凝土表面间的间隙大于25mm，从而容易造成两种混凝土混淆。

7.4.7 复合壁滑模施工到顶，最上一层混凝土浇筑完毕后，应立即将隔离板提出混凝土表面，再适当振捣混凝土，使两种混凝土间出现的隔离缝接合紧密。

施工到顶要立即提起隔离板，使之脱离混凝土，然后适当振捣混凝土，使隔离缝弥合并形成整体。

7.4.8 采用轻质混凝土的预留洞或门窗洞口四周宜采用普通混凝土代替，替换厚度不宜小于60mm。

孔洞四周的轻质混凝土用普通混凝土代替，主要是为了对洞口起加强作用，另外也便于洞口四周预埋件的设置。

7.4.9 复合壁滑模施工的壁厚允许偏差应符合表7.4.9的规定。

表7.4.9 复合壁滑模施工的壁厚允许偏差

项目	壁厚允许偏差（mm）		
	混凝土强度较高的壁	混凝土强度较低的壁	总壁厚
允许偏差	−5～+10	−10～+5	−5～+8

此外，本标准删除了《滑动模板工程技术规范》GB 50113—2005中本章的“抽孔滑模施工”、“滑架提模施工”两节。

8 质量检查及工程验收

8.1 质 量 检 查

8.1.1 滑模施工常用检查记录表应符合本标准附录C的规定。

本标准附录C列出了6个滑模施工常用检查记录表格。

8.1.2 工程质量检查工作应适应滑模施工。

滑模工程的现场质量检验工作，与一般的现浇结构或预制装配结构工程不同，施工中难以停歇，以提供专门的时间进行检查工作，应根据滑模连续作业和施工速度快的特点，在操作平台上配合各工种的综合作业及时进行检验。这就要求检查工作应是跟班检查，以满足滑模连续施工的需要。

8.1.3 兼作结构钢筋的支承杆的连接接头、预埋插筋、预埋件等应作隐蔽工程验收。

8.1.4 施工中的检查应包括现场地面上和操作平台上两部分，并应符合下列规定：

1 地面上进行的检查应包括下列主要内容：

(1) 所有原材料的质量检查；

(2) 所有加工件及半成品的检查；

(3) 影响平台上作业的相关因素和条件检查；

(4) 滑模综合工种、特殊作业操作上岗资格的检查。

(5) 清水混凝土的开盘鉴定等。

2 操作平台上应紧随各工序跟班作业检查，应包括下列主要内容：

(1) 检查节点处汇交的钢筋及接头质量，隐蔽工程的质量应符合验收要求。

(2) 检查钢筋的保护层厚度垫块和预埋件的固定；

(3) 检查混凝土的性能及浇灌层厚度；

(4) 检查滑升作业前影响滑升的障碍物；

(5) 检查混凝土的出模强度、外观质量及结构截面尺寸；

(6) 检查混凝土的养护情况。

本条指明在施工中的检查包括地面上和平台上两部分的检查工作。地面上的检查强调了要提前进行；平台上的检查强调了要跟班连续进行，内容如下：

1）除应按常规要求对钢筋工程进行质量检查外，应特别注意节点处汇交的钢筋是否到位，竖向钢筋是否垂直，钢筋接头质量是否满足技术要求；

2）钢筋保护层厚度是否有保证措施；

3）混凝土浇灌过程中应注意检查下列情况：混凝土的流动性是否满足施工要求，混凝土是否做了贯入阻力试验曲线，每层混凝土的浇灌厚度是否小于允许值，是否均衡交圈浇灌混凝土，总体浇灌时间是否满足计划要求，有无施工缝存在以及处理质量问题等；

4）提升作业时，应注意检查平台上是否有钢筋或其他障碍物阻挡模板提升、平台与地面联系的管线绳索是否已经放松等，提升间隔时间是否小于规定的时间；

5）检查混凝土的出模强度、混凝土截面尺寸是否符合要求，混凝土表面是否存在粗糙、坍塌、拉裂、掉楞掉角等质量缺陷，混凝土表面是否及时采用原浆压光等；

6）检查混凝土养护是否满足技术要求。

对检查出的有关影响质量的问题应立即通知现场施工负责人，并督促及时解决。

8.1.5 滑模施工检查验收应主要包括施工方案、主要构配件、滑模装置系统、安全设施及混凝土出模质量等；有关检查内容要点、判定方法应符合本标准附录D的规定。

本条是针对滑模工艺特点提出的滑模装置施工质量检查的一些主要内容，显然这些不是检查工作的全部内容，也未包括一些普通混凝土模板施工检查的常规项目。本标准附录D列出了滑模施工检查验收有关9个方面的检查项目、具体要点、方法。

8.1.6 混凝土的质量检验应符合下列规定：

1 标准养护混凝土试块的组数，应符合现行国家标准《混凝土结构工程施工质量验收规范》GB 50204的规定；

2 混凝土出模强度的检查，宜在滑模平台上用贯入阻力法进行测定，每一工作班不应少于一次，当在一个工作班上气温有骤变或混凝土配合比有变动时，应相应增加检查次数；

3 在每次模板提升后，应立即检查出模混凝土的外观质量，发现问题应及时处理，并应作好处理记录。

滑模工程混凝土的试块组数，应按照本标准及国家标准《混凝土结构工程施工质量验收规范》GB 50204—2015的有关规定执行。由于滑模施工中为适应气温变化或水泥、外加剂品种及数量的改变而需经常调整混凝土配合比，因此要求用于施工的每种混凝土配合比都应留取试块，工程验收资料中应包括这些试块的试压结果。

对混凝土出模强度的检查是滑模施工特有的现场检测项目，要求每一工作班都应进行不少于1次的检查，在操作平台上用本标准附录B的贯入阻力试验方法测定和记录。其目的在于掌握当时施工气温条件下混凝土早期强度的发展情况，控制提升间隔时间，以调整滑升速度，必要时增加测试次数，确保滑模工程质量和施工安全。日常也可用早期强度测试仪普查混凝土出模强度。

滑升中偶然出现的混凝土表面拉裂、麻面、掉角等情况，如能及早处理则效果较好，并且可利用滑模装置提供的操作平台进行修补处理工作，操作也较方便。对于出现的质量通病，应由技术人员会同监理和设计部门共同研究处理，并做好记录。

本条第2款在《滑动模板工程技术规范》GB 50113—2005中是强制性条文，应充分重视现场监督检查。

监督检查要点	判定方法说明
对混凝土出模强度的检查是滑模施工特有的现场检测项目，要求每一工作班都应进行不少于1次的检查。 其目的在于掌握当时施工气温条件下混凝土早期强度的发展情况，控制提升间隔时间，以调整滑升速度，保证滑模工程质量和施工安全	检查滑模平台现场贯入阻力仪设备及试验人员。 检查滑模混凝土出模强度试验记录台账和试验次数

8.1.7 对于高耸结构垂直度的测量，应根据结构自振、风荷载及日照的影响，宜以当地时间6：00～9：00间的观测结果为准。

在施工过程中，日照温差会引起高耸构筑物或建筑结构中心线的偏移，这将给结构垂直度的测量及施工精度控制带来误差。根据原四川某建筑科学研究所、原西安某建筑学院在钢筋混凝土烟囱滑模施工过程中，对日照温差的测试结果表明，在6：00～9：00之间日照温差变化较小且较缓慢，其他时间的测量结果应根据温差大小进行修正。

此外，有关提高滑模工程外观质量见本书“提高滑模施工结构观感质量的措施”的相关内容。

8.2 工 程 验 收

8.2.1 滑模工程的施工质量验收应符合现行国家标准《混凝土结构工程施工质量验收规范》GB 50204的有关规定。

滑模工艺是钢筋混凝土结构工程的一种施工方法，按滑模工艺成型的工程，其工程验收除应按本标准要求外，还应符合国家标准《混凝土结构工程施工质量验收规范》GB 50204—2015 的规定。

另外，广州港湾工程质量检测中心21世纪初针对中港、中交等承建的数十个滑模施工的大型海工混凝土构件，开展了历时4年的混凝土质量和耐久性等综合跟踪检测对比专项研究工作，检测证明大型海工混凝土构件采用滑模施工，完全达到了我国现行港口工程有关规范的要求，在混凝土质量和耐久性方面与对比采用的常规施工工艺处于同一水平。

8.2.2 滑模施工混凝土结构的允许偏差应符合表8.2.2的规定，其中整体垂直度允许偏差不应大于全高的0.1%。

本条列出的滑模工程混凝土结构的允许偏差要求，主要是根据国家标准《混凝土结构工程施工质量验收规范》GB 50204—2015 的规定提出的。

8.2.3 钢筋混凝土烟囱的允许偏差，应符合现行国家标准《烟囱工程施工及验收规范》GB 50078 的规定。

对筒体结构的允许偏差，根据工程经验和国家标准《混凝土结构工程施工质量验收规范》GB 50204—2015 中电梯井的允许偏差、《烟囱工程施工及验收规范》GB 50078—2008 的允许偏差，综合分析后进行了适当调整，如全高的垂直度偏差规定不大于50mm。

8.2.4 特种滑模施工的混凝土结构允许偏差，应符合国家现行有关专业标准的规定。

表8.2.2 滑模施工混凝土结构的允许偏差

项目		允许偏差（mm）
轴线位置		±8
梁、柱、墙截面尺寸		−5，10
标高	层高	±10
	全高	±30
表面平整（2m长直尺检查）		8
清水混凝土的表面平整		5
垂直度	层高小于或等于6m	10
	层高大于6m	12
	全高	≤30
门窗洞口及预留洞口中心线		±15
预埋件中心线		±15
筒体结构	定位中心线	0，15
	筒壁厚度	−5，10
	任意截面的半径	≤25
	全高垂直度	≤50

对于特种滑模施工的允许偏差应符合国家现行有关专业标准的规定。

此外，新修订的标准在附录中新增了如下内容：

1 新标准新增“A.0.3 当支承杆因构筑物工艺要求倾斜布设时，支承杆的允许承载力应计算倾斜产生的不利影响”。

2 新标准新增“附录D 滑模施工检查验收记录表”。

3 新标准新增“引用标准名录”。

有关滑模工程应用实例见本书“第二篇 工程应用实例”。

第二篇　工 程 应 用 实 例

9 滑动模板工程应用实例

9.1 滑模支承杆允许承载力简化计算

9.1.1 滑模支承杆承载力

滑模支承杆的承载力是指“一个滑模提升架体系所具有的承载能力”。因此，滑模支承杆承载力的计算，就必须要放在具体的滑模提升架体系中去考虑。在不同情况的滑模施工中，由于其每一个滑模提升架的结构尺寸不同，所应用的滑模千斤顶不同，滑模支承杆的规格不同，所以滑模支承杆的承载力也就必然不同。

每一个滑模提升架体系所产生的承载能力之和为总承载力。

即：总承载力 ＝ 每个滑模提升架体系承载力×提升架体系总数

9.1.2 滑模提升架的结构

1 滑模提升架的基本样式（图 9.1.2）

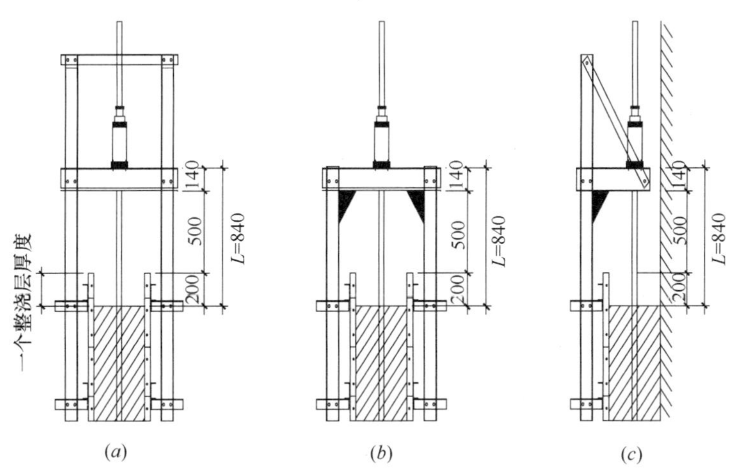

图 9.1.2 滑模提升架的基本样式

(*a*)“开”形提升架；(*b*)“门”形提升架；(*c*)“F”形提升架

1）图 9.1.2（*a*）为“开”形提升架，抗侧压力大、稳定性好。主要用于板墙、矩形结构、以及圆形筒壁的交汇处等侧压力较大的滑模施工。

2）图 9.1.2（*b*）为“门”形提升架，抗侧压力比“开”型提升架小，但体积小、重量轻、安装方便成本低。主要用于侧压力较小的圆形独立筒仓等。

3）图 9.1.2（*c*）为“F”形提升架。主要应用于单臂滑模。如核电站的防辐射护壁、筒仓群二次施工的结合处等。

2　滑模提升架的应用参数

1）千斤顶横梁一般为 14 号槽钢（高度 140mm）。

2）千斤顶横梁下平至模板上口的最佳距离宜设置为 500mm，这样在施工时就能绑扎两圈水平钢筋（一般水平钢筋的间距为 100mm、200mm 和 250mm）。

3）滑模混凝土的整浇层按 200mm 考虑。

4）L 为支承杆脱空长度（支承杆脱空长度为千斤顶下卡头至混凝土表面的竖向距离）。为安全其间，计算时最好增加一个混凝土整浇层厚度 200mm。

如图 9.1.2 所示：

$$L=140+500+200=840\text{mm}$$

9.1.3　支承杆承载力计算

不同支承杆的材料规格不同、其承载力故不相同。

1　当滑模千斤顶的型号为 HQ-35 千斤顶时其支承杆的规格必然为 $\phi25$ 圆钢筋。

根据《滑动模板工程技术标准》GB/T 50113—2019 及附录 A：支承杆允许承载能力确定方法得出，$\phi25$ 圆钢支承杆承载力计算公式为：

$$P=a\cdot 40EJ/[K(L_0+95)^2]$$

其中，a、为工作条件系数（取 0.7-1.0），整体式刚性平台取 0.7，分割式平台取 0.8；E 为 $\phi25$ 圆钢弹性模量（$E=2.1\times10^4$ kN/cm^2）；J 为 $\phi25$ 圆钢截面惯性矩（$J=1.917$ cm^4）；K 为安全系数，取值不小于 2.0；L_0 为 $\phi25$ 圆钢的脱空长度，如图 9.1.2 所示，$L_0=84$cm。

故，脱空长度为 84cm 的 $\phi25$ 圆钢筋支承杆承载能力为：

$$P=0.8\times40\times2.1\times10^4\times1.917/[2(84+95)^2]=20.1\ (\text{kN})$$

2　根据《滑动模板工程技术标准》GB/T50113—2019 及附录 A：支承杆允许承载能力确定方法得出，$\phi48\times3.5$ 钢管支承杆承载力计算公式为：

$$P=(a/K)\times(99.6-0.22L)$$

其中，a 为工作条件系数（取 0.7—1.0），整体式刚性平台取 0.7，分割式平台取 0.8；K 为安全系数，取值不小于 2.0；L 为 $\phi48\times3.5$ 钢管的脱空长度，如图 9.1.2 所示，$L=84$cm。

故，脱空长度为 84cm 的 $\phi48\times3.5$ 钢管支承杆承载能力为：

$$P = (0.8/2) \times (99.6 - 0.22 \times 84) = 32.45\ (\text{kN})$$

9.1.4 支承杆或千斤顶承载力参数的选取

1 根据《滑动模板工程技术标准》GB/T 50113—2019 第 5.2.3 条，千斤顶的允许承载力为千斤顶额定提升力的 1/2 。

故：HQ-35 千斤顶的承载力＝3.5/2＝1.75t＝17.5（kN）

HQ-60 千斤顶的承载力＝6/2 ＝3.0t＝30（kN）

2 在每一个滑模提升架体系中，支承杆承载力要和千斤顶承载力两者做比较而选取最小值。

1）例如根据图 9.1.2 所提供的提升架尺寸：

当千斤顶为 HQ—35、支承杆为 ϕ25 圆钢时：

千斤顶承载力＝17.5 kN，ϕ25 圆钢支承杆承载力＝20.1 kN。

因千斤顶承载力 17.5 kN＜20.1 kN（ϕ25 圆钢筋承载力）

故该提升架体系中每个支承杆承载力的参数应选取为 17.5 kN

2）当千斤顶为 HQ—60、支承杆为 ϕ48×3.5 钢管时：

千斤顶承载力＝30 kN，ϕ48×3.5 钢管承载力＝32.45 kN

因千斤顶承载力 30 kN＜32.45 kN（ϕ48×3.5 钢管承载力）

故该提升架体系中每个支承杆承载力的参数应选取为 30 kN

（宝鸡滑模公司 虎林孝）

9.2 北京未来科技城信标塔工程滑模施工综合技术

9.2.1 工程概况及难点

1 工程概况

1）信标塔工程建筑面积约为 944m^2，地下 1 层，地上 15 层，塔高 70m，其结构形式为圆形钢筋混凝土筒体结构，由塔座、塔身、塔楼组成。塔身内有电梯井及楼梯间，中心筒内径为 7.2m，壁厚 450mm，内直行墙厚为 250mm。信标塔的混凝土强度等级为 C40 混凝土。塔身环形钢筋为由 ϕ18、ϕ16 钢筋组成，其间距为 150mm；钢筋采用绑扎工艺。

2）中心筒及内墙采用滑模工艺施工，滑模高度从＋4.95m～＋58.7m。塔身内外表面为清水混凝土表观效果，施工时随滑随抹、随压光，不再进行后期外檐装修。

2 工程难点及解决办法

1）本工程滑模施工期间正逢雨期施工，将对混凝土的施工带来较大的影响。在混凝土浇筑前要安排专人关注天气情况，合理安排施工时间；在进行混凝土浇筑时要求混凝土浇筑必须平于模板，滑模每次提升高度减半（100mm），混凝土采用凝结较快的配合比，快速进行浇筑施工；如原浇筑面被雨淋，混凝土有跑浆现象，用 1∶2 水泥砂浆找一层再浇筑混凝土，将混凝土振捣到返浆为止。

2）由于滑模施工期间正值夏季高温天气，在 25℃气温下，如果混凝土出模时间为 6 小时（施工速度限制），则普通混凝土强度增长将高于规范要求的出模强度（0.2MPa～0.4MPa，或贯入阻力 3.5MPa～10MPa）。为保证适宜的混凝土出模强度 ，对混凝土配合比进行试验室阶段、施工阶段两个阶段的模拟试验。通过试验室的试验，找出不同条件下混凝土强度发展规律。通过施工阶段的试验，一是对试验室的结果进行验证，积累经验。另外，针对实际施工中的各种变化，对试验室结果及时进行调整。

9.2.2 滑升模板系统主要施工装置要求

1 液压提升系统主要部件

液压提升系统是液压滑升模板施工装置中的重要组成部分，是整套滑模施工装置中的提升动力和荷载传递装置。使用的装置主要有支承杆、液压千斤顶、油管、分油器、液压控制装置、油液和阀门等。

1）滑模开字架

结合本工程特点及相关规范计算要求，本工程滑模开字架按塔身周圈每 30°均匀布置共计 12 付，内墙按间距 1.5m 布置开字架，若遇暗柱，开字架位置适当调整，具体布置及工程效果图见图 9.2.2-1、图 9.2.2-2。

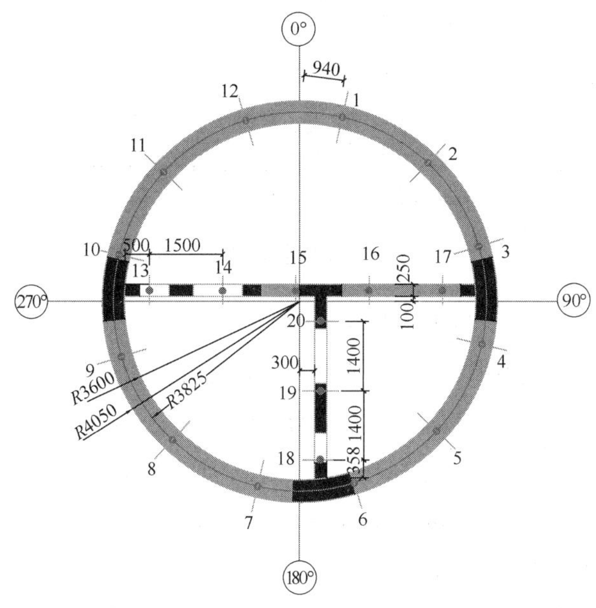

图 9.2.2-1　提升架及支承杆平面布置

图 9.2.2-2　工程效果图

2）支承杆

支承杆也称爬杆，是滑升模板滑升过程中千斤顶爬升的轨道，也是整个滑模装置及施工荷载的支承杆件，通过计算采用 $\phi48\times3.5$ 钢管（Q235），支承杆应加工成 2.0m、2.5m、4.0m、4.5m 四种不同长度，其他位置处的支承杆则统一加工成 3m。支承杆的连接采用丝扣连接，将钢管支承杆的上下段加工成公母丝，丝扣长度为 40mm（图 9.2.2-3）。

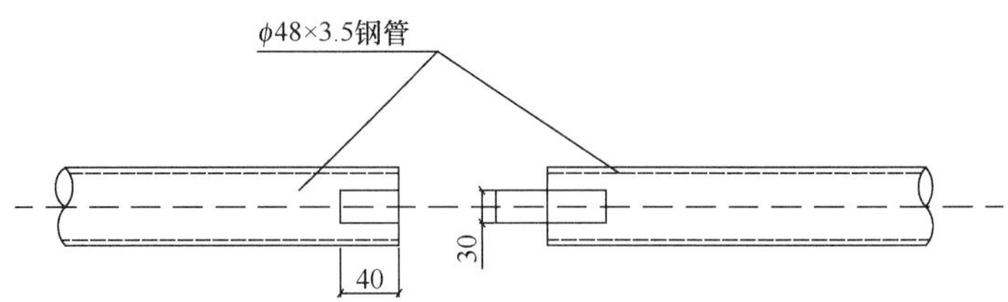

图 9.2.2-3 支承杆丝扣连接示意

（1）支承杆（爬杆）稳定性验算

滑升模板施工过程中，支承杆承受滑模装置自重和全部施工荷载，当模板处于正常滑升状态时，支承杆的允许承载力可按下列公式进行计算：

$$[P]=(\alpha/K)\times(99.6-0.22L)$$

式中：L——支承杆长度（cm），本工程取 90cm；

K——安全系数，取值应不小于 2.0；

α——工作条件系数，取 0.7～1.0，本次计算取中间值 0.85。

故：$[P]=(\alpha/K)\times(99.6-0.22L)=0.85/2\times(99.6-0.22\times90)=33.92\text{kN}>30\text{kN}$，正常滑升时支承杆满足稳定性要求。

（2）支承杆最大滑空高度

本工程采用 $\phi48\times3.5$ 建筑钢管作为支承杆，其 $I=12.19\text{cm}^4$，$E=206\times10^3\text{MP}$，按轴心受压杆件计算，支座应为一端固定一端自由，则压杆计算长度 L_0 应为实际长度 L 的 2 倍（L 即为滑空高度）。

计算式为： $P=\pi^2EI/\ L_{02}=\pi^2EI/4L_2$

则：$L=(\pi^2EI/4P)/2$

$=[3.14\times3.14\times206\text{kN/mm}^2\times121900\text{mm}^4/(4\times18.57\text{kN})]/2$

$=1825.70\text{mm}$

若滑空高度超出 $L=1825.70$mm，则支承杆需进行加固。

本工程最大滑空高度为 1750mm，故无需加固。

3）液压千斤顶

液压系统千斤顶使用 GYD60 滚珠式千斤顶（俗称 6 吨大顶），工程每榀提升架设置一台 GYD60 滚珠式千斤顶（均通过计算确定），一次行程为 35mm，额定顶推力 60kN，施工设计时取额定顶推力 50%计算为 30kN。

4）输油管路

（1）油路布置：在液压滑模中，油路布置原则上力求管路最短，并使从总控制台至每个千斤顶的管路长短尽量一致。为了做到既可节省油管数量，又可避免滑升过程中过大的升差，因此本工程采取在并联油路上分别串联油路混合油路的布置方式。

（2）油管选用：液压滑模系统的主油管采用内径为19mm的无缝钢管，分油管和支油管则采用内径为12mm的高压橡胶管。

（3）油管接头：无缝钢管油路的接头采用卡套式管接头，高压橡胶管的接头外套将胶管与接头芯子连成一体，然后再用接头芯子与其他油管或部件连接。

2 模板系统

模板系统包括模板、围圈和提升架，其作用是根据滑模工程的平面尺寸和结构特点组成成型结构用于混凝土成型。

1）模板

模板采用新制的组合钢模板，本工程采用模板尺寸为200mm×1200mm、300mm×1200mm。

2）围圈

围圈又称围檩，用于固定模板，传递施工中产生的水平与垂直荷载和防止模板侧向变形。经过计算沿塔身内外壁截面周长设置，上、下各一道。为了增强围圈和模板的侧向刚度，可以加强支撑系统和调整提升架间距来满足，围圈采用L75×8角钢。

3）提升架

提升架是滑模装置的主要承力构件，滑模施工中的各种水平和竖向荷载均通过模板、围圈传递到提升架上，再通过提升架上的液压千斤顶传到钢支承杆上，最后传递到已凝固的混凝土结构体上。因此提升架必须有足够的刚度，在使用荷载作用下，其立柱的侧向变形应不大于2mm。

本工程采用的提升架为双横梁的“开”字形架。由立柱、横梁、牛腿和外挑梁架等组成。横梁由10＃、12＃槽钢制作，立柱用槽钢、角钢、钢板焊接制成。提升架的两根立柱必须保持平行，并与横梁连接成90度角。

本工的程提升架高度为2390mm，净宽度620mm。

3 操作平台系统

1）施工操作平台

施工操作平台是滑模施工的操作场地，是绑扎钢筋、浇筑混凝土的工作场所，也是油路控制系统等设备的安置台。本工程采用桁架平台系统。为了保证内平台系统的稳定，其内环平台桁架端部与内围圈连接采用托架连接，托架可采用焊接固定。

2）内外吊脚手架

滑模操作平台系统的吊脚手架是用于塔身脱模后进行表面整修和检查等。内吊脚手架挂在提升架和操作平台的桁架上，外吊脚手架挂在提升架和外挑平台的三脚架上。在吊脚手架的外侧应设置防护栏杆，满挂安全网。

9.2.3 滑模施工工艺流程

1 滑模工艺流程

施工准备→绑钢筋→组装模板→吊装活动平台→插支承杆→浇初升混凝土→初升后检查和调整→绑扎钢筋→正常滑升→拆除模板。

2 滑模施工工序

基础及地下结构施工完成后，在＋4.95m标高平台组装滑动模板、支承杆加固、液压油路等滑模设备及施工平台。

1）模系统组装完成后，滑模系统调试及滑模试验（混凝土配合比设计）；从＋4.95m标高开始滑模，每滑升5m，向上空滑高出板面50mm停止，拆除内外吊环、踏板、安全网等，进行楼板及楼梯结构施工。

2）待完成每层塔身内结构施工后，组装内外吊环、踏板、安全网等恢复滑模系统继续进行滑模施工，滑至上层楼板向上空滑高出板面50mm后停止，以此类推。

3）按照上述工序，从＋4.95mm标高开始，滑升至＋58.70m标高停止，滑模施工结束；并于57.000m标高处，在电梯井内墙每隔1m设置预埋件，待滑模完成后搭建井内施工平台进行顶板施工。

4）拆模滑模系统、拆除施工平台。

5）按照常规施工方法施工58.70m以上框架结构。

9.2.4 滑模主要施工方法

1 安装滑模系统

1）滑模系统包括上承式钢桁架，内、外操作平台（外平台宽0.8m，内平台宽2.2m），可调式开字提升架，悬吊内、外脚手架，液压控制台，油压千斤顶，油路系统及滑升模板（图9.2.4-1）。

2）安装顺序

（1）先绑扎提升架以下钢筋；

（2）开字提升架——内、外围圈——内模板——内桁架操作平台——外模板——安装外桁架操作平台——安装千斤顶——安装液压控制台系统——连接支承杆——内、外悬挂脚手架——内、外安全网。

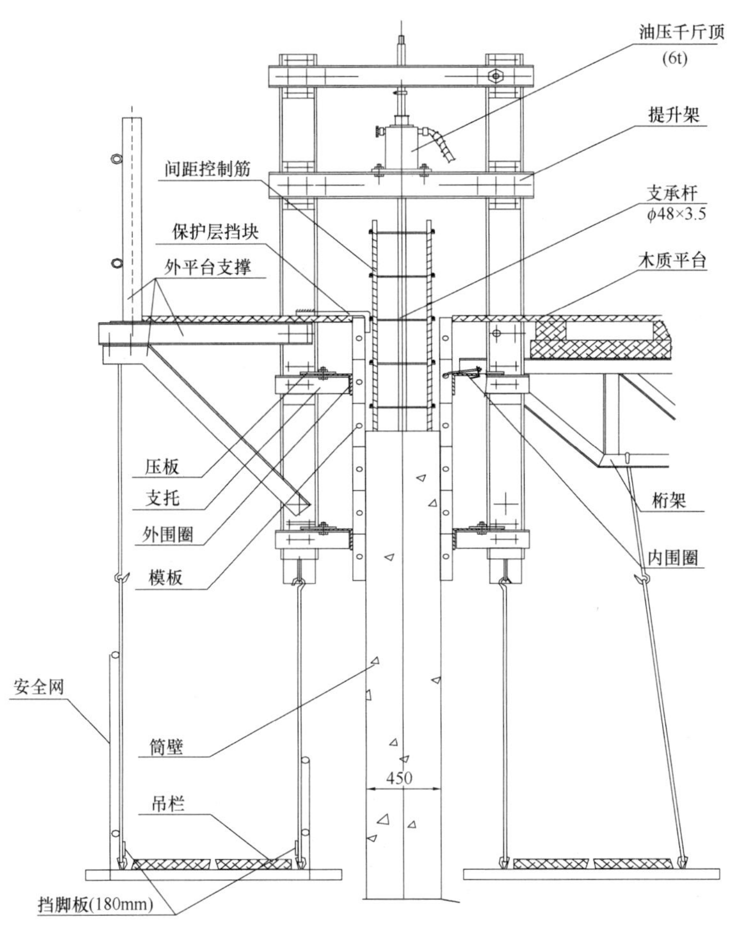

图 9.2.4-1 滑模提升系统

3）内、外滑升模板采用 1200mm×200（300）mm 新的组合钢模板，用螺栓固定在内、外围圈上，通过用模板与围圈间的薄铁垫调整成上口小、下口大的梢口，上下梢口差为 4mm～5mm 或单面倾斜为模板的 0.2%～0.5%（2.4mm～6mm），以便混凝土顺利出模。内、外围圈再用螺栓固定在沿塔身圆周对称均匀布置的开字提升架上。在内桁架上铺板，形成内环形操作平台。外桁架则用三角桁架形式，外伸 1.0m，铺板后形成宽 1.0m 的外环形操作平台。

4）液压控制系统由液压控制台、油管、阀门、千斤顶组成，经试验合格的起重量 6t 的 GYD－60 型液压千斤顶，在水平尺和线坠的检测下，用垫片找正，使其扒在提升架下横梁上，在穿入提升杆前，为防止灰尘污物进入，用塑料布将千斤顶上口封住。油管要逐根吹通，连接件要擦净，软管打弯处距端头的直线段应不小于管径的 6 倍，弯曲半径要大于管径的 10 倍。液压控制台（YHJ－80 型）在与油管、千斤顶相互连通后，应通电试运转，检查油泵转动方向是否正确，电铃信号是否灵敏，然后向各分支油管充油排气，将油路加压至 15MPa 持续 5min，连续循环五遍，详细检查全部油路及千斤顶无渗漏为合格，最后将试运转、升压时间、回油时间等记录下来，确定进油、回油时间，供日后操作之用。

5）安装支承杆

采用埋入混凝土内不再回收的 $\phi48\times3.5$ 建筑用普通钢管，按规范要求接头应错开，每一水平断面处接头数不应超过总根数的 25%，故第一节支承杆要有四种长度，即 2.0m、2.5m、4.0m、4.5m 四种，安装的支承杆要保证垂直，支承杆的连接要采用 M20 丝扣连接，连接长度约为 40mm。支承杆按提升架位置放好后，液压系统又经检查合格，此时，可将千斤顶穿入各自的支承杆，整个滑模提升装置即告安装完毕。安装允许偏差应符合要求。

2　钢筋绑扎施工

1）本工程水平筋与竖向筋拟采用绑扎连接，钢筋搭接长度要严格按规范规定。

2）首段钢筋绑扎，可在外模安装前进行，其后钢筋则需随模板的提升穿插进行（即浇筑混凝土时不绑扎钢筋，绑扎钢筋时不浇筑混凝土）。按人员划分作业区域，分片作业。

3）为确保水平钢筋的设计位置，在环向每隔 3m 设置一道两侧平行的焊接骨架即“小梯”。此焊接骨架位置应与提升架位置错开。在任何情况下，塔身滑模施工时，在混凝土面上至少要能见到已绑扎好的两层水平筋（为此规定提升架下横梁应高出滑模顶面 0.5m 以上），滑模过程中，钢筋每绑扎两层水平环形筋，在对混凝土浇筑及提升。

4）外围挑檐钢筋应先将挑檐箍筋预埋在混凝土筒壁内，滑升过后施工员按箍筋所在相应位置放线，在出模混凝土刚开始终凝前将相应部分箍筋人工抠出、调直，并将已成型部分混凝土表面凿毛、漏出石子、清扫干净后浇筑支模部分混凝土。

5）钢筋保护层厚度及位置的控制方法：采用与保护层厚度“等直径的钢筋棍”、竖向焊接骨架“小梯”定位水平钢筋、“焊接钢筋环”控制竖向钢筋等（图 9.2.4-2）。

图 9.2.4-2　钢筋绑扎定位

3 模板的滑动及混凝土的浇筑

1）滑模上升速率当视气温，混凝土的坍落度及其他偶发因素而定，按照《滑动模板工程技术规范》GB/T 50113—2019 的相关要求，初滑时，宜将混凝土分层交圈浇筑至 500～700mm（或模板高度的 1/2～2/3）高度，待第一层混凝土强度达到（0.2～0.4）MPa 或混凝土贯入阻力值达到（0.30～1.05）N/mm^2 时，应进行 1～2 个千斤顶行程的提升，并对滑模装置和混凝土凝结状态进行全面检查，确定正常后，方可转为正常滑升。

2）本工程在滑模施工前进行了滑模混凝土的配合比设计，并进行滑模试验。滑模提升时保证了出模时混凝土不致坍塌或因混凝土附着模板过牢而带起造成裂缝，根据钢筋和混凝土施工的周期及大量滑模施工的成功经验，以及滑模混凝土的初凝期的要求，确保在 1h 内至少可滑升高度 0.2m，则整体不影响滑模施工，能保证施工的工效及施工质量。本工程模板高度为 1.2m，每层浇筑的混凝土从入模到出模历时计算为：1.2m÷0.2m×1h=6h。

3）浇筑混凝土前，升起的滑动模板表面应彻底清理，经监理认可后方可浇筑。混凝土主要利用塔吊浇筑，先将混凝土吊送到内操作平台上，再用人工均匀分送入模内。混凝土入模后，用直径 50mm 的插入式振捣器振实，每层厚 200mm，振捣器应插入下层混凝土内，深度 50mm 左右，以利充分结合。

4）在滑模浇筑混凝土过程中，应特别注意预埋件的埋设，为了不使漏埋，应事先作出预埋件分布图，由专人埋设并及时消号。当埋件出模后要及时剔出使表面明露。

4 塔身混凝土的养护

1）滑模施工过程中，在内外操作架的靠近塔身下沿设置环形的专用养护 PPR 水管，水管内侧钻出水细孔，水管连通塔身下方加压扬程水泵；养护时，根据塔身混凝土强度变化规律和混凝土养护规范要求，专人每隔一段时间打开水阀进行自动养护，保证塔身混凝土的养护质量和外观质量。

2）滑模至顶后，在塔身顶端两侧，同样设置环形的专用养护 PPR 水管，定时进行混凝土塔身的养护，保证混凝土质量。

5 滑模系统拆除

在拆除内模板时，用警戒线封好筒内门洞口，防止有人入筒内；拆除外围模板时，拉好警戒线，形成安全防护区。

1）在筒顶选择布置准确的吊点，保持四个吊点等距。

2）安放大横梁并固定，按照横梁的方向选择合适的距离固定好卷扬。

3）按照选好的吊点安放好操作平台上 8 个 U 形卡环，穿插好 3m 长的钢丝绳后用动滑轮钩住。

4）将足够长的钢丝保险绳一端固定在吊点位置的桁架上，钢丝绳另一端固定筒顶楼板上，每降两米松弛保险绳并重新固定钢丝绳，使保险绳始终处于松弛状态。

5）慢慢启动卷扬机使一个吊点的两股钢丝绳用上劲，使该吊点控制此面的操作平台稍微离开牛腿埋件，重复此工序使四个吊点达到同样的要求。

6）架工从平台撤出，电焊工进入平台切割牛腿埋件。

7）所有埋件切割完毕后，四台卷扬应同时放钢丝绳使平台平稳匀速的往下放。

9.2.5 滑模的水平度与垂直度的检测与监控

1 水平度的检测与监控

1）水平度偏差产生的原因

在滑升过程中，保持整个模板系统的水平同步滑升，是保证滑升模板施工质量的关键，也是影响建筑物垂直度的一个重要因素。由于千斤顶在滑升过程中的不同步现象，使模板系统各个部分之间产生升差，以致造成操作平台的位移、倾斜以及产生建筑物垂直度偏差，影响工程质量。

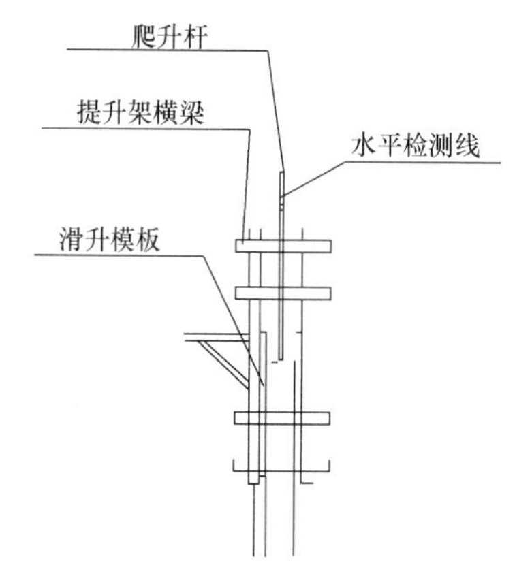

图 9.2.5-1　水平检测简图

2）水平度的测量与调整

水平度的测量与调整主要采用限位调平法。这种方法原理是采取每隔（250～300）mm 在每根支承杆上画出同一水平标记，并在同一标高处设置一种限位装置，使每个千斤顶都爬升（250～300）mm 以后由限位器阻止爬升，使高位千斤顶先停止爬升，而低位千斤顶仍可继续爬升，直至也爬到同一标高。这样的调平方法就能做到（250～300）mm 调平一次。常用的限位装置有液压限位阀、限位调平卡等。

图 9.2.5-1 为水平检测简图，其中每个支承杆都设有 30cm 刻度线为水平控制点，每提升一次模板进行一次监测。

2 垂直度的测量与控制

1）垂直度的测量

垂直度的测量主要采用经纬仪测量法。这种方法是预先在地面上设置若干处控制点，然后在上面架设经纬仪，用来观察操作平面上各个控制点的位移情况，并可以直接观测已滑出模板的塔身垂直度变化。这种利用经纬仪进行垂直度测量的方法可以与线锤法同时使用。

图 9.2.5-2、图 9.2.5-3 为垂直监测图，轴线位置各设一处，共四处，每天监测两次。

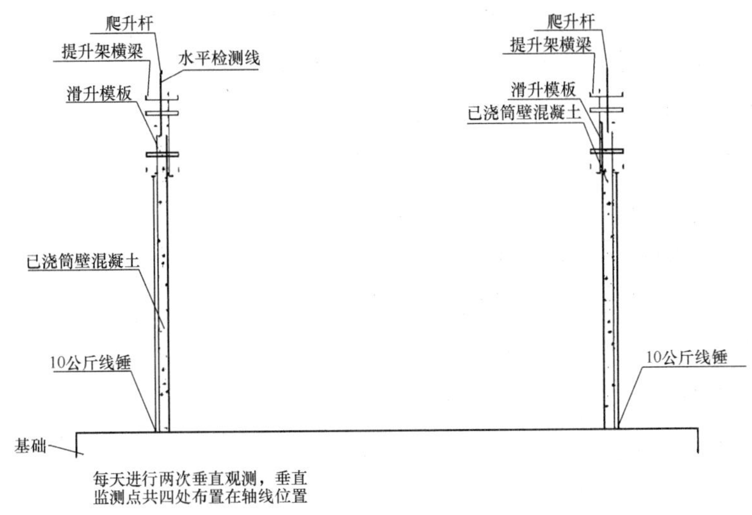

图 9.2.5-2 垂直监测点立面

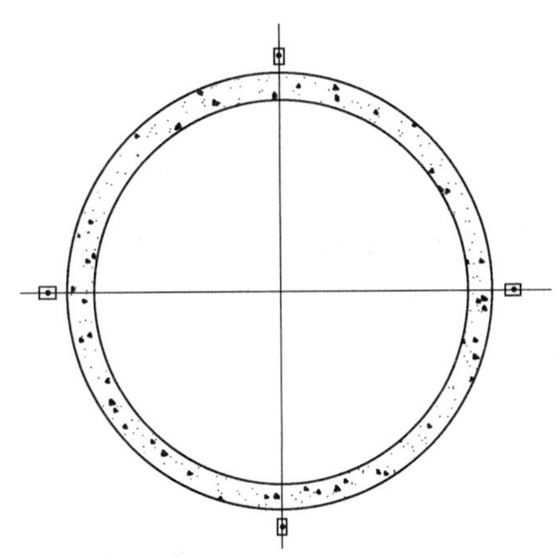

图 9.2.5-3 垂直监测点平面

2）垂直度的控制与纠偏

在塔身滑模施工中，垂直度的控制通常采取调整水平度高差控制法：滑模施工时，当立塔身出现向某侧位移的垂直偏差时，操作平台的同一侧，一般会出现负水平偏差。此时，应立即将较低标高一侧的千斤顶升高，使该侧的操作平台高于其他部位千斤顶的标高，然后，将整个操作平台滑升一个高度，使垂直偏差随之得到纠正。

9.2.6 滑模施工的检查与验收

滑模工程应按照《滑动模板工程技术规范》GB/T 50113 — 2019、《建筑施工模板安全技术规范》JGJ 162 — 2008、《钢筋混凝土筒仓施工与质量验收规范》GB 50669 — 2011 、《液压滑动模板施工安全技术规程》JGJ 65 — 2013 等主要规范及强制性标准的规定进行质量检查和隐蔽工程验收。

施工中的检查应包括地面上和平台两部分，主要包括：

1）所有原材料的质量检查；

2）所有加工件及半成品的检查；

3）平台上相关作业的检查；

4）操作资格证上岗证的检查等；

5）支承杆的工作状态；

6）千斤顶的升差情况；

7）成型模板装置中混凝土的壁厚、宽度及整体几何形状等；

8）滑升模板前混凝土强度；

9）混凝土的养护等。

9.2.7 滑模施工的其他控制要求

1 滑模混凝土配合比现场模拟试验

预拌混凝土供应单位根据滑模混凝土的质量要求，滑模施工前在实验室模拟不同气温等条件，进行试块制作、试验（混凝土贯入试验），待配合比达到滑模混凝土要求后，再在现场进行模拟实验，符合要求后确定配合比（图 9.2.7）。

图 9.2.7 滑模混凝土配合比现场模拟试验

2 滑升过程中的塔身修补

1）滑升过程中出现裂缝时应及时请监理工程师认定是否危及结构安全，若危及结构安全应有专项的施工处理方法，若属轻微裂缝可及时进行修补。

2）若出现的裂缝危及结构安全，则根据裂缝的部位和形式，立即由公司技术负责人或项目技术负责人提出处理方案，结合滑模施工的经验，切实高效地处理情况，不影响滑模施工的工程质量。当发生的情况超出施工单位处理范围时，应由建设单位组织设计人员及结构专家进行论证，为施工单位提供技术支持。

3）对于轻微裂缝，用以修补裂缝的混凝土须与原浇筑时所用材料配合比相同，使色泽均匀一致。外墙用木镘刀消除升模痕迹及其他不均匀处；内墙应全部平整美观，空隙须补好，坑洼应刷平，不得有凹陷或突起。

4）须随时备有充足抹灰工，以便悬吊架升过之后做必要的修整。

3 滑模施工特殊情况施工缝的处理

1）滑模施工前，应认真收集本工程所在地天气情况资料，认真研究，尽可能在滑模阶段避免不利天气的影响，如果必须设置施工缝，施工缝的位置宜设于影响结构物强度最小之处，易于施工且长度最短，方向与主钢筋垂直且不得有钢筋在施工缝上中断。

2）施工缝的处理：在已硬化的混凝土面上继续浇筑混凝土时，须将已硬化的混凝土表面加以特殊处理，以获得良好的粘接性及不透水性，可利用喷水墙或喷砂枪冲刷表面，并涂胶粘剂，如环氧树脂等。

9.2.8 BIM 建筑模型信息技术在滑模施工中的应用

以建筑模型为基础，通过 BIM 建筑模型信息技术形成三维的立体模拟实物图形，可以直观的获得滑模施工的全部运行轨迹，从模板的组装、混凝土的浇筑到模板的滑升直至拆除等，BIM 建筑模型信息技术所创建的三维图形为施工管理提供了可视化效果，便于对滑模施工的理解（图 9.2.8-1、图 9.2.8-2）。

图 9.2.8-1 滑模系统组装三维模拟透视可见

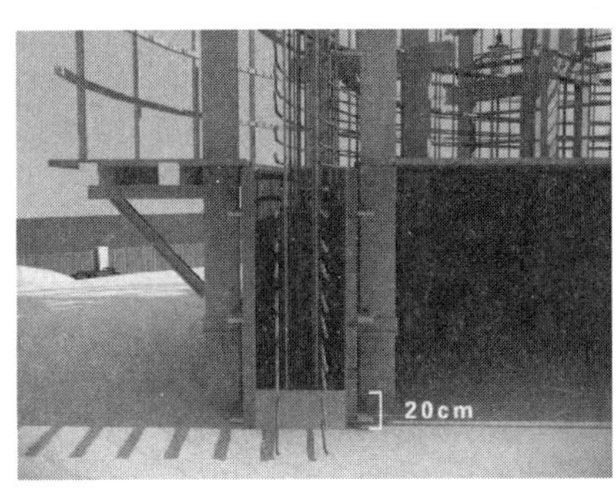

图 9.2.8-2 混凝土浇筑及模板提升三维模拟使抽象变为直观

9.2.9 几点体会

1 施工方案的优选：滑模施工属于超过一定规模危险性较大的分部分项工程，应认真地组织施工方案的比选、论证工作，严格按照专家的意见进行方案的完善修改；应考虑到可能出现的各种质量通病及滑模施工中常见问题并制定出相应的预控对策。

2 加强对滑模混凝土的各项质量要求

1）配合比的要求：滑模施工对混凝土有其特殊的要求。施工前，在滑模试验阶段，应对商品混凝土供应商进行配合设计及混凝土运输的技术交底，完善各种情况下的施工配合比配制；施工中根据天气变化及时的和混凝土搅拌站进行沟通，对混凝土的配比进行调整，保证滑模顺利进行，保证结构安全。

2）为了保证筒体混凝土达到清水混凝土效果应加强所用砂子、水泥、石子质量的控制，必须为双方确定的同一个产地、同一种颜色、同一种粒径的材料。

3 尽量减轻平台自重和施工荷载：在加强平台刚度的同时，应尽可能减少自重对平台的影响。因为自重过大时，必然增加起升系统的负荷。同时滑升过程中平台堆放材料要均匀，在保证使用的情况下，尽可能做到堆量少，勤上料，因此要配备足够的垂直运输工具，运输钢筋、提升杆等材料。

4 BIM 建筑模型信息技术通过工程前期的动画模拟，使各项施工技术在空间中的施工展现、节点及相互间的施工衔接更为直观，给人以代入感，给先期各项施工技术方案设计的预判提供了更全面的参考依据。

总之，滑模施工具有施工机械化程度高、施工连续性好、施工质量较稳定、施工安全均有保证的特点，适合不同结构特点特别是钢筋混凝土筒壁、剪力墙结构的施工。只要精心组织方案的编制，合理安排实施施工方案的要求，就能够完成预定的施工任务（图 9.2.9）。

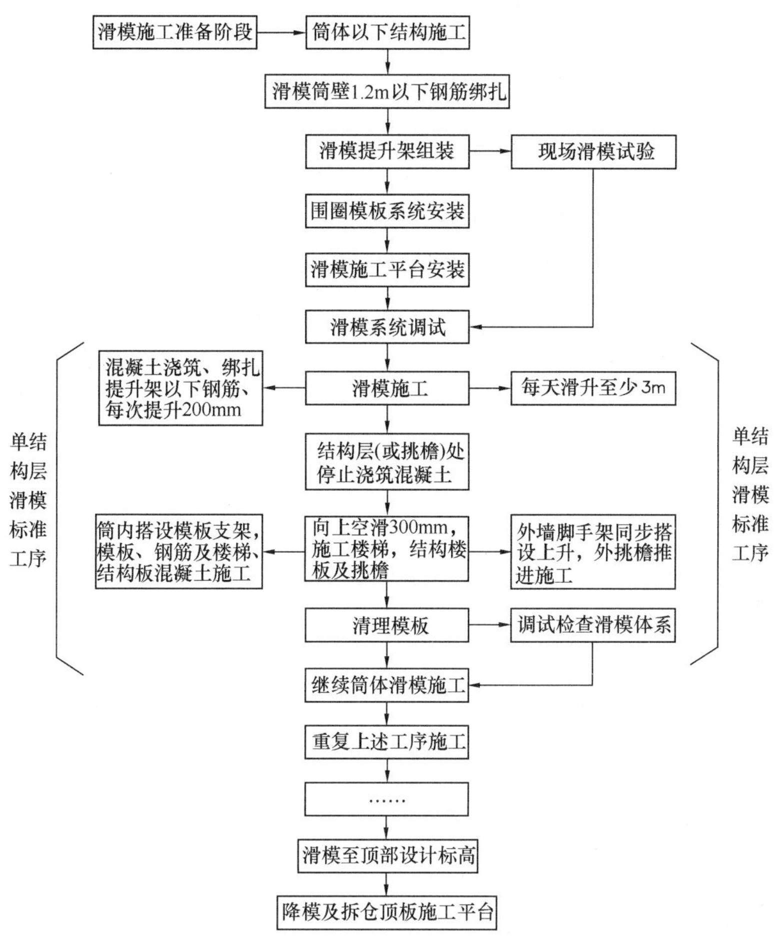

图 9.2.9 滑模施工工艺流程

（北京住总集团 米 舰 郭顺祥 刘和强 朱晓锋等）

9.3 大型水泥厂筒仓滑模施工综合技术

陕西生态富平 2×4500t/d 熟料新型干法水泥生产线工程占地面积约 40 万平方米，建筑物面积 19.6 万平方米，共有 33 个物料库储仓，年生产总量 858 万吨。针对不同直径的筒仓结构形式，研究设计选用不同的滑升平台工艺和模板，通过“联体筒仓整体刚性平台设计、工具化滑模平台制作、大直径筒仓柔性平台与小直径筒仓刚性平台设计、降模法施工库顶板、仓顶空间钢结构整体拖带安装技术”的研发和应用，解决了仓顶空间钢结构整体安装技术、筒身混凝土气密性、微裂缝控制和外观质量问题。

9.3.1 储仓工程概况

本工程储仓按物料储存形式、储存量、数量主要如下：

序号	物料名称	储库形式(储物)	储库规格(m)	数量	库顶结构	储量(t)
1	原料调配库	圆库(石灰石)	ϕ12×30	1	钢筋混凝土	1500
2	原料调配库	圆库(黏土、砂岩、铁粉)	ϕ8×26	3	钢筋混凝土	600、650、450
3	水泥调配库	圆库(熟料)	ϕ12×26.5	1	钢筋混凝土	2500
4	水泥调配库	圆库(石膏、石灰石)	ϕ8×22.5	2	钢筋混凝土	2×900
5	熟料散装库	圆库(熟料)	ϕ8×22.5	4	钢筋混凝土	4×600
6	水泥散装库	圆库(水泥)	ϕ8×23	4	钢筋混凝土	4×600
7	生料均化库	依堡库(生料)	ϕ22.5×65	2	钢梁	2×20000
8	熟料帐篷库	帐篷库(熟料)	ϕ60×18	2	网架	2×100000
9	熟料粉库	圆库(熟料粉)	ϕ18×37	2	型钢梁	2×8500
10	水泥库	圆库(水泥)	ϕ18×37	8	型钢梁	8×7500
11	矿渣粉库	圆库(矿粉)	ϕ18×41	2	型钢梁	2×7800
12	干粉煤灰库	圆库(粉煤灰)	ϕ15×35	2	型钢梁	2×3800

9.3.2 筒仓滑模方式的选用

本工程筒仓主要分三种类型：

第一种为大直径筒仓，直径一般在 25m 以下，如生料库、粉煤灰库、水泥库、矿渣粉库、熟料粉库等，库顶采用钢梁、压型钢板、钢筋混凝土复合结构，库底采用库底板或减压锥。支承筒壁、仓壁采用“环形平台”滑模施工；库底板及支承结构采用滑空后支模浇筑混凝土；筒仓滑模拖带钢梁到库顶后安装钢梁，再利用钢梁铺压型钢板浇筑钢筋混凝土完成库顶结构施工。

第二种为超大直径筒仓，一般在40m以上，如本工程的熟料库，仓壁采用“环形平台”加柔性拉束滑模浇筑，滑模从库环形基础顶面开始，到顶部环梁底结束，并利用滑模平台改装支设模板进行库顶环梁浇筑。

第三种类型为小直径筒仓，直径一般在12m以下，如原料配料库、水泥配料库、水泥汽车散装、熟料汽车散装，库顶为现浇钢筋混凝土梁板结构，库底为库底板或漏斗，支承筒壁、仓壁采用普通建筑钢管桁架式刚性平台滑模施工，支承筒壁、筒仓仓壁一次组装滑模施工；库底板采用滑空后翻模浇筑。

9.3.3 筒仓滑模施工要点

滑升模板装置由模板系统、操作平台系统、液压提升系统等三大主系统组成。

1 模板系统

内外模板均使用（150～200）×1200的全新定型钢模板，螺栓拼接（每条拼缝不少于4个）。

在模板上端第二孔、下端第一孔分别设双钢管围圈，以管卡勾头拉结模板（每条拼缝不少于2个），围圈以调节钢管与提升架立柱连接。

安装好的模板单面倾斜度为模板高度的0.2%～0.5%。按规范要求模板高1/2处净距为结构截面尺寸。模板采用新出厂钢模板，拼缝严密，表面平整。

提升架立柱为2500mm×200mm，用两根ϕ48mm×3.5mm钢管焊接成格构式构件，上下横梁为双拼［10槽钢，立柱与横梁螺栓连接，提升架规格为1500mm×2500mm。

2 操作平台系统

1）柔性平台

生料库、干粉煤灰库、水泥库、熟料粉库、矿渣粉库、熟料库采用柔性平台。筒仓滑模采用柔性平台进行施工。用于调节筒仓的圆度，防止失圆，作为中心辅助纠偏之用，平台中心设置直径0.6m、δ—20mm厚钢板为中心环，在中心环与提升架之间用ϕ14圆钢加M25花兰螺栓牵拉，拉到提升架的内立柱上，花兰螺栓用于调松紧保证不失圆，位置在内挑环形平台内侧，便于操作之处（图9.3.3-1）。

2）刚性平台

原料调配库、水泥调配库、熟料汽车散装库、水泥汽车散装库采用刚性平台（图9.3.3-2）。

3）连体平台，滑模整体滑升工艺

筒仓群间距小，采用平台连体滑模整体同步滑升技术，连体平台采用全钢管

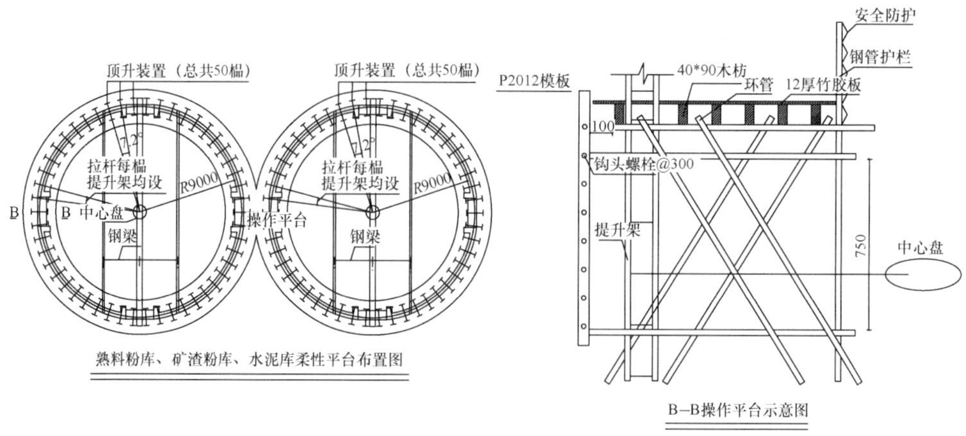

图 9.3.3-1　熟料粉库、矿渣粉库、水泥库柔性平台布置

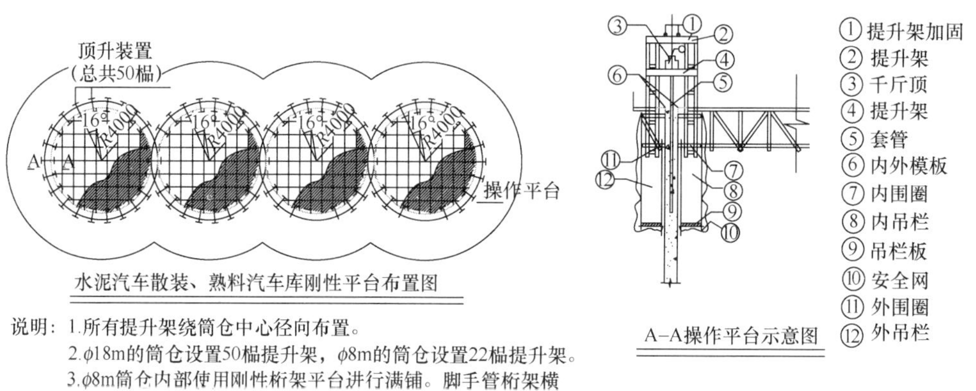

图 9.3.3-2　熟料汽车散装库刚性平台布置

桁架形式，搭设方便，增加平台刚度，有利于减少结构扭转变形，保证质量，加快施工进度（图 9.3.3-3）。

图 9.3.3-3　连体平台搭设示意

3　液压提升系统

液压提升系统主要由支承杆、液压千斤顶、液压控制台和油路等部分组成。

1）支承杆

本滑模系统的设计采用 GYD-60 型滚珠式液压千斤顶，支承杆采用 $\phi48\times3.5$ 钢管制作。$\phi48mm\times3.5mm$ 支承杆的接头，采用焊接方法，先加工一段长度为 150mm 的 $\phi38mm\times3mm$ 短管，并在支承杆两端各钻 4 个 $\phi4$ 小孔，当千斤顶上部的支承杆还有 400mm 时，将 $\phi38mm$ 短管插进支承杆内 1/2，通过 4 个小孔点焊后，表面磨平。随后在短管上插接上一根支承杆，同样点焊磨平。当千斤顶通过接头后，再用帮条焊接。采用销钉连接时，需加工一段连接件，在连接件及支承杆端部对应位置分别钻销钉孔，当千斤顶通过接头后，用销钉将支承杆和连接件销在一起。

2）千斤顶

液压千斤顶又称为穿心式液压千斤顶或爬升器。其中心穿过支承杆，在周期式的液压动力作用下，千斤顶可沿支承杆作爬升动作，以带动提升架、操作平台和模板随之一起上升。本工程采用 GYD-60 型滚珠式千斤顶、最大起重量 60kN，工作起重量 30kN。工作行程范围（20～30）mm，额定工作压力 8MPa。

3）液压控制台

液压控制台是液压传动系统的控制中心，是液压滑模的心脏。主要由电动机、齿轮油泵、换向阀、溢流阀、液压分配器和油箱等组成。其工作过程为：电动机带动油泵运转，将油箱中的油液通过溢流阀控制压力后，经换向阀输送到液压分配器，然后，经油管将油液输入进千斤顶，使千斤顶沿支承杆爬升。当活塞走满行程之后，换向阀变换油液的流向，千斤顶中的油液从输油管、液压分配器，经换向阀返回油箱。每一个工作循环，可使千斤顶带动模板系统爬升一个行程。

本工程采用的控制台为 YKT-36 型液压控制台，电动机功率 5kW，最高压力 12MPa，排油量 56L/min，最高可同时为 150 个 GYD-60 型滚珠式液压千斤顶供油。

对于操作平台面积较大、需用千斤顶较多而又需采用整体滑模施工的工程，可同时安装两套以上的液压控制台，统一控制，共同工作。

液压系统安装完毕，先进行试运转，首先进行充油排气，然后加压至 10MPa，每次持压 3min，重复 3 次，各密封处无渗漏，进行全面检查，待各部分工作正常后，再插入支承杆。

4）油路系统

油路系统是连接控制台到千斤顶的液压通路，主要由油管、管接头、液压分配器和截止阀等元、器件组成。

油管一般采用高压无缝管及高压橡胶管两种。根据滑模工程面积大小决定液压千斤顶的数量及编组形式。主油管内径应为（14～19）mm，分油管内径应为（10～14）mm，连接千斤顶的油管内径应为（6～10）mm。油路的布置一般采取分级并联方式，即：从液压控制台通过主油管至分油器为一级，从分油器经分油管至支分油器为二级，从支分油器经支油管（胶管）至千斤顶为三级。由液压控制台至各分油器及由各油器至每台千斤顶的管线长度，设计时应尽量相近。油管接头的通径、压力应与油管相适应，胶管接头一般采用扣压式或可拆式胶管接头，其连接方式是：先将胶管与接头外套、接头芯子连成一体，然后通过接头芯子与其他油管或液压元件连接；钢管接头一般采用卡套式管接头。

4　滑模组装（图 9.3.3-4）

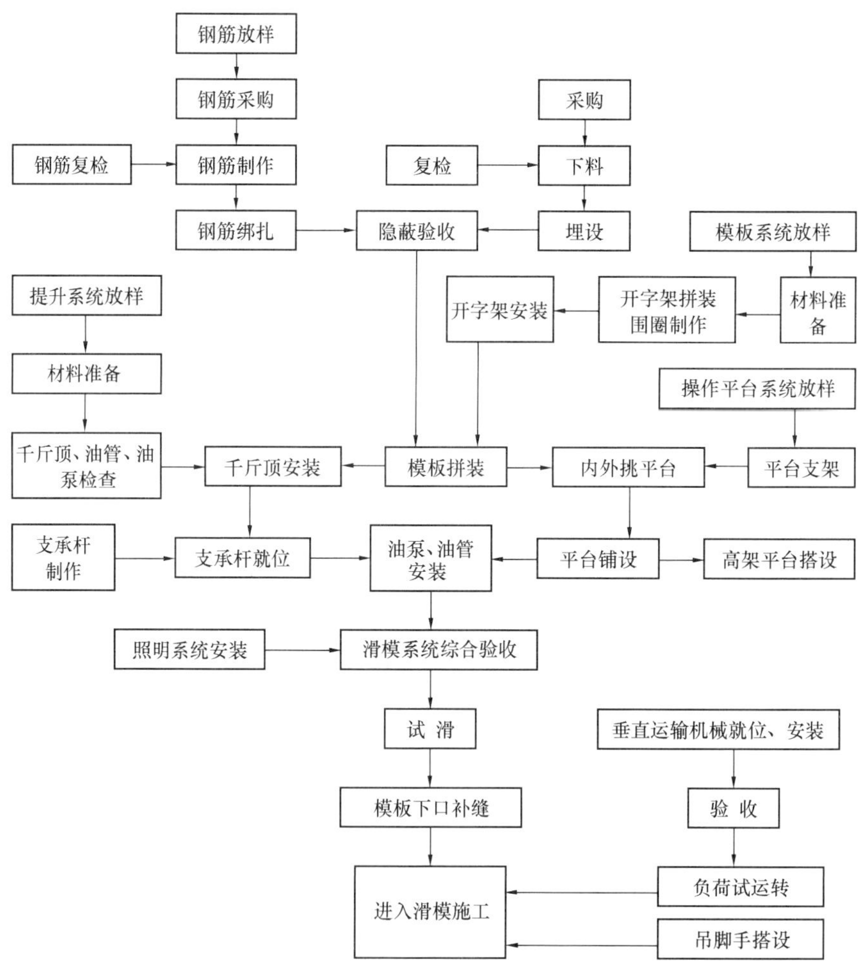

图 9.3.3-4　滑模组装组装顺序

5 滑模施工

整个系统组装结束，经验收后，即进入滑模施工阶段。

1）滑模准备工作

滑模设备组装前，对已建基础进行移交接收，按规范允许偏差复核并采取纠正措施。

2）钢筋工程

做好技术交底，各工种，各个施工环节紧密衔接配合，在筒壁环筋加工制作方面采用简易弧形钢筋成形机，缩短钢筋加工制作时间。降低滑模滑升时工序的操作时间，保证滑模工序在有效时间内完成。

（1）钢筋加工

筒仓竖向钢筋按 6m 定长配制，按 1/4 错接考虑，库壁竖向筋间距在征得设计同意的提前下尽可能调整为内、外层根数相等并与提升架间隔相应，使每个提升架间距内的根数相等，以方便检查。

筒仓环向水平钢筋使用通长定尺钢筋接长，不足部分找零交圈。

每提升架之间设置一焊接钢筋网片，内外壁双层钢筋间设小拉钩。

（2）钢筋绑扎

筒仓滑模钢筋采用绑扎接头。

竖向钢筋搭接长度为 $35d$，接头位置错开布置，任意水平截面（搭接长度范围为同一截面），接头钢筋截面不超过 25%（1/4 错接）。

环向水平钢筋搭接长度 $50d$，接头位置错开布置，接头水平方向不小于一个搭接长度，也不小于 1000，同一竖向截面内每隔三根钢筋允许有一个搭接接头，内外水平钢筋也均匀错开。

对于控制竖筋位置，可在提升架下横梁上焊内外两道环筋，环筋上按竖筋间距焊上滑环，滑坏中心即为每根竖筋所在位置，绑扎时按滑环位置接长竖筋，注意所接竖筋的下端应在滑环之下时再开始接，以免接头钩住滑环。环筋可预先在竖筋上用粉笔画出间距线以控制绑扎间距，模板上口距提升架下横梁有 60cm 左右空档，以便于穿环向钢筋，并保证混凝土面上至少能见到已扎好的一层水平筋。

3）混凝土工程

混凝土在计划书中标明浇捣时间、部位、强度等级要求、坍落度要求、一次浇捣方量及计划浇捣时间等数据。

混凝土试配：根据计划书的技术要求及运输工艺要求，选择合理的水泥标号、用量；水灰比，粗、细骨料粒径；进行混凝土试配，取得相关数据并进行修正。将试验配合比报请业主、监理，如无疑议则形成施工配合比。如有疑义则根据具体情况加以调整。

混凝土出料后，进行坍落度抽检及强度试件抽检，坍落度为 140mm ±20mm。

混凝土供应：本工程所用现场集中搅拌混凝土，主要采用用地泵输送至滑模平台。

混凝土浇灌：仓壁滑升时，每一车倾倒在两个提升架空档，平仓手将平台上混凝土铲入模内，振捣手跟进振捣。混凝土连续浇灌，正反方向同时分头入模和振捣，避免单向施工最后出现冷缝。混凝土顶面高度应低于模板 5cm。

混凝土振捣：混凝土入模后及时用插入式振动棒振捣，操作时按“快插慢拔”、“棒棒相接”，采用“并列式”振捣；每点振捣时间 20s～30s，当混凝土表面不再显著下沉不出现气泡，表面泛浆方能停止振捣；振捣棒在振捣上层混凝土时插入下层混凝土不大于 5cm，消除两层之间接缝，严禁漏振、过振现象发生。

出模混凝土原浆压实：在模板提升过程中，随滑随抹，即将脱模后的混凝土用原浆修补，对仓外壁混凝土表面抹平压光，保证混凝土表面平整光洁、色泽一致。

混凝土养护：混凝土终凝后，每隔 2h 由专人沿筒仓壁内外用水管喷淋装置均匀浇水，养护仓壁混凝土，使混凝土保持湿润状态（图 9.3.3-5、图 9.3.3-6）。

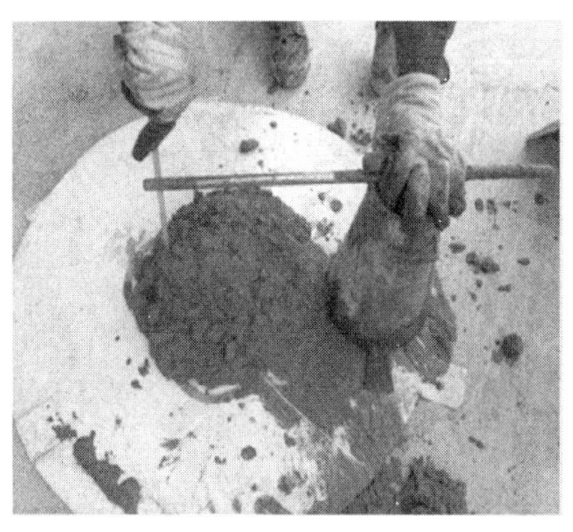

图 9.3.3-5　混凝土和易性测定

图 9.3.3-6　出模混凝土原浆压光效果

4）滑升施工

模板滑升是一个协调性很强的工作，滑升前做到各条口准备工作充分，如滑升平台系统在技术上、安全上、质量上是否满足要求，人员组织是否完备，材料供应是否确保，水电是否正常等等，在滑升施工前由项目经理牵头组织滑升交底，横向联系各方面因素，确认有把握时由项目经理下达开机令。

（1）初升

混凝土分五层正、反向浇筑1000mm模板，（3～6）h开始试提升，提升（2～4）个行程，模板的初次滑升，在模板内混凝土浇筑高度1000mm左右及第一层浇筑的混凝土强度为（0.1～0.3）MPa进行。

开始滑升前，先进行试滑升，试滑升时，应将全部千斤顶同时升起（5～10）cm，观察混凝土出模强度，符合要求即可将模板滑升到200mm高，对所有提升设备和模板系统进行全面检查。修整后，可转入正常滑升，正常混凝土脱模强度宜控制在（0.1～0.3）MPa。

（2）正常滑升

当初滑以后，即可按计划的正常班次和流水分段、分层浇筑，分层滑升。正常滑升时，两次滑升之间的时间间隔，以泵站提供的混凝土达到（0.2～0.4）MPa立方体强度的时间来确定，一般控制在1.5h左右，每个浇筑层的控制浇筑高度为200mm，绑扎一层（浇筑层）钢筋、浇筑一层混凝土，混凝土正、反循环向浇筑，气温较高时中途提升（1～2）个行程。

滑升过程中，操作平台保持水平，千斤顶的相对高差控制在50mm以内，相邻两个千斤顶的升差不大于25mm。如果超过允许值，则由平台指挥及时检查各系统的工作情况以及混凝土出模强度，并及时找出原因，采取有效的措施以排除。

（3）停滑

当施工需要或特殊情况必须停滑时，每隔（0.5～1）h提升（1～2）个行程，至模板与混凝土不再粘接（大约4h），第二天再提升一个行程。

（4）末升

当模板滑升到距顶1m左右时，即放慢滑升速度，并进行准确的抄平和找正工作。整个模板的抄平、扰正，应在滑升到距顶标高最后一皮以前作好，以便顶部检均匀地交圈，保证顶部标高及位置的正确。

5）滑升过程中监测和纠偏纠扭工作

滑模施工每滑升一次作一次偏移、扭转监测校正，发现控制偏移、扭转的线锤偏差大于规范要求（一般只要有偏差）即进行纠偏、纠扭。

纠偏纠扭工作应遵循勤观测、勤纠正、小幅度的原则，观测得到的偏移值须结合沉降观测数据加以分析；垂直度、扭转度应以预防为主，纠正为辅。

本工程采取以下办法预防纠正：

（1）组装时，按120°间隔在外挑平台上挂设三只自制钢线坠，在承台面相应位置作出线坠中心标志，滑升时，每120cm检验一次线坠相对标志偏移值，由专人负责做好记录。

(2) 平台及模板水平度的控制是控制中心偏差的关键，保持平台水平上升一般就能保证结构竖直。在模板开始滑升前用水准仪对整个平台及千斤顶的高程进行测量校平，并在支承杆上按每30cm划线、抄平，用限位器按支承杆上的水平线控制整个平台水平上升。本工程应勤抄平、勤调平，如局部经常与其他部位不同步，应尽早查明原因，排除故障。

(3) 混凝土浇筑遵循分层、交圈、变换方面的原则，分层交圈即按每30cm分层闭合浇筑，防止出模混凝土强度差异大，摩阻力差异大，导致平台不能水平上升。变换方向即各分层混凝土应按顺时针、逆时针变换循环浇筑，以免模板长期受同一方向的力发生扭转。平台上堆载应均匀、分散（图9.3.3-7、图9.3.3-8)。

图9.3.3-7　千斤顶同步控制

图9.3.3-8　筒体垂直度检测

(4) 平台纠偏采用倾斜平台法，当发现垂直度偏差超过10mm时，将平台反向倾斜（5～10）cm，通过适当提高偏移一侧千斤使平台倾斜（一般不大于1%)，纠正偏差后正常滑升。

(5) 平台纠扭采用牵拉法，沿周边均布8个点（提升架位置）用手拉葫芦与扭转方向反向牵拉，平台提升时达到反向纠扭。

6) 支承杆加固

预留洞口位置支承杆脱空高度较大时，应对支承杆进行加固，要求支承杆竖直，接头焊接牢靠。支承杆最大脱空长度不得超过2.4m。预留洞口处支承杆，可在支承杆一侧加设钢管架子加固。筒壁内支承杆，可采用短钢筋加焊在竖向钢筋上，形成整体骨架以减少杆件的计算长度。

6　滑模系统拆除

系统拆除在浇筑完毕2d后进行，拆除以先装后拆为原则利用塔吊配合。

9.3.4 滑模拖带钢梁施工

筒仓滑模系统安装时，将筒仓顶钢梁安装在筒仓滑模的液压提升系统上，在混凝土筒仓滑模施工的同时，筒仓钢梁随液压提升系统一起上升，直至筒仓顶钢梁安装位置。本工程中钢梁安装在库底板施工完后进行，用 50t 履带吊吊至滑模提升系统上。

1 钢梁安装在滑模平台上

钢梁安装在钢梁支座上，钢梁支座采用双拼［14 立柱，双拼［14 横梁，在安放钢梁位置相邻提升门架间焊 2［14，2［14 槽钢间距应满足支承杆自由滑行，在支撑架上标识出钢梁安装位置线及相应控制线，利用吊车将钢梁按由远及近，对称吊装的方法进行，吊装完后钢梁的下翼缘板与钢梁支座焊接牢固，之后，在三道钢梁上部用 2 根［14 焊接连接保证滑升过程中钢梁的稳定性，并在钢梁两侧提升架上焊接［8 垂直剪刀撑，加强滑模系统的整体稳定性。

2 钢梁拖带到顶就位安装

顶板钢梁采用门形就位刚架进行顶板钢梁就位安装。在库壁施工至顶标高时，筒仓顶板钢梁两侧槽口两侧各 500mm 处库壁分别预埋一块 400mm×400mm×16mm 埋件，锚筋为 6ϕ16，长度 500mm，门形刚架采用［25 立柱、横梁焊接而成，高度 3000mm，宽 1800mm，刚架内设［20 八字撑加固，斜撑与横梁间夹角以 60°～70°为宜，柱脚焊板采用 16mm 厚 300×250 的钢板与预埋钢板焊接，所有焊缝满焊。

待仓顶混凝土施工完毕，强度达到设计要求后，拆除滑模平台辐射形水平支撑，槽口处内平台及内侧模板、围檩。在筒仓顶板预埋钢板上焊接钢梁安装门形刚架，利用 5t 手拉葫芦同时将钢梁提起，并临时固定，将原有钢梁支撑架拆除，用手拉葫芦将钢梁下降至槽口中，就位固定。安装时钢梁起吊要平稳，两端作业人员听从指挥，统一行动，吊起高度不宜超过 100mm，钢梁两端应同时起吊，同时降落，保证两端起吊刚架受力均匀（图 9.3.4）。

图 9.3.4 滑模拖带施工

9.3.5 扁担挑梁—钢管桁架支撑体系施工筒仓库顶板

原料调配库、水泥调配库、水泥汽车散装库及熟料汽车散装库等多个高耸群体筒仓结构，其顶板和外挑檐均为钢筋混凝土结构，顶板高度（26～30）m，筒仓直径（8～12）m，实际施工难度大，常规施工方法如满堂支架法、预埋钢托架支架施工等方法在工期、成本、安全上均存在一定的弊端。而在库壁预埋钢托架支架上搭设悬挑支架支撑降落滑模平台，作为顶板钢管搭设的承重结构的方法来施工库顶板，能够避免和克服一些工期损失和施工难点，但是由于需要高空无支撑搭设复杂的悬挑平台，施工成本高，安全风险过大。

为了有效克服和解决以上问题，采用扁担钢梁结合钢管桁架支撑法施工筒仓库顶板能大大减少施工难度，有效克服高空作业的安全隐患，在工期、成本、安全等方面效果显著。

1 设置“扁担挑梁”

“扁担挑梁”法即通过穿过筒壁的钢梁，以库壁为“肩”，形成一个类似“扁担”的结构作为筒仓库顶板施工支撑体系的基托。采用优化后的“扁担挑梁”法，在保障支撑基座可靠稳定的前提下，施工工序大为简化，施工材料大量节省，工期、费用也较其他方法明显缩减。同时，由于包括钢梁预留洞口、钢梁安装均依托平稳的刚性滑模平台进行，高空施工材料倒运、人员操作方便快捷，避免了高空吊带、吊篮施工，安全性也大为提高。

1）施工前滑模平台降落完成，并按要求在筒壁施工时预留好“扁担口”。“扁担”一端穿过库壁，一端内穿过刚性滑模平台。参见图 9.3.5-1。

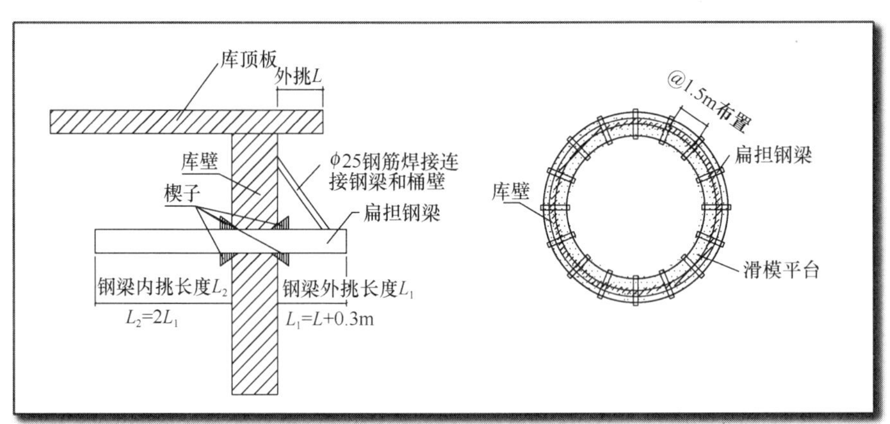

图 9.3.5-1 “扁担挑梁”示意图

2）“扁担钢梁”布置：本工程扁担钢梁采用［12 进行施工，提前在筒壁滑模施工时即预留好钢梁洞口，刚性操作平台降落完成后，沿筒壁弧线方向@

1.5m 布置槽钢，其布置间距与刚性操作平台的提升架间距大小相适应（1.5m宽）。钢梁与洞口孔隙使用锲子加塞，以使其牢固可靠。

2 库顶板的钢管桁架支撑体系施工技术

利用“扁担钢梁”为基托，采用结构体系简洁明快、施工便捷且抗压及抗扭性能优越的钢管桁架结构建立库顶板施工支撑体系，以解决筒仓库顶板支撑体系难以建立的困难。

充分利用原有滑模平台体系，施工时钢管桁架结构的支撑管均落在扁担钢梁上，应首先搭设顶板主梁的脚手管，然后以此为基准，通过扣件连接，搭设小斜杆，形成互为支撑的双层桁架支撑管结构，支撑起整个体系结构（图 9.3.5-2、图 9.3.5-3）。

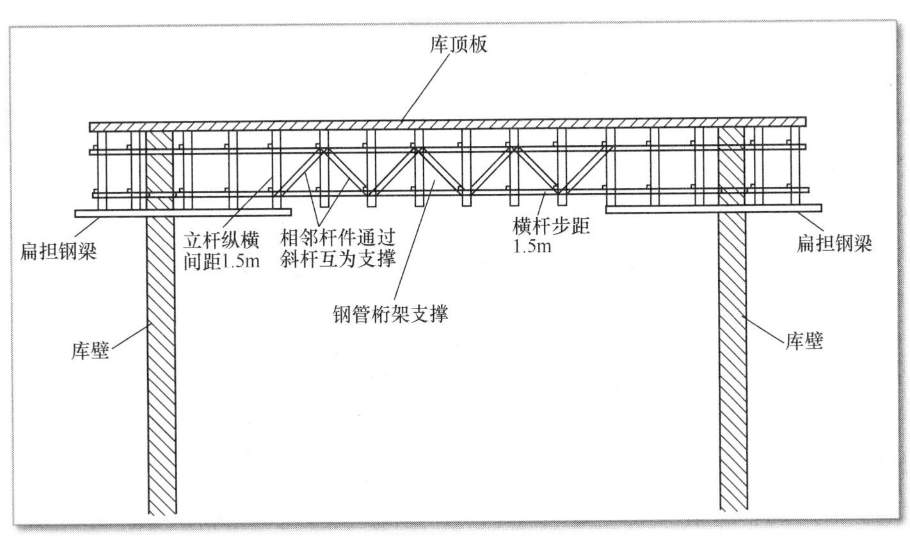

图 9.3.5-2 钢管桁架支撑体系

图 9.3.5-3 筒仓施工完成效果图

（中国二十冶集团 谭志斌 蒋建忠 邢永谦）

9.4 夏季高温滑模施工技术

9.4.1 项目概况

随着我国经济建设的快速发展，国家对粮食储备工作高度重视。大连国际粮油食品物流中心项目20万吨粮仓工程、中央储备粮新郑直属库新建24万吨粮仓工程，先后在进行仓壁滑升施工期间恰逢当年（6～8）月份，现场最高气温达37℃。在夏季高温条件下，如何保证滑模施工的连续性、可操作性、安全性和如何保证施工质量等成为急需解决的施工难题。

在总结和吸收滑模施工工艺优点的基础上，通过对混凝土配合比的优化设计，现场自制试验模型，对混凝土进行试滑，反复论证，最终确定夏季高温条件下最优的混凝土配合比和滑模装置体系；解决了夏季高温条件下模板与混凝土易粘连、混凝土出模强度难控制及储仓气密性等施工技术难题。

该滑模施工工艺环保，施工方法简便易行，技术成熟，省工、省力、省时；混凝土中掺加粉煤灰和矿粉，大量节省了水泥，实现了工业废料二次利用，经济效益和社会效益显著（图9.4.1-1、图9.4.1-2）。

图9.4.1-1 大连20万吨粮仓效果图

图9.4.1-2 新郑直属库24万吨粮仓效果图

9.4.2 工艺原理及混凝土配合比模拟试验

在室外气温高达37℃、模板内温度高达50℃左右的情况下，如果混凝土出模时间为10h（施工速度限制），则普通混凝土强度增长将高于规范要求的出模强度（0.2MPa～0.4MPa，或贯入阻力3.5MPa～10MPa）。

为保证适宜的混凝土出模强度和对混凝土表面裂缝的控制，对滑模混凝土配合比采取动态调整管理，施工中根据向气象部门咨询最近一周内的天气情况和现场的实际温度，要求搅拌站进行20℃时的8小时强度实验，经过多次试验最终确定滑模施工混凝土标准配合比。同时，根据滑模期间可能出现的温度变化要求实验室分别作出15℃、20℃、25℃、30℃、35℃、40℃的应急配合比，根据天气状况随时进行调整，有效防止温差过大造成混凝土出模强度不均和仓壁出模后的表面色差，并要求搅拌站提供各种骨料的合格证、复试证明、混凝土无色差保证、混凝土准时运输保证等文字材料。

为了有效的检验配合比是否符合气温要求，项目部组织了由多位专家参加的专家论证会，专项研究此次滑模及混凝土配比的合理性，并对混凝土配合比进行模拟试验。

1 试验室阶段

1）试验目的

通过试验室的试验，找出不同条件下混凝土强度发展规律，只有这样，才能在实际施工时根据各种情况调整配合比以及外加剂掺量来适应不同气候条件。

2）试验过程

（1）根据普通外加剂的要求确定基准C35混凝土配合比；

（2）掺粉煤灰，用不同水泥取代率，进行37℃气温条件下不同水泥用量测试；

（3）变换外加剂，在37℃气温条件下进行测试；

（4）同一配合比在不同气温条件下进行测试。

夏季高温条件下，模板滑动时往往由于模板与混凝土间的摩阻力而导致滑模无法进行下去。影响摩阻力的因素很多，如混凝土的凝结时间、气温、提升的时间间隔，模板表面的光滑程度、混凝土的硬化特性、浇灌层厚度、振捣方法等等。

一般说，混凝土在模板中停留时间最长的情况发生在模板初滑或是空滑后开始浇灌混凝土时。正常情况下，混凝土在模板内的静停时间不超过3h，在这个范围内，摩阻力值在（1.5～2.5）kN/m^2之间。考虑到施工过程中可能出现由于滑升不同步、模板变形、倾斜等原因造成的不利影响，摩阻力取（1.5～3.0）kN/m^2是适宜的。从试验结果可以看出，在温度40℃以内的情况下基本可以满足摩阻力的要求，滑模可以顺利滑升。

2 试滑阶段

1）试验目的

通过施工阶段的模型试验，一是对试验室的结果进行验证，积累经验。另外，针对实际施工中的各种变化，对试验室结果及时进行调整。

2）试验方案

（1）现场制作滑模模型。滑模和液压系统模型根据施工图及总体施工方案进行设计，经业主、监理及有关专家审定后开始制作。

（2）根据夏季施工特点及试验室结果，外加剂是调整滑模时间的最有效途径。为了防止夏季施工强度增长过快，首次试滑时，滑模时间定的稍短一些。

（3）在首次进行试滑时，由现场技术人员进行测试，根据试验结果向试验室提出具体改进要求。由试验室对外加剂进行调整，直至满足现场施工要求，这一修正阶段应在开始滑模两天内完成。

9.4.3 滑模装置设计

滑动模板施工装置是由液压提升系统、模板系统和操作平台系统等组成，这三个主系统与提升架连成整体，布置成适合于本次滑模施工的施工装置。

1 液压提升系统

液压提升系统包括液压控制装置、输油及调节设备和提升设备三大部分，其中所使用的装置有支承杆、液压千斤顶、油管、分油器、液压控制装置、油液和阀门等。

1）支承杆

支承杆也称爬杆，是滑升模板滑升过程中千斤顶爬升的轨道，也是整个滑模装置及施工荷载的支承杆件，用于本工程的支承杆采用 $\phi25$ 钢筋。

支承杆的连接采用丝扣连接，将钢筋支承杆的上下段加工成公母丝，丝扣长度为 30mm。

2）液压控制装置

液压控制装置即液压控制台，是整套滑模装置中的控制中心，由电动机、齿轮泵、电磁换向阀、调压阀、分油器、针形阀和压力表、油箱等的起动和指示等电器线路所构成。

3）液压千斤顶

本工程拟采用 GYD—35 型液压千斤顶。

4）输油管路由油管、油管接头、针形阀和限位阀组成，是液压系统供油的动脉。

（1）在液压滑模中，油路布置原则上力求管路最短，并使从总控制台至每个千斤顶的管路长短尽量一致。

（2）液压滑模系统的油管分主油管、分油管和支油管三种。主油管采用内径为 19mm 的无缝钢管，分油管和支油管则采用内径为 8mm 的高压橡胶管。

（3）油管接头是接长油管、连接油管与液压千斤顶或分油器用的部件，无缝钢管油路的接头采用卡套式管接头，高压橡胶管的接头外套将胶管与接头芯子连成一体，然后再用接头芯子与其他油管或部件连接。

(4) 针形阀在油路中的作用是调节管路或千斤顶的液压油流量，常用针形阀来调节千斤顶的行程，调整滑模操作平台的水平度。

2 模板系统

模板系统包括模板、围圈和提升架，其作用是根据滑模工程的平面尺寸和结构特点组成成型结构用于混凝土成型。

(1) 模板

仓壁外模采用专用滑动模板其型号为P6012；内模采用组合钢模板，型号为P1012、P2012。

(2) 围圈

围圈又称围檩，用于固定模板，传递施工中产生的水平与垂直荷载和防止模板侧向变形。本工程围圈采用L75×6角钢，每仓设置72个提升架，每个提升架对称布置一台液压千斤顶，主桁架受力点处设两台千斤顶。

(3) 提升架

提升架为双横梁的“开”字形架，提升架的主要作用是防止模板侧向变形，在滑升过程中将全部垂直荷载传递给千斤顶，并通过千斤顶传递给支承杆，把模板系统和操作平台系统连成一体。

3 操作平台系统

操作平台系统包括施工内外操作平台、内外吊脚手架。桁架采用正八边形桁架。

1) 施工操作平台

施工操作平台是滑模施工的操作场地，是绑扎钢筋、浇筑混凝土的工作场所，也是油路控制系统等设备的安置台，其所承载的荷载较大，必须有足够的强度和刚度。

2) 内外吊脚手架

内吊脚手架挂在提升架和操作平台的桁架上，外吊脚手架挂在提升架和外挑平台的三脚架上。在吊脚手架的外侧应设置防护栏杆，满挂安全网。

9.4.4 滑模操作难点和要点

1 施工工艺流程（图9.4.4）

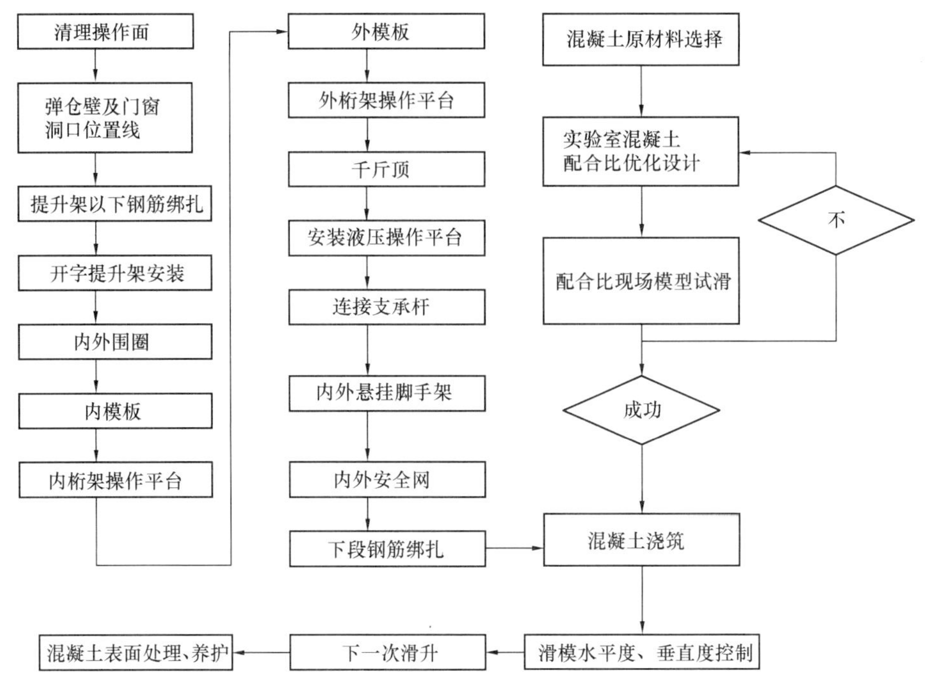

图 9.4.4 施工工艺流程

2 安装滑模系统

1）滑模系统包括上承式钢桁架，内、外操作平台，可调式开字提升架，悬吊内、外脚手架，液压控制台，油压千斤顶，油路系统及滑升模板。

2）安装顺序

先绑扎提升架以下钢筋——提升架——内、外围圈——内模板——内桁架操作平台——外模板——安装外桁架操作平台——安装千斤顶——安装液压控制台系统——连接支承杆——内、外悬挂脚手架——内、外安全网。

3）仓壁外模采用专用滑动模板，内模采用组合钢模板。用螺栓固定在内、外围圈上，内、外围圈再用螺栓固定在沿仓壁圆周对称均匀布置的开字提升架上，在内桁架上铺板，形成内环形操作平台。外桁架则用三角桁架形式，铺板后形成宽 1.2m 的外环形操作平台。

液压控制系统由液压控制台、油管、阀门、千斤顶组成，经试验合格的起重量 3.5t 的 GYD—35 型液压千斤顶，在水平尺和线坠的检测下，用垫片找正，使其扒在提升架下横梁上。

4）安装支承杆

支承杆按规范要求接头应错开，每一水平断面处接头数不应超过总根数的 25%，故第一节支承杆要有四种长度，即 3.0m、3.5m、4.0m、4.5m 四种，其他位置处的支承杆则统一加工成 4m，安装的支承杆要保证垂直，支承杆的连接要采用 M16 丝扣连接，连接长度为 30mm。

3 钢筋绑扎

钢筋在后台加工成型后，按规格、长度、使用顺序分别编号堆放。首段钢筋绑扎在外模安装前进行，其后钢筋随模板的提升穿插进行。主筋与伸出搭接筋的搭接处需绑 3 根水平筋，钢筋应逐点绑扎，为确保水平钢筋的位置，在环向每隔 3m 设置一道两侧平行的焊接骨架。

4 混凝土浇筑和养护

本工程商品混凝土应提前通过实验室试验确定的最优混凝土配合比及现场混凝土模拟配比，采用地泵输送混凝土，混凝土入仓后，用插入式振捣器振实。气温高时，应掺缓凝剂，在滑模浇筑混凝土过程中，应随滑随抹，并由专人负责预埋件的埋设及校对。

在内外操作平台下方靠近混凝土仓壁处各吊设一圈扎孔塑料水管，由地面水箱通过高压水泵和水管泵至操作平台，供消防和养护之用。在混凝土浇筑完毕后，要严格按混凝土养护方案进行喷水养护。

5 仓壁的滑升

仓壁的滑升分为初始滑升，正常滑升和完成滑升三个阶段。

1）初始滑升阶段

当操作平台，模板及液压系统完成之后，且经过检查验收，满足滑模施工要求，开始进行首层混凝土浇灌，首先，均匀浇筑一层同标号混凝土的砂浆 ，然后分层均匀对称浇捣混凝土，振捣方法每层 30cm 浇至模板高度低 5cm 即停止。

待混凝土达到出模强度为 0.2MPa～0.4MPa 或贯入阻力 3MPa～10MPa，开始初提升，初滑时将全部千斤顶缓慢升起（5～10）cm，出模的混凝土依据实践经验用手指按压有轻微指印，即具备滑升条件。

2）正常滑升阶段

正常滑升阶段，混凝土的浇筑与钢筋绑扎、滑升模板等工序之间要紧密衔接，相互交替进行，两次滑升的时间间隔不宜超过 2 小时，每次正常滑升高度为 30cm，浇筑完成的混凝土顶面比模板的上沿低 5cm，混凝土出模后，应随滑随抹。其施工工作循环为：

钢筋绑扎（500mm 高）→浇筑混凝土（300mm 高）→提升→钢筋绑扎。

3）末滑阶段

当模板滑升至距顶部标高 1m 左右时，滑模进入完成末滑阶段。此时应放慢滑升速度，并进行准确的抄平和找正工作，保证顶部标高及位置准确。

本浅圆仓空滑 400mm 高，以便拆除，不需进行爬杆加固。

6　滑模系统拆除

滑升完成后 3 天左右，即可拆除滑动模板操作系统，拆除顺序为：先拆除液压油路系统、围圈、内模板，然后拆除内操作平台、桁架系统，最后拆除外模及开字架。

7　滑模施工记录与精度控制

值班监督应保持滑动模板施工完整记录，包括升高时的一切日常事件、该班升高速率及水平筋使用数量、混凝土试验记录、校正水平及垂直记录、天气情况如气温及雨量等。

1）扭转控制

扭转控制采用止扭键，止扭键为 L30×2 角钢与内侧模板焊接，止钮键沿内侧圆周均匀布置四点，利用出模混凝土的强度，保证模板的竖直，控制扭转。

2）水平度控制

水平精度控制采用限位卡，每滑升一次，即用水平仪抄平，保证限位卡位于同一平面，控制千斤顶的升差，保证水平度。

3）垂直度控制

垂直度控制沿仓壁内侧布置四个线坠，线坠与提升架固定，随时测量垂直偏差，发现偏差大时，采用不同步提升的方法加以纠正。

4）允许偏差

仓壁垂直度：不得大于高度的 1/1000，也不应超过 30mm。

仓壁直径：＋20mm 或－10mm。

仓壁厚度：＋10mm 或－5mm。

9.4.5　仓壁混凝土表面质量保证措施

本项目仓体为清水混凝土结构，仓壁外表面不做涂料粉饰，因此仓壁混凝土外表面效果好坏是影响整个工程美观性能的关键。

我司选派具有多年滑模外墙粉饰工作经验的技术工人从事本项工程的施工，施工前进行技术交底，明确仓壁粉饰操作规程，施工中派专人对操作规程进行控制，保证了仓壁混凝土处理工作的合理性和表面效果。

混凝土出模强度越高则仓壁显现混凝土本色程度越高，出模强度越低则仓壁的颜色越暗，施工中要求搅拌站加大对混凝土坍落度、初凝时间等严格控制，保证混凝土出模强度的一致性。

9.4.6　夏季高温滑模施工措施

1　滑模现场需要做好工作安排和沟通协调，做到分工明确，各负其责。

2 加强与气象部门联系，掌握未来天气动向，做到未雨绸缪。

3 做好现场排水通畅，水泥库、电气材料库防止受潮进水，做好防雨措施。

4 滑模施工时，遇到小雨慢滑，遇到中大雨应停滑，并用防雨设施对仓壁混凝土进行遮盖。

5 现场配备一台柴油发电机，以保证现场停电时滑模的提升。现场准备好储水池，能够满足短时间的用水需求。

6 对油路系统及千斤顶进行仔细检查，确保滑升时不漏油。

7 夏天炎热，防止施工现场工人中暑，现场准备好中暑药品，做好饮食卫生管理。

8 为确保滑模工程质量，应优先采用连续施工，如因气候或其他特殊原因，必须暂停施工时，应采取下列措施：

1）停止浇筑混凝土后，仍应每隔 0.5h～1h 提升一个行程，如此连续进行 4h 以上，到模板不会粘结为止。

2）因停滑造成的水平施工缝，应清理干净，凿除松动石子和浮渣，并用水冲洗干净，再次浇筑时，应按配合比减半石子的混凝土浇筑一层后，再继续按原配合比浇筑。

3）滑升过程中出现轻微裂缝应予彻底清除并修补好，用以修补裂缝的混凝土须与原浇筑时所用材料配合比相同，使色泽均匀一致。内墙应全部平整美观，空隙须补好，坑洼应刷平，不得有凹陷或突起。

（大连金广建设集团有限公司 丁国平）

9.5 冬期暖棚滑模施工技术的应用

我国最北部地区的黑龙江省是极寒地区，适宜的建设施工期是国内最短的，一般全年正常施工期大约有5个半月～6个月，对于现浇混凝土的最适宜施工期限可能更短，因此争取宝贵的有效施工时间是至关重要的。对滑模工程来讲由于混凝土结构施工整体性强、施工速度快等显著优势，可以为后续施工创造良好的条件，在极寒地区应用可以大有作为。作为一支滑模专业队伍要有创新思想，改革精神，我们结合齐齐哈尔北疆水泥厂直径22m均化库工程，大胆投入资金、人力探索出了一套冬期暖棚滑模施工技术解决方案，在冬季措施费用可控的前提下，初冬滑升能延长施工期20d左右，尤其是黑龙江10月末至11月中旬早晚的温差特别大，对正在滑升还没到顶的工程其综合效益尤为突出。

9.5.1 工程概况

黑龙江省齐齐哈尔北疆水泥厂直径22m生料均化库筒仓工程，生料均化库ϕ22m直径筒仓单体，高度50m，第一次组装自－2.4m开始组装，直径22m壁厚450mm，滑到11m，第二次组装自16.547m，直径22m壁厚350mm，滑升到顶50m。总包开工时间8月15日，计划竣工时间为11月20日。

本工程特点：

1）本项目滑模工程位于黑龙江省齐齐哈尔市，属东北地区秋冬季低温寒冻自然天气条件，筒仓滑模施工技术对混凝土能够在正温下达到规范要求的临界温度的要求，且对筒仓气密性要求的保证，为了高质量、高效率完成本项目施工，采用暖棚保温式滑模24h连续施工。

2）滑模施工期间恰逢低温寒冻期，如何采取科学先进的施工方法，合理的工期质量保证措施，投入充足的劳动力、施工机具、周转架设材料组织平行流水作业，来保质保量地完成该工程。

3）将滑模的筒仓，内外用保温棚式办法，通过热能计算及实验确定最优保温措施，来解决秋冬季低温条件下混凝土拌合不冻结、混凝土出模不受冻及筒仓整体气密性等施工技术难题。

9.5.2 施工前准备工作

1. 配合比：首先委托建筑工程质量检测站做多组冬期施工配合比，保障冬期滑模滑升速度与混凝土强度增长相适应。

2. 防冻剂：混凝土防冻剂、砂浆防冻剂产品合格证、检测报告齐全，并在进场后进行复试，复试合格且已备案登记。

3. 水泥：选用 42.5 级普通硅酸盐水泥，质量保证资料齐全并进行复试合格，袋装水泥存放于密封水泥库内，保证水泥温度不低于 5℃。

4. 水：工地设立专用蓄水池，准备电加热器具用以控制水温，保证水温可以达到 60℃。

5. 砂、石、灰膏存放于料池内，表面用塑料布及珍珠岩等保温材料覆盖保温；当气温低于−5℃时，砂、石用加热设施进行加热。

6. 搅拌机安放于砖砌保温棚内，顶部用石棉瓦及珍珠岩做保温处理，棚内备有取暖设备，保证搅拌机棚内温度不低于 15℃。

7. 钢筋的加工制作及焊接，必须在−15℃以上进行。

8. 应急电源：确保电采暖保温的连续供电需要。

9.5.3 冬期施安全与防火管理

由于本次滑模工程采取暖棚保温式施工方法，采暖方式多以电采暖为主，用电量远大于正常条件施工，施工前必须做好用电安全管理及检查监测，严禁违反操作使用规范及规程，专职安全员加大监管力度。防火工具必须做到安全有效，防火通道安全畅通，由项目部及班组长组成冬施安全与防火管理小组，随时不定期式检查复测，每天不得少于 6 次。

每天开好班前会，提高安全意识，创造安全施工环境的前提下重点加强冬期施工安全措施。

1）高空作业应挡风防冻，大风、下雪、严寒天气停止高空作业，下雪后应及时清扫现场。

2）严格控制生产及非生产用火源和电器，严禁使用木料、大功率灯泡取暖。

3）对于剧毒或腐蚀性外加剂，严禁存放在场内，应有专人保管仓库。

4）单侧平台 2m 设置 1 个灭火器。

5）加强用电安全管理和巡检、维修。

9.5.4 掌握当地气象资料

注意收集工地所在地近几年天气历史资料，并及时准确地接收 1 周天气预报和当天气象变化信息，随时掌握气温变化情况，及时采取应急措施，防止工程因寒流突然袭击、保温材料和设施不足而造成损失，确保工程质量。

9.5.5 冬季暖棚滑模施工技术措施

1 滑模平台暖棚结构设计与保温构造

暖棚结构设计应充分利用滑模装置的主体结构，增加一些可拆卸的杆件，构造简便，并将保温材料设计安装成固定的防护封闭体，在内部采暖加热，既防风又保暖，有关结构计算在此省略。暖棚随滑模平台滑升而整体上升，暖棚一次组装，随滑到顶，与滑模装置同时解体。

上层保温部分为滑模施工操作平台，长 74.5m，宽内外平台加墙体厚度 3.78m，高 2m；下层保温部分为下吊篮施工平台，外吊栏平台长 71m，宽 0.5m，高 2.2m，内吊栏平台长 70m，宽 0.5m，高 2.2m；出模混凝土用塑料薄膜密封养护。

同时将筒仓内外用暖棚方式封闭，周圈围起三层，其中内层用加厚帆布、中间层用防火岩棉、外层用高中档厚塑料布。从内外平台一直超过外挂架 2m，外挂架马道必须加固，底层用木板压实封死，防止热能泄漏。

在内外平台组装时将上下入口处预留好，每间隔（2～2.5）m 留一个口，内外错开，避免在一条线上。

此外，在滑模装置设计中应计入保温措施增加的荷载。

2 滑模平台暖棚采暖设计与保温加热措施

暖棚保温加热设施应预先做好临时施工采暖设计，提供充足的热源，确保达到滑模平台暖棚内设计的环境温度，至少不得低于 5℃。有关计算在此省略，按设计要求现场组织实施并验收，确保达到保温效果，为安全施工和优质工程保驾护航。

在暖棚内施工模板外皮处安装防漏电装置，采用电加热管加热。电加热管应在模板 30cm 平均布置加热，在模板上口（25～30）cm 部分重点加热，增加电加热管的数量，一般暖棚棚内温度控制不低于 12°，同时，应安排电工 24h 值班，确保用电安全和采暖设施运转正常，并安排专人监测暖棚内温度以及现场防火看护等。

此外，应储备一定数量的岩棉、草帘、麻袋、防火保温被、军用厚棉被等保温材料；并注意暖棚内的用火安全和安全用电。

在条件许可时应准备多种热源供给，如局部加热保温设备设施，以备应急之用，确保滑模施工基本的作业温度，以及混凝土的正常硬化而不受冻害。

3 拌合混凝土冬施措施

1）蒸气加热水、加热砂

拌制混凝土应优先采用蒸汽加热水的方法，在现场设立蒸汽锅炉一台，通过加热排管加热 1.5m×2m×2m 水箱内的水，但要控制水温不得大于 80℃。

当加热水仍不能满足要求时，再对骨料进行加热。

当水、骨料达到规定温度仍不满足热工计算要求时，可提高水温到 100℃，但应改变投料顺序，拌制混凝土时搅拌机投料顺序为先下砂、石、水搅拌后再下水泥搅拌，搅拌时间比正常季节延长 50%。设专人严格按配合比配置掺加；严格控制混凝土水灰比，由骨料带入的水分均应从拌合水中扣除。

但水泥不得直接加热；水泥不得与 80℃以上的水直接接触。

2）拌合混凝土要求

搅拌前，应用热水冲洗搅拌机；拌制混凝土所用的骨料应清洁，不得含有冰、雪、冻块及其他易裂物质；要设专人严格按配合比掺加防冻剂；混凝土拌制时间应保证 3min 以上。

混凝土拌合物的出机温度不宜低于 10℃，入模温度不得低于 5℃。

3）要尽量缩短混凝土运输时间，减少混凝土拌合物的热量损失。

4 冬季滑模施工质量保证措施

1）加强与气象部门联系，掌握未来天气动向，做到未雨绸缪。

2）做好现场保温措施，水泥库、电气材料库防止受冻受潮，做好防雪措施。

3）滑模现场需要统筹做好工作安排和沟通协调，做到分工明确，各负其责，做好技术交底、安全交底以及班前会、交接班会等，施工过程中对油路系统及千斤顶进行仔细检查，确保滑升时不漏油、不受冻。

4）为确保滑模工程质量，应优先采用连续施工，如因气候或其他特殊原因，必须暂停施工时，应采取下列措施：

（1）停止浇筑混凝土后，仍应每隔 0.5h～1h 提升一个行程，如此连续进行 4h 以上，到模板不会粘结为止。

（2）因停滑造成的水平施工缝，应清理干净，凿除松动石子和浮渣，并用温水冲洗干净，再次浇筑时，应按原配合比减半石子的混凝土浇筑一层，再继续按原配合比浇筑混凝土。

5）冬天气温低，防止施工现场工人冻伤，现场准备好冻伤药品，做好饮食卫生管理。

9.5.6 冬期滑升

进入初冬滑模施工，我们的体会是：不下雪 24h 正常滑，遇到小雪慢慢滑，遇到中大雪停滑，并做好停滑防雪措施，对仓壁混凝土及时进行保温遮盖。

当室外平均最低气温连续 5d 低于－20℃时，建议不再进行滑模施工。

初次滑升阶段，分为两个步骤进行。刚开始初次滑升时，分三次浇灌混凝土约 1m 左右，液压操作工开动液压操纵台，千斤顶每次行程 30mm，也就是模板的（2～3）个行程，检查液压系统及油路和模板钢结构工作情况及混凝土出模情况是否符合要求后，再进行浇灌混凝土到模板上口平，再进行提升模板（5～8）个行程，再检查模板钢结构和液压系统工作正常，至此初滑结束。

进入到正常滑升阶段，正常滑升每次模板提升（8～10）个行程，提升高度控制在 250mm～300mm 之间，根据水泥的特性及初凝时间，一般控制在 2h 内完成；出模混凝土强度应控制在 2.5MPa 以上，然后进行活动模板一次；为了保证出模混凝土不受冻，在混凝土表面先用塑料薄膜覆盖，然后再用电热毯对整体刚出模混凝土加热保温，保证出模混凝土温度控制在最低不得低于 5℃，同时加热保温直至出模后的混凝土强度大于 5.0MPa 以上，以保障混凝土强度增长大于受冻临界强度。

此外，还要做好同条件养护混凝土试块的管理工作。冬期施工过程中，一定要做好所有记录工作，以保证工程的可追溯性。

9.5.7 混凝土质量控制及检查

1 检查防冻剂的质量及掺量。

2 检查水、骨料的温度，每工作台班 4 次。

3 检查混凝土从地面出罐到平台入模时的温度，每工作台班 4 次。

4 检查混凝土从入模到滑升出模时的温度、强度，每 2h 检查 1 次，达到受冻临界强度后每 6h 检查 1 次。

5 试块：每工作台班留置四组，一组标养，三组为同条件养护；要保证同条件养护试块的养护条件同现场结构养护条件一致。

6 检查混凝土表面是否受冻、粘结、收缩、裂缝，边角是否脱落，施工缝处是否有受冻痕迹。

7 模板和保温层必须在混凝土达到要求强度后方可拆除，出模后混凝土表面应及时再次覆盖保温材料以使混凝土强度继续稳定增长。

9.5.8 工程效果

为了要确保好的滑模产品，就必须选择优秀的专业化管理团队和滑模施工劳务队伍，滑模施工现场做到“三分滑、七分管”。出现质量和安全事故 90%主要是管理问题，坚持常抓冬施质量通病防治处理预案、施工安全常见问题处理预案、施工现场安全警示教育，层层分解责任、落实到人，做好综合协调工作，就会创造出优质的滑模工程。

通过齐齐哈尔北疆水泥厂直径 22m 生料均化库筒仓工程暖棚施工技术及方

法的探索，解决了寒冷地区初入冬期施工的难题，暖棚加热速度快，密封和持续保温效果好，同时与滑模外防护架结合，施工安全可靠，秋冬季低温滑模施工可24h不间断，达到了节省施工周期、早日投产，提高了经济效益，受到了甲方、监理和设计方的一致认可，也赢得了社会的广泛赞誉。

同时，滑模施工的成功应用也为类似寒冷地区和其他混凝土施工较短地区的设计、施工积累了一定的经验，具有较大的参考价值。

（黑龙江省冠群滑模公司　杜秀彬 肖晓辉）

9.6 浅谈大沉箱成套滑升模板设计及应用

本工程为一大型水工项目中的沉箱工程，最大外形尺寸：39.9m×20m，高度：28.15m、29.9m，外墙厚度：800mm、500mm，内墙厚度300mm，内墙将沉箱分为若干空格，其净空尺寸大小不一。内墙角及墙地角均有250mm×250mm的倒角。沉箱上部一侧有外挑2250mm、总高2700mm、宽度800mm的大牛腿。沉箱共229组，详见明细表。

类型	尺寸	工程量
A	39.9×20.0×28.15	150
A29	39.0×20.0×29.9	72
B	28.16×20.0×28.15	1
C	32.4×20.0×28.15	1
D	32.4×20.0×28.15	1
E	36.3×20.0×28.15	1
F	25.0×20.0×28.15	1
G	39.9×20.0×28.15	1
H29	39.9×20.0×29.9	1

根据工程结构特点，采用液压滑升模板施工工艺。

9.6.1 滑模同其他模板相比，有明显的优越性

1 模板配置量少，构筑物模一般为1.2m高度，组装成型后，一直滑升到顶。

2 施工速度快，墙体、筒壁，每小时滑升高度（0.15～0.2）m。

3 工程质量好，结构整体性好，增强了建筑物的整体刚度和抗震性能。

4 操作安全、方便，不需要搭设脚手架，绑扎钢筋与浇筑混凝土等项工作始终在操作平台上进行，易于操作和检查。

5 桁架体系、滑模平台体系、模板体系及液压设备可实现多次周转使用，每次摊销费用少，综合经济效益好。

9.6.2 本工程采用滑模工艺的难点及采取的措施

1 沉箱底板面有平面和斜面两种，高差1550mm。滑模不能在斜面上安装，因此，底部要采用支模找平，从底板面向上2000mm作为滑模起始标高。

2 牛腿支模钢桁架与滑模钢平台同时安装，施工沉箱上部的混凝土牛腿时，

待滑模滑升到牛腿下方时，滑模采取空滑措施，拆除该部位与牛腿等宽的滑模模板，绑扎完牛腿钢筋后，空滑至牛腿顶标高。牛腿混凝土随滑模同时浇筑。

3 滑模平台在顶部牛腿一次浇筑混凝土达到强度后拆除牛腿底部模板，空滑至模板脱离沉箱顶部，利用上部厂房结构多吊点将整体滑模平台吊起，将沉箱移出厂房，滑模平台高空整体吊装至下一件沉箱底板上，调整到位后继续滑模施工。减少滑模平台的拆装时间，保证（7～8）d出一件沉箱。

9.6.3 滑模装置设计

1 设计依据

1）工程图纸；

2）现行国家标准：《滑动模板工程技术规范》GB/T 50113；
《混凝土结构工程施工规范》GB 50666。

2 滑模装置简况

1）本工程采用以千斤顶为动力、以工具式支承杆为承载体的液压滑模装置。

2）滑模装置由顶部桁架系统、模板系统、操作平台系统、液压滑升系统、施工精度系统、水、电配套系统组成。其中桁架体系、模板系统、操作平台系统和液压滑升系统由生产厂家设计和加工，施工单位负责连接钢管、铺设施工平台、吊架平台的材料。

3）滑模施工前，施工单位必须编写滑模安全专项施工方案。对混凝土供应、混凝土试配与初凝强度的测定、混凝土的垂直运输、施工人员的上下通行、钢筋的吊运、季节性施工措施、安全措施、应急预案等应提前考虑。

3 滑模应用范围

除混凝土底板、底板以上2000mm范围支模找平的内外墙体、沉箱上部的混凝土牛腿外，其余竖向结构均采用滑模施工。

4 滑模装置设计

1）滑模模板

（1）滑模模板采用84mm型钢模板，该模板将通常的模板、背楞合二为一，即主肋采用8号槽钢，面板为4mm钢板，边肋为8mm钢板焊接而成。模板刚度大、平整光洁、周转使用次数多、安装施工方便。大模板长度1200mm、1500mm，高度1200mm。调节模板及斜角角模模板做法相同（图9.6.3-1）。

（2）为了模板在本工程中通用，斜角角模仅设一个规格，大模板除个别沉箱的长度为1200mm外，其余均为1500mm，由于沉箱空格轴线尺寸、净空尺寸不同，采用调节模板调节墙模总长度（图9.6.3-2）。

2）滑模提升架

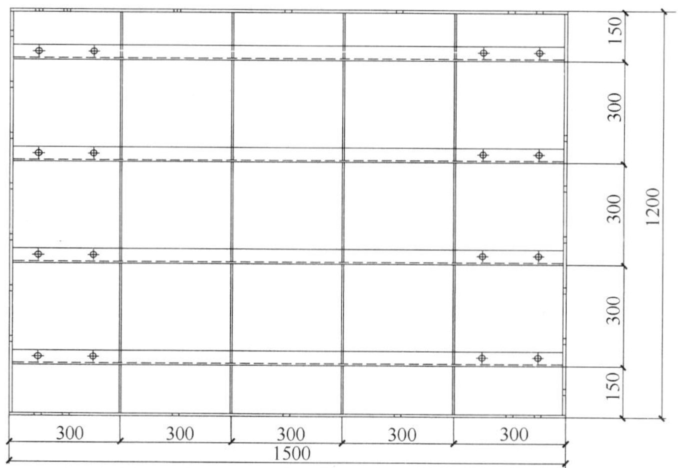

图 9.6.3-1 滑模模板

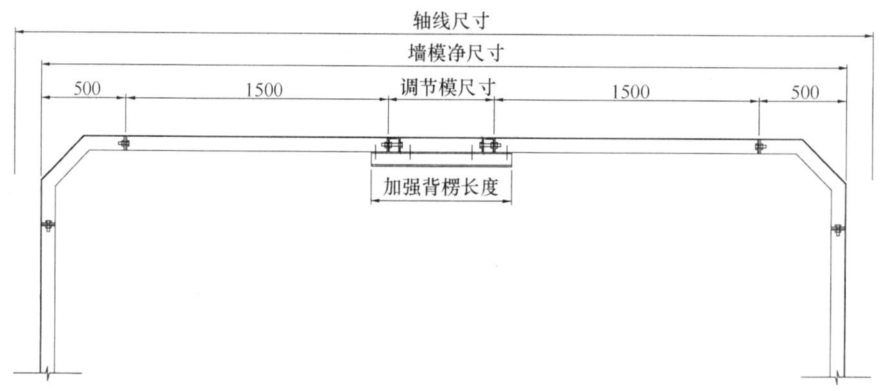

图 9.6.3-2 模板组合

提升架由立柱、横梁组成，本工程共布置提升架 238 榀，其中外墙 90 榀，外墙墙角及丁字墙处的提升架为单腿（图 9.6.3-3）。

3）液压油路系统

(1) 按 39.9m×20m 沉箱设计液压油路系统，共布置 242 台千斤顶，分成 6 个环形油路，液压控制台与环形油路之间采用 ϕ16 主油管相连，每个环形油路上设 10 个分油管和分油器，分油器与千斤顶之间采用 ϕ8 油管相连。

(2) 采用环形油路的目的是为了千斤顶同步、稳压滑升，其液压油路原理：

液压控制台（80 型）→6 根主油管（ϕ16）→6 个环形油路（ϕ16）→60 根分油管（ϕ16）→60 组分油器（4 个头～5 个头）→242 根支油管（ϕ8）→242 个千斤顶（60kN）

(3) 千斤顶中间插入工具式支承杆，支承杆上设限位器。工具式支承杆在滑模起点位置设有 3000mm、4000mm、4500mm、5000mm 共 4 种规格目的是为错

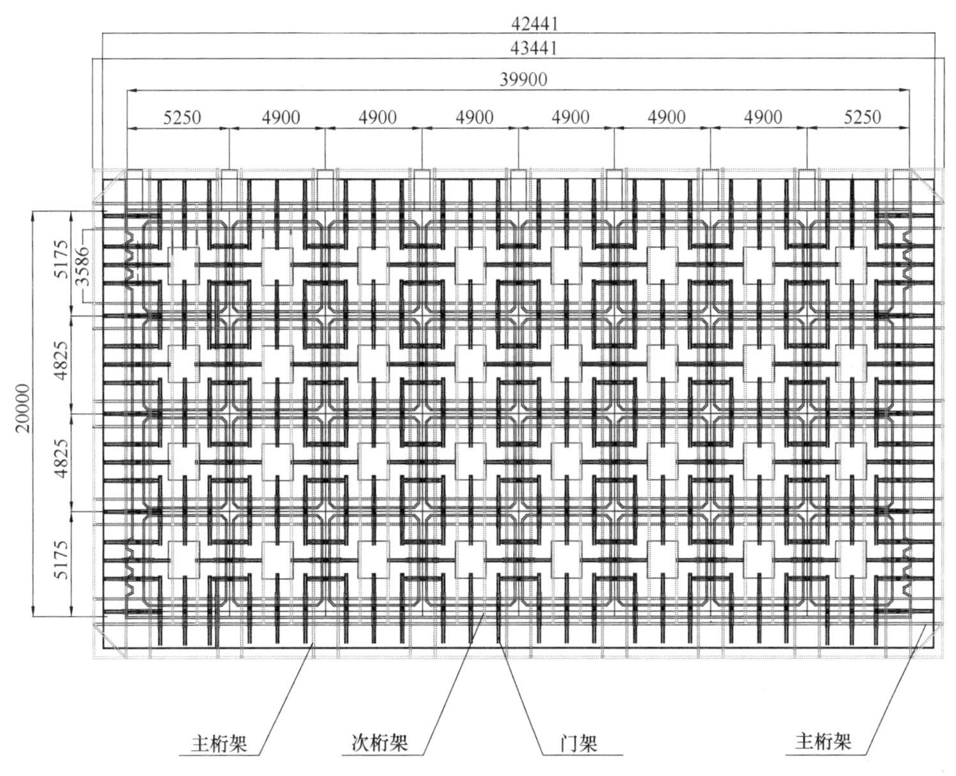

图 9.6.3-3 提升架平面布置

开接头。工具式支承杆采用 ϕ48×3.5 钢管，两端分别焊有专门加工的螺母和螺栓，用于相互连接。

5 滑模装置组装

1）滑模组装程序

（1）在底板标高以上 2000mm 作为滑模安装起始标高，其下采取支模施工（可采用铝模体系），详见图 9.6.3-4。

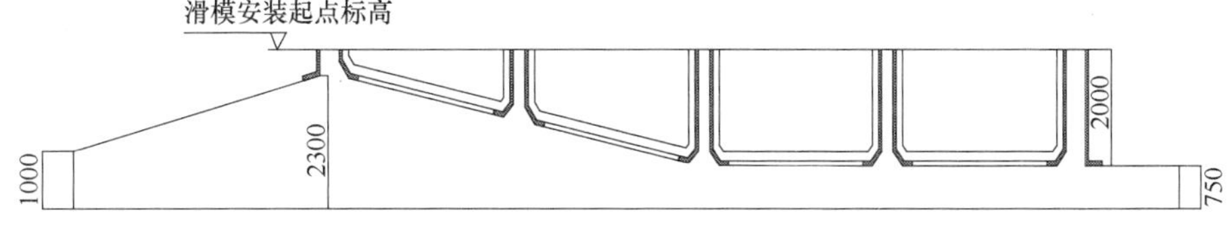

图 9.6.3-4 滑模安装前的支模施工

（2）在支模模板顶标高（即滑模安装起始标高）安装滑模模板、滑模装置、桁架体系；详见图 9.6.3-5。

（3）滑模装置全部安装完成，进入正常滑模施工；详见图 9.6.3-6。

2）滑模组装要求

（1）在滑模安装标高应放线，包括模板边线、提升架中心线和位置线等。

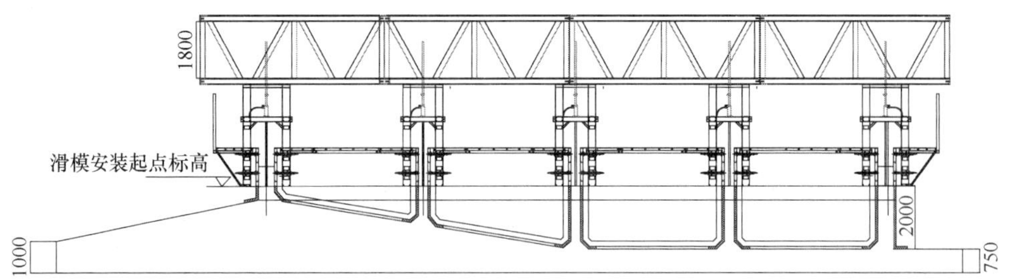

图 9.6.3-5 滑模模板、滑模装置、桁架体系安装

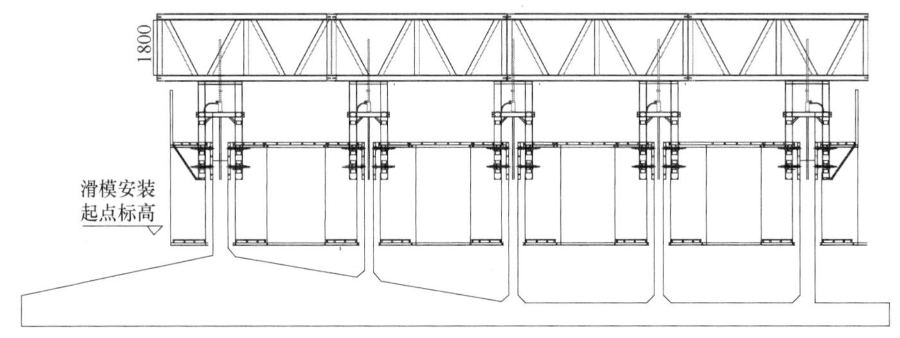

图 9.6.3-6 滑模装置安装完成

（2）安装提升架时，要求提升架立柱位置准确，横梁保持水平，提升架立柱在平面内外均保持垂直。提升架安装时，应设钢管脚手架作临时稳固，钢管架上纵向水平管抄平。

（3）安装模板时，用可调支腿调整模板的截面尺寸和锥度。

（4）安装千斤顶、控制台和油路系统，进行加压调试，检查油路渗透情况，千斤顶、油管逐个进行排油排气。调试工作完成后才能插入支承杆。

（5）铺设操作平台，安设操作平台护栏网、上人孔翻板、液压控制台操作棚。

（6）安装电气系统的动力、照明线路、主配电箱、分区配电箱、照明灯具。

（7）安装测量观测系统。

（8）设置安全标志、标牌、活动厕所等。

3）滑模安装要点

模板组装质量是后期滑模施工成功和工程质量优良的首要关键，为了确保组装一次完成，特别要注重以下要点：

（1）模板安装平整光洁

模板采用无翘曲变形、平整光洁的新模板，模板之间的拼缝无错台。模板之间采用螺栓连接。

（2）模板锥度与截面尺寸

滑升模板组装后，形成上口小、下口大的锥度，模板单面倾斜度为 0.3%，1200mm 高的单侧模板，下口与结构截面等宽，上口小 3mm。模板锥度及截面尺寸应在组装阶段边装边调整。

（3）模板表面处理

模板必须在组装前进行表面处理，要求除锈、去污、擦净后在表面喷涂隔离剂。

（4）吊杆分别与挑架和提升架立柱相连，安装完成后，应对每个节点进行检查，并铺设好护栏网和吊平台板。

（5）支承杆保持垂直

支承杆要求垂直插入千斤顶，就位后应逐根检查和调整垂直度，保持支承杆表面清洁。

9.6.4 结束语

重力式沉箱结构为本工程的重要组成部分，沉箱预制质量及施工速度直接影响整个码头的稳定性和施工进度，沉箱成套滑升模板设计是否合理对沉箱预制的质量有很大影响。通过设计沉箱成套滑升模板的施工分析，成套滑升模板施工安全性能高，操作简单，一次性搭设，整体吊装，节省大量的安装拆除时间，保证安全保质保量的完成沉箱预制工作。

此外，大截面沉箱施工采用整体滑模施工埋入支承杆数量巨大，我公司正积极研发大吨位爬升器带动整体桁架，使模板逐步爬升，从而省去支承杆，节约施工成本。

（江苏万元模架工程有限公司　王锋　俞杰）

9.7 滑模整体拖带提升锥壳混凝土支模钢桁架技术应用

粮食、煤炭、钢铁、港口等工程建设中有大量的圆形混凝土筒仓，2000 年以前混凝土筒仓大量采用仓壁滑模，仓顶板采用满堂钢管支模架、高空安装贝雷架、高空悬索钢管支模架形式，近十多年来锥壳形顶板大量应用仓壁滑模后整体提升顶板支模钢桁架技术，桁架大梁安放在仓顶临时钢牛腿上，其上搭设钢管支模系统，取得较好业绩。

近三年来开始创新应用滑模整体拖带提升钢桁架新工艺，已在 70 余座筒仓建设取得良好效果。在此基础上，继续创新优化锥壳支模钢桁架，发明了伞状 H 形钢组合大梁、槽钢组合小型核心筒、多段定型组合可调长度拉杆；形成了利用滑模外平台支模悬挑檐沟、外平台整体下降作为仓外壁涂饰施工平台、大梁端部预埋吊筋承重节点等成套技术，大大增强安全性、降低成本，在湖南益阳粮仓建设中取得良好效果、具有广泛的应用价值。

9.7.1 工程概况

益阳粮食产业园项目（1～18）#浅圆仓为直筒型钢筋混凝土浅圆仓，平面布局为 3 列 6 排，浅圆仓内直径 25m，檐口顶标高＋24.700m；仓壁混凝土厚度 280mm，圆锥台形仓顶混凝土板厚度为 200mm，斜面坡度 27°，圆锥壳顶上环梁 500mm×650mm，内直径 5.3m，圆锥壳仓顶标高＋28.9m；下环梁在仓壁顶部，500mm×850mm，仓顶部混凝土栈桥及钢栈桥相连（图 9.7.1）。

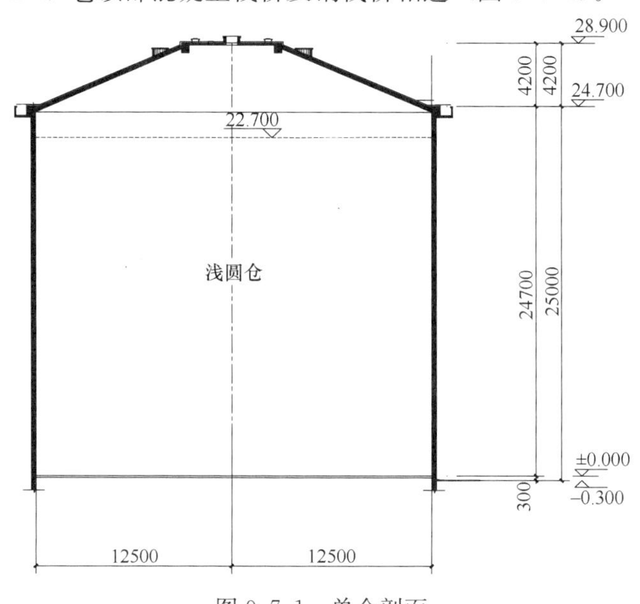

图 9.7.1　单仓剖面

9.7.2 创新滑模整体拖带提升钢桁架工艺

1 地面组装

在浅圆仓基础面组装滑模系统，仓内地面同时组装伞状钢桁架系统，为滑模时同步拖带提升钢桁架准备；见图 9.7.2-1～图 9.7.2-3。

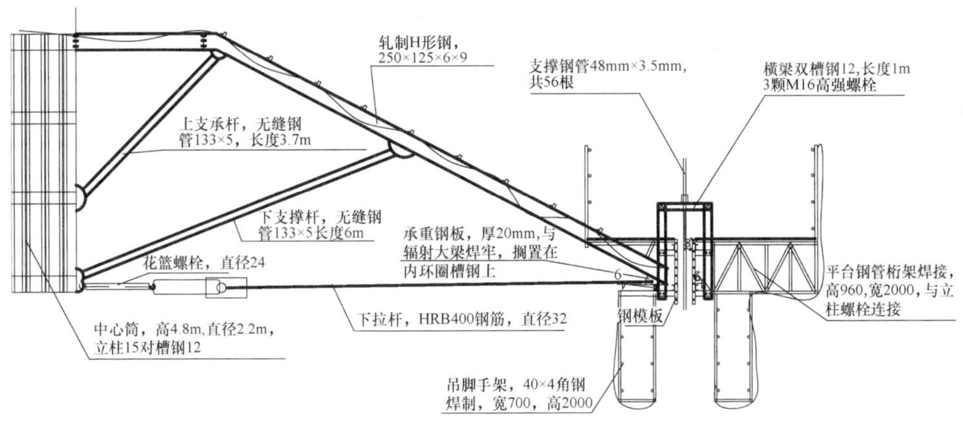

图 9.7.2-1 钢桁架组装杆件大样

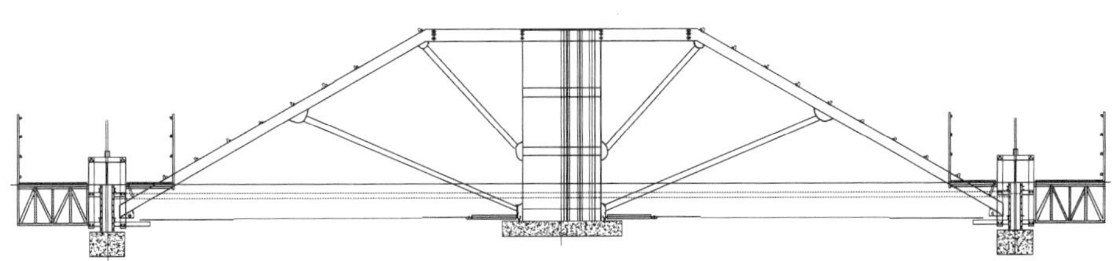

图 9.7.2-2 系统完整组装

图 9.7.2-3 实物组装过程

2 仓壁滑模

仓壁从基础面开始滑模，边滑边提升锥壳支模钢桁架，直到仓壁顶距环梁800mm处停止滑模，安装吊筋，浇筑顶部800mm高仓壁混凝土。

3 悬挑檐沟环梁、顶板施工

将滑模支承杆与提升架横梁焊接加固，拆除滑模液压千斤顶，在钢桁架上搭设顶板支模架，利用滑模外平台搭设檐沟支模矮架，檐沟及下环梁扎筋支模，下环梁与檐沟整体浇筑第一次混凝土。待环梁养护约一周、强度达70%以后，进行第二次顶板混凝土浇筑，见图9.7.2-4。

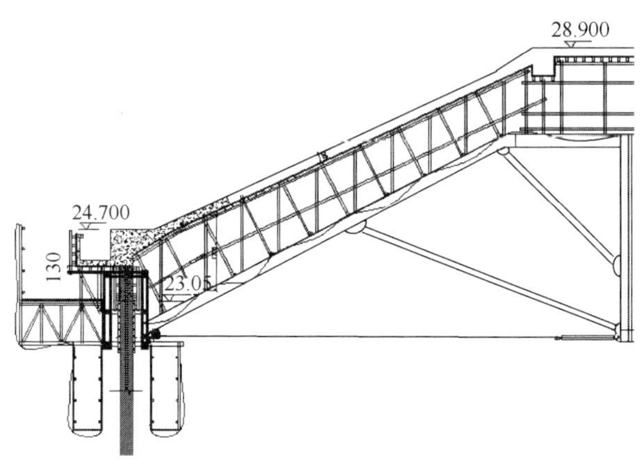

图9.7.2-4 悬挑檐沟、环梁施工

4 钢桁架下降

锥壳顶板混凝土强度达到设计强度100%后，拆除锥壳模板及支模架，在顶板预留孔内挂15台10t电动倒链，电动倒链下部与钢桁架端部拉紧固定，拆除滑模模板、割断仓内提升架横梁，钢桁架整体及顶板支模架同步缓慢降落地面，在仓内地面拆卸分解桁架，运至仓外，见图9.7.2-5。

5 外平台下降

电动倒链挂到筒壁外侧吊点，滑模外平台同步降落，施工人员站在外平台进行筒壁外涂饰施工，边涂饰边下降外平台，直至地面，见图9.7.2-6。

应用滑模整体拖带钢桁架至仓顶新工艺，滑模系统与钢桁架系统二合一，工艺流程简单，组装快速，没有悬空危险作业，安全保证，工效提高。

而滑模后提升钢桁架工艺中，需要在仓壁顶部安装提升支架和电动倒链，高空焊接钢牛腿工作，仓顶安装临时提升架等危险性较大的作业，安全危险性大，益阳有9座仓顶板施工采用此方式，见图9.7.2-7、图9.7.2-8。

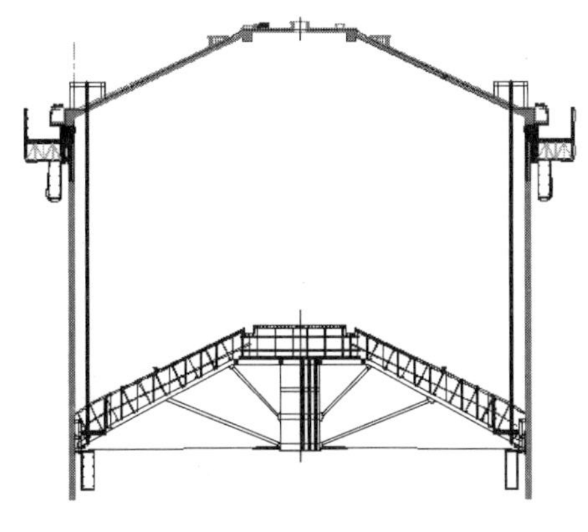

图 9.7.2-5 钢桁架整体下降

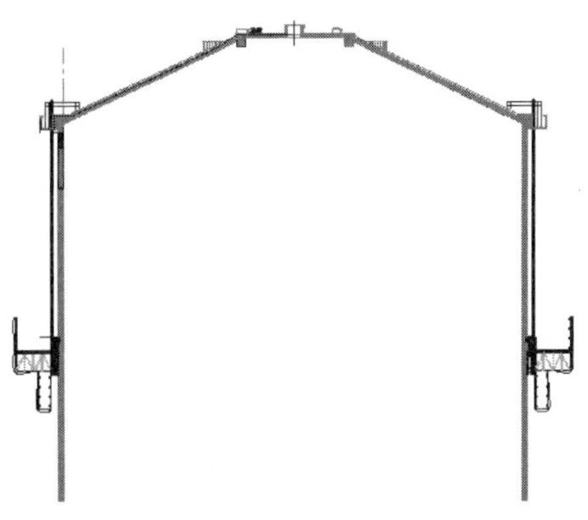

图 9.7.2-6 滑模外平台随涂饰整体下降

图 9.7.2-7 滑模后提升钢桁架

图 9.7.2-8 后提升钢桁架、焊接临时钢牛腿

9.7.3 钢桁架结构体系优化设计

1 核心筒轻量化设计

核心筒为整个钢桁架体系中受压关键部位，以往采用无缝钢管组合圆锥状核心筒、整根大直径钢板卷管核心筒方式，本次采用槽钢组合成小直径圆柱，核心筒外侧与钢桁架杆件接触面均为平面，便于直接使用高强螺栓连接，避免钢管需要焊接连接板，大大减轻核心筒重量，充分发挥小直径圆筒受压能力强特性，便于运输安装。

核心筒采用双［12 槽钢组合截面竖杆，上下共 4 道槽钢环箍将竖杆连接为一圆筒体；上环箍连接钢桁架大梁，采用（10～18）mm 钢板弯圆后焊制成［30 槽钢，中环箍及下环箍采用［22 槽钢弯成圆环，高强螺栓与竖杆连接，中下环箍槽钢外侧焊接双耳节点钢板，与双层斜腹杆、下拉杆销轴连接；核心筒见图

9.7.3-1、图 9.7.3-2。

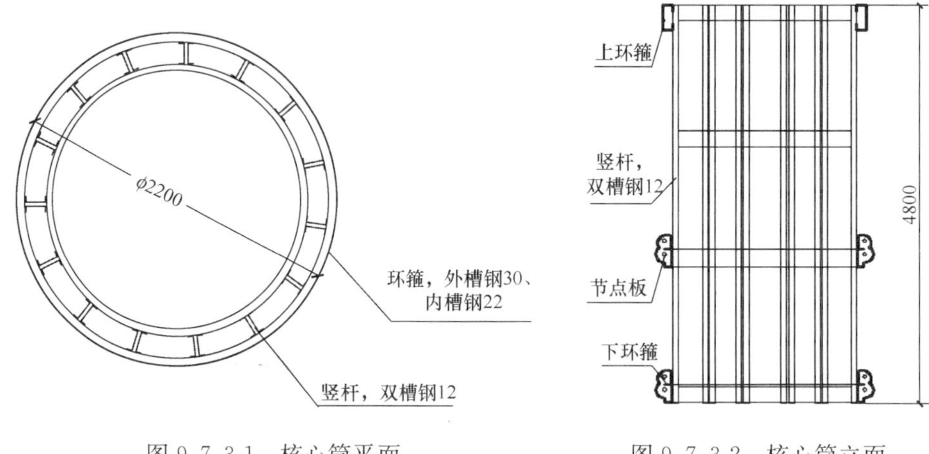

图 9.7.3-1　核心筒平面　　图 9.7.3-2　核心筒立面

2　伞状钢桁架大梁设计

钢桁架采用伞状结构，大梁采用 H250×125 型钢，上端用高强螺栓连接核心筒，下端直接放置在滑模环形槽钢表面，中间用插销与两根斜撑钢管连接，受力模型为三跨连续梁，每根大梁独立受力，体系简单；伞状钢桁架杆件数量少，大梁之间用普通环形钢管扣件构造连接，避免侧弯，斜撑杆与大梁及核心筒之间均采用插销连接，安装方便快捷，组装精度要求低，不需要焊接动火，见图 9.7.3-3。

空间钢桁架则需设置多圈环形连系型钢梁，每根环梁螺栓连接大梁，精度要求高，环梁长度往往与大梁间距不准，安装过程需要动火切割焊接；空间钢桁架杆件规格型号多，组装复杂，需搭设组装平台；见图 9.7.3-4。

图 9.7.3-3　伞状钢桁架

图 9.7.3-4　大型核心筒及空间钢桁架

3　下弦拉杆调节节点

下弦拉杆连接大梁与核心筒，承受较大拉力，保证钢桁架形成空间体系的重要杆件。为适应不同直径筒仓需求，钢桁架需要组装成不同直径的空间体系，下弦拉杆应有长度调节和紧固功能。

拉杆采用定尺钢筋、拉环、可调花篮螺栓三者组合方式，可组合成不同长度：定尺钢筋采用 9m 长直条 32mmHRB400E 钢筋，两端焊接节点钢板；拉环采用 ϕ25mm 圆钢焊制，根据不同直径筒仓焊制成不同长度；花篮螺栓采用 1½″两端带 U 形卡环的可调花篮螺栓，起到紧固功能。

定型可调长度拉杆，与分段组合式不同长度大梁配合使用，适应于 21m～30m 不同直径筒仓需求；见图 9.7.3-5。

图 9.7.3-5　下弦可调组合拉杆

9.7.4 组合成套技术

1　滑模系统与钢桁架系统滑动支座技术

钢桁架大梁承受顶板混凝土施工全部荷载，采用 HN250×125 型钢，共 30 根，呈斜面辐射状分布，上端与核心筒环箍槽钢连接，下端与下弦拉杆连接。

安装滑模系统时，在门架下部焊接短槽钢牛腿，牛腿上面焊接整圈 [10 槽钢环梁，钢桁架大梁端部耳板放置在环梁上，形成滑动支座，滑模门架上升时，钢桁架大梁即被拖带提升。该提升支座为滑动型，可使钢桁架适应滑模系统上升时的高低差变形，钢桁架内部自动调节内力，钢桁架之间不互相产生应力，对滑模支架不会产生附加水平应力；见图 9.7.4-1、图 9.7.4-2。

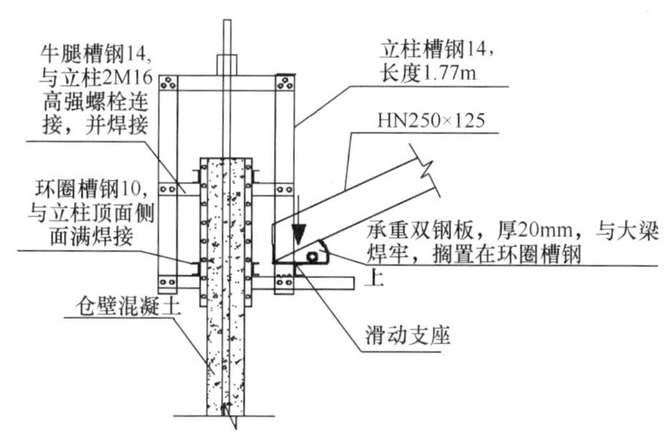

图 9.7.4-1　滑动支座侧立面

图 9.7.4-2　滑动支座实物图

2　大梁端部承重节点

钢桁架承担上部顶板混凝土及施工荷载达 330t，直接关系到顶板施工的安全；在仓顶滑模到顶后、仓顶环梁施工时，每根钢梁位置处预埋一根U形ϕ20mm吊筋，下端兜住钢桁架大梁，上端锚固进入仓壁内800mm，加固大梁端部承载节点。吊筋承受静力荷载，选用高强HRB400钢筋；环梁混凝土强度达70%以后，再二次浇筑顶板混凝土；顶板施工过程中的荷载（直径25m筒仓计算为3200kN）由吊筋主要承担。

采用在大梁端部增加吊筋承载，牢固可靠、简单适用，适应于目前多种不同钢桁架大梁端部承载方式的加固，更易于施工，消除施工偏差造成的安全缺陷，已有大梁端部固定方式不作改动即可施工，为钢桁架承受仓顶板混凝土施工荷载提供安全保障，见图9.7.4-3～图9.7.4-6。

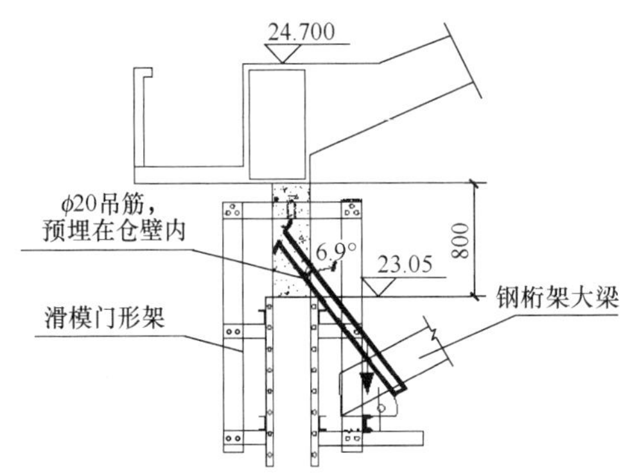

图9.7.4-3 吊筋与门形架共同承重

图9.7.4-4 吊筋与门形架共同承重

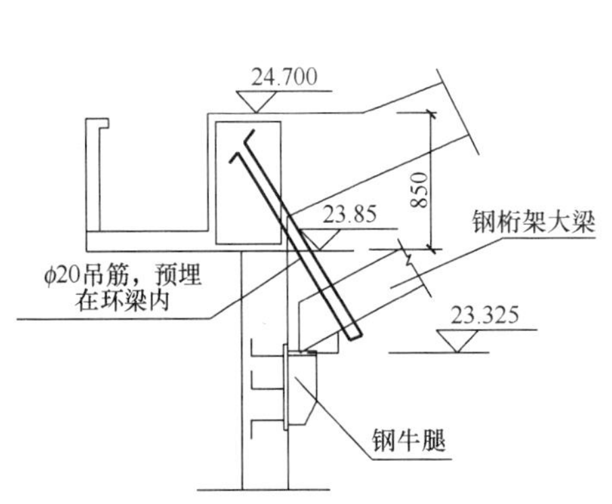

图9.7.4-5 吊筋与牛腿共同承重

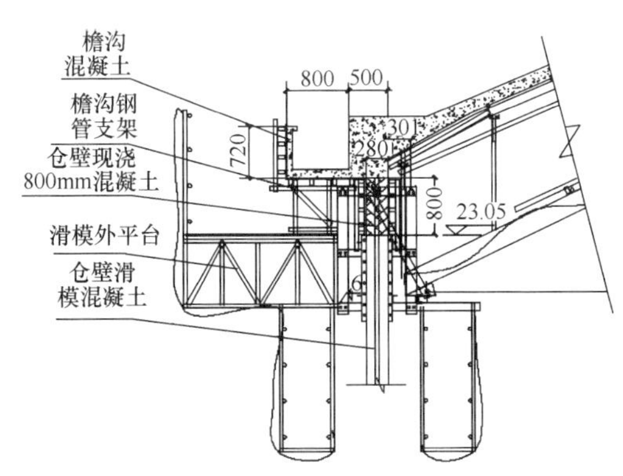

图9.7.4-6 外平台矩形钢管桁架

钢桁架端部吊筋节点计算：

吊筋采用HRB400、直径20mm钢筋制作成U形，进入混凝土锚固长度800mm；钢筋截面积$A=2\times3.14\times10^2=981\text{mm}^2$，可承受拉力为：

$$T=360\text{MPa}\times628\times\cos25.90=360\times628\times0.9=203\text{kN}>G_h=1.4\times107.6=150\text{kN}$$

吊筋满足承重荷载要求。

3 利用滑模外平台承载悬挑檐沟设计

设计优化滑模外平台结构，将原来的三角形钢支架改为可承担较大荷载的钢管焊接矩形钢桁架；钢桁架宽度为 2m，高度 960mm，每榀矩形钢桁架上弦及下弦之间用三道环形钢管扣件连接，形成空间稳定结构，结构外侧周圈立面设置钢管斜撑，抵抗水平力；环形钢管上面铺设木方及木模板，作为滑模期间混凝土浇筑、钢筋临时堆放操作平台，待滑模结束后，该平台作为悬挑檐沟支模架平台，承受檐沟混凝土施工荷载。

钢桁架比三角形支架更宽、刚度更大，既满足仓壁滑模施工要求，也满足悬挑檐沟支模宽度和混凝土浇筑荷载要求；内、外平台上部设置 1.8m 高防护栏杆，平台下挂设 2m 高、0.7m 宽的内、外吊脚手架，铺设木跳板并挂设安全网，便于施工人员进行筒壁的混凝土压光作业。

利用滑模外平台支撑悬挑檐沟，仓壁滑模距檐沟 800mm 即停止滑模，现浇 800mm 高度仓壁混凝土，该工况下滑模外平台距离檐沟底部还有 800mm 高度空间；滑模门架横梁嵌固在仓壁混凝土内，为外平台及檐沟、环梁混凝土荷载提供了可靠的支撑；在外平台上搭设檐沟底模钢管支撑架及模板，扎筋后浇筑檐沟及环梁混凝土，施工操作安全、简便，大大降低檐沟施工安全风险；见图 9.7.4-7。

悬挑檐沟目前普遍施工方法是滑模到顶后，拆除滑模系统，在混凝土仓壁顶部另外安装檐沟支模三角形钢支架，滑模期间仓壁预埋三角钢支架固定螺纹套筒，加工及预埋工作量大，一次性消耗材料多，不能周转，安装及拆除檐沟模板、三角钢支架均在高处悬空作业，施工过程具有很大危险性，目前这种方式在筒仓悬挑檐沟施工中仍在大量采用；见图 9.7.4-8。

图 9.7.4-7 滑模外平台支撑悬挑檐沟

图 9.7.4-8 后安装三角支架施工檐沟

4 外平台上面安装轨道小车

在筒仓群施工中，塔吊半径可能不满足滑模混凝土浇筑要求，此时可在外平台上面安装轨道小车，解决滑模混凝土水平运输难题。

5 外平台作为外壁涂饰施工平台

通过在环梁侧面预埋吊环，安装电动倒链，下部连接滑模外平台，电动倒链驱动外平台整体上下提升，作为仓外壁涂料施工平台，不需要搭设全高外脚手架。

9.7.5 结束语

“大直径筒仓滑模整体拖带提升锥壳混凝土支模伞状钢桁架成套技术”可应用于不同直径筒仓仓壁滑模及锥壳顶板施工，中国五冶集团上海有限公司、宁夏亿丰建设工程公司在益阳粮食产业园项目浅圆仓工程中创新优化，改进了滑模门架内侧环梁滑动支座，同步拖带提升伞状钢桁架，设计制作了矩形钢管钢桁架外平台作为悬挑檐沟施工平台及外壁涂饰施工平台，采用吊筋组合滑动支座承载钢桁架大梁端部承重节点，研制组合可调节长度拉杆等成套技术，该成套技术的实施对提高浅圆仓施工安全保障、降低施工成本、提升施工工效等方面取得良好效果，获得了显著的经济效益和社会效益，在类似筒仓施工中可大量推广。

（五冶集团上海有限公司 苏元洪　宁夏亿丰建设工程有限公司　李彦武）

9.8 郑州国际机场塔台核心筒“滑框提模”施工技术

9.8.1 工程概况

本工程为郑州新郑国际机场二期扩建空管工程塔台小区 T2 塔台工程，塔台高度为 93m，其中主体混凝土结构为 87m，工程结构为钢筋混凝土核心筒结构，平面为类椭圆形结构，塔台外围墙体设计为双曲面清水混凝土，墙体厚度为 160mm，高度为 85.7m，以楼层高度为横向明缝分格，以蝉缝作分块，以多弧线半径为渐变曲面。核心筒墙体标高从−5.8m 至 84.5m，墙体结构厚度 500mm 不变，电梯井墙体厚度 200mm，核心筒和外围墙体之间为框架梁柱板结构，建成效果见图 9.8.1。

针对工程实际情况，公司采取了一系列措施，保证了工程按期完工，现将工程快速施工关键技术简单总结。

图 9.8.1 T2 塔台远眺

9.8.2 核心筒滑框提模施工技术

塔台工程结构为钢筋混凝土核心筒结构，平面为类椭圆形结构，核心筒采用滑框提模施工工艺进行施工。滑框提模施工是结合塔台核心筒分部工程的结构特点，采取的新工艺，它的提升系统采用传统滑模的提升形式，模板系统则采用组合大模板，是现有的滑模施工和提模施工相结合的新工艺。

滑框提模施工起始标高为±0，终止标高+84.5m，操作平台采用钢管桁架式平台，一次提模施工一层筒体，浇筑一层水平结构，提一打一，流水作业爬升。

1 液压提升系统的组成和布置

液压系统千斤顶使用 6t 千斤顶，布置 30 榀开字架，核心筒墙体宽 500mm，每榀提升架设置 2 台千斤顶，电梯井墙体宽 200mm，每榀提升架设置 1 台千斤顶，共计 50 台千斤顶。提升架和千斤顶布置见图 9.8.2-1、图 9.8.2-2。

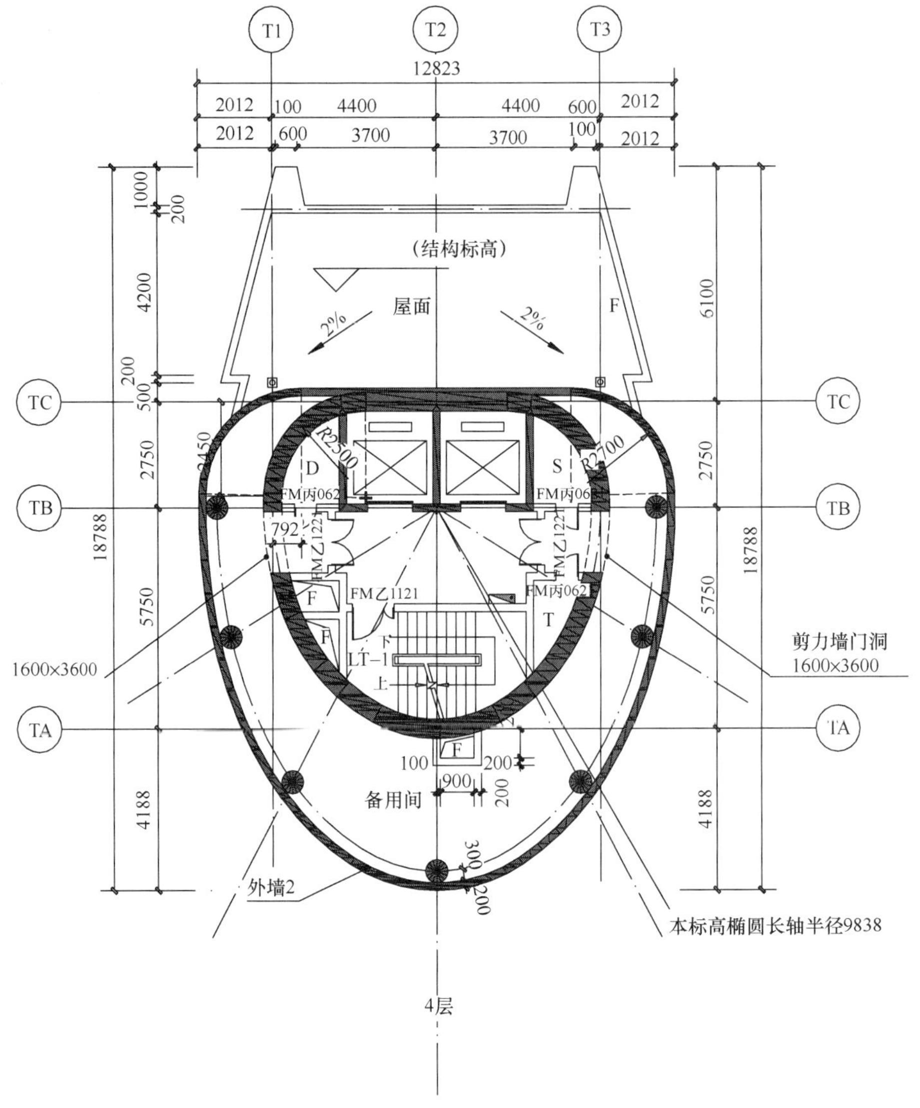

图 9.8.2-1　结构平面布置

支承杆为 $\phi48\times3.5$ 普通钢管，提升架立柱为尺寸 2.8×2m，用 $\phi48\times3.5$ 普通钢管焊接成格构式构件；上、下横梁均为双拼 10 号槽钢，立柱与横梁螺栓连接。核心筒内部操作平台采用 $\phi48\times3.5$ 钢管拼装成钢管桁架平台，中间根据步梯施工的需要适当留孔。外平台为悬挑平台，宽度为 2.2m，高为 1.2m，再绑扎木方，铺设木板。在脚手架的内外立柱上，下挂操作脚手架，上铺脚手板，设栏杆，外包安全网，提升平台系统见图 9.8.2-3。

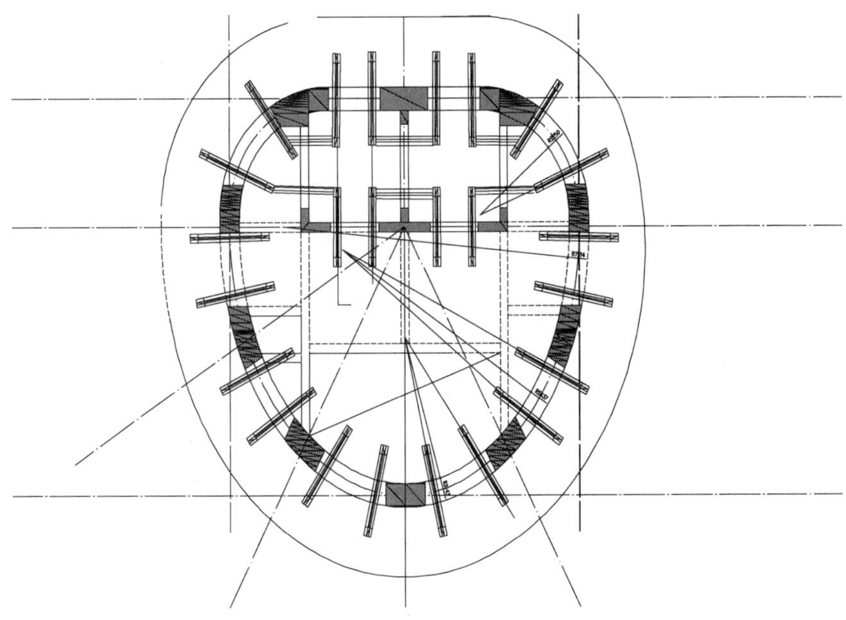

图 9.8.2-2 提升架及千斤顶布置

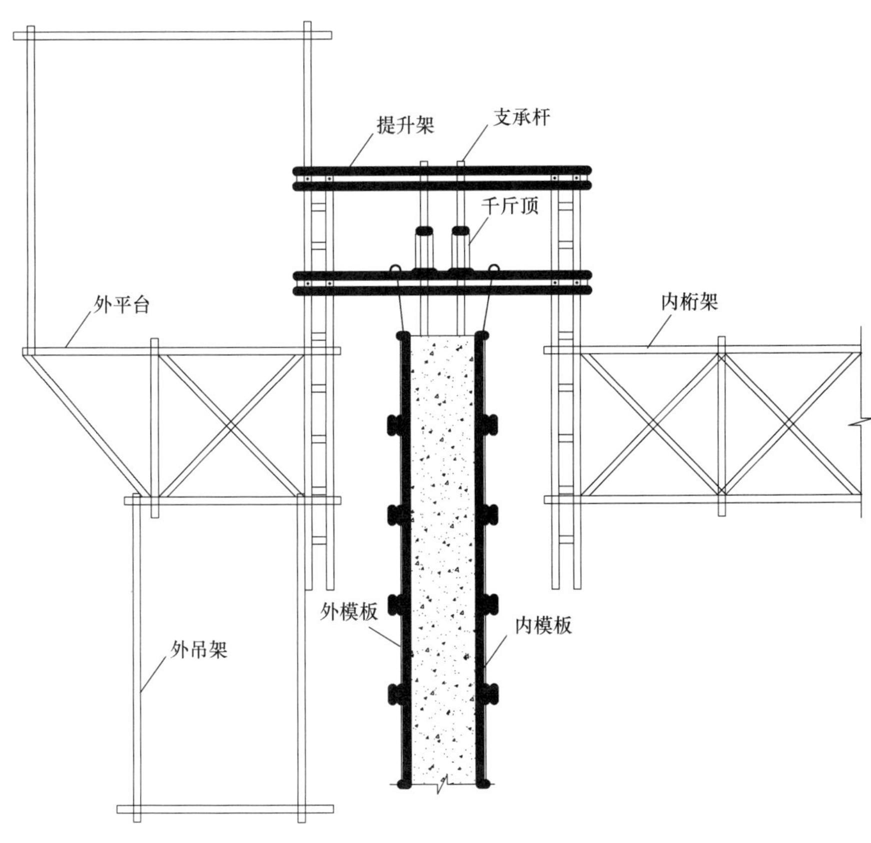

图 9.8.2-3 提升平台系统

2 模板体系选用

本工程核心筒层高有 5.2m、5.0m、4.2m、4.5m、3.9m，共五种尺寸，结合此次提模施工工艺特点，本工程内外模板均使用组合定型大钢模，模板高度 2850mm，按两板施工一层，第一模按模板高度浇筑混凝土，第二模浇筑剩余层高，然后施工水平层结构。

3 滑框提模施工工艺流程

浇筑完第一板后，提升平台并同时绑扎钢筋，顶升绑扎到楼板底标高后，加固爬杆保证平台的稳定性。混凝土凝固后拆模，利用开字架横梁，用电动葫芦提升钢模板到所需标高，合模后浇筑第二次混凝土，每层混凝土剪力墙分两次施工。每层施工到板底标高时，脱模后开始空提平台，边提升边绑扎钢筋，当内模板下口提高到楼板上平面，支设楼板和放射梁模板；吊运模板和梁钢筋至钢平台上，人工运至楼板模板上，浇筑楼板和梁混凝土；如图 9.8.2-4 所示。楼梯采用常规支模施工，楼梯施工建筑材料从内平台孔洞放入。

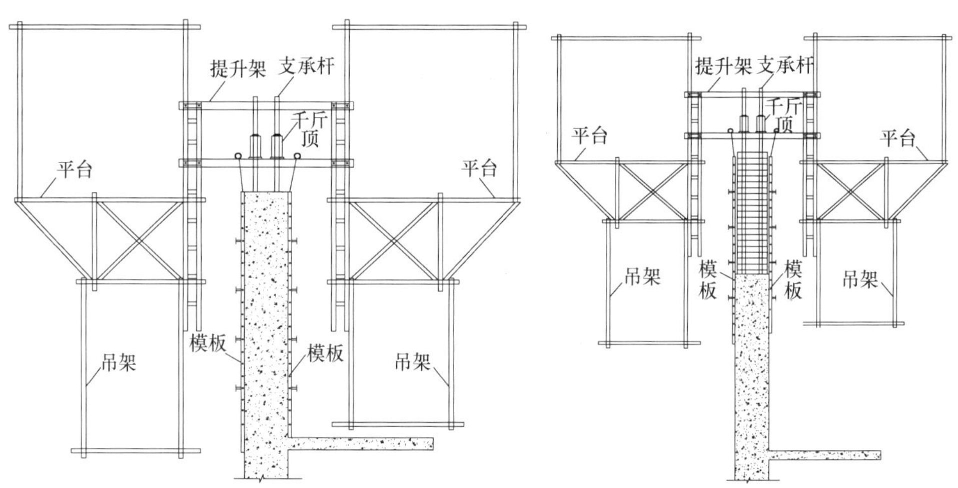

图 9.8.2-4　滑框提模示意

4 变模和加固措施

经过几层施工以后，楼层高度变低，变为 4.2m 和 4m，为进一步加快施工进度，模板加高到 3.8m，剪力墙由施工到板底改为施工到梁底，梁高 800mm，和水平层施工相结合，这样，24 小时一个流程，一个流程施工一层剪力墙。

变模以后，随之而来的问题是，每一次空滑高度由 4m 增加到 5m。为增加滑升平台的稳定性，必须对每根爬杆进行加固，要求每相邻两根爬杆要焊成稳定的桁架结构。同时将电梯井内平台向下延伸，施工成四方空间立体桁架，延伸到已施工完楼层，将桁架用对拉螺栓固定在剪力墙上。滑升时解开，停滑时锁死。

5　千斤顶提升荷载和支撑允许承载计算

千斤顶选用GYD60型滚珠式千斤顶，千斤顶的设置数量计算见下：

$$N=\frac{\sum F}{P\times\varphi}$$

式中　N——千斤顶需要数量（只）；

$\sum F$——全部荷载综合，包括：平台自重、施工荷载、摩擦阻力（kN）；

P——千斤顶设计提升力（kN）；

φ——千斤顶整体拆减系数，与平台刚度及设计系数有关，本工程 φ ＝0.5。

6　提升平台上总荷载计算

1）恒载计算：

（1）平台自重：

A　平台桁架：400×3.85＋1500×2＝45.4kN

B　外挑平台：(2.2×4＋2×4＋1.2×2)×30×3.85＋22×30×2＋2×30×3.85×2＋2×26×3.85×2＝44kN

C　内外平台上木板、方木：15kN

（2）吊脚手架：

A　钢管、扣件：(2×30×0.888＋5.2×3.85＋10×2)×20×2＝22.7kN

B　吊脚手架上架板：2×15×20×2＝12kN

（3）模板：

模板（含主次龙骨）：150kN

（4）开字提升架：150×30＝45kN

（5）液压千斤顶：28×50＝14kN

（6）控制台：620×1＝6.2kN

（7）电焊机：250×4＝10kN

2）施工活载计算

（1）操作人员：80×30＝24kN

（2）平台堆料：50kN

（3）混凝土对模板冲击力：10kN

$$\sum F=448.3\text{kN}$$

n＝448.3÷30＝14.93个，取15个千斤顶。

每台千斤顶受荷为：448.3÷50＝9kN＜［P］顶/2＝30kN

实际使用数量为50只，满足需要。

支承杆：本工程选用ϕ48钢管（壁厚3.5mm）做为支承杆，为使提升力与整体刚度均得到提高，其数量与千斤顶数量相同，支承杆的允许承载力为：

$$P_0=\alpha \cdot f \cdot \oint \cdot A_n$$

式中 P_0——支承杆的允许承载力；

f——支承杆钢材强度设计值，取 20kN/cm^2；

α——工作条件系数，取 0.7～1.0（本案取 0.7）；

A_n——支承杆的截面，ϕ48×3.5 钢管为 4.89cm^2；

$\oint$——轴心受压杆件的稳定系数；按现行《钢结构设计标准》GB 50017 附表得到当 L—支承杆计算长度（cm），取千斤顶下卡头到浇筑混凝土上表面距离，本方案取 350cm（即最大空滑高度）时，$\oint$ 值应取 0.26。

所以 $P_0=\alpha \cdot f \cdot \oint \cdot A_n=0.7\times 20\times 0.26\times 4.89=17.8$kN

前面计算得到总荷载$\sum F$ 为 448.3kN，本方案实际千斤顶数量为 50 台，支承杆为 50 根，单根支承杆实际承载力为：

$$P_1=448.3/50=8.97\text{kN};$$

由于 $P_0=17.8\text{kN}>P_1=8.97\text{kN}$，所以正常滑升时，支承杆能满足要求。

9.8.3 结论

1 滑框提模工艺发扬了滑模的优点，为施工提供了内外操作平台，将剪力墙和水平层施工分开，避免滑模水平层施工的难题；使提升设备和模板标准化，方便了施工，加快了进度，降低了成本，创造了国内塔台建设速度新纪录。将来在百米左右高层核心筒施工中，清水混凝土塔体、清水仓体施工等应用前景十分广阔。

2 滑框提模工艺获得实用新型专利，郑州国际机场二期工程，包括塔台，获得了鲁班奖。

（平煤神马建工集团有限公司　李勤山　李国耀　汪　源　唐向伟）

9.9 “吊架倒模”在240M烟囱筒壁施工中的应用

为了提高烟囱外筒壁的观感质量，保证筒壁表面美观、坡度顺畅、模板拼缝及螺栓孔有规律，且能体现出模板缝、螺栓孔美观的效果。同时消除了模板缝错台、模板缝多、螺栓孔熊猫眼等现象，进而达到饰面清水混凝土效果，确保实现大唐三门峡电厂三期1000MW工程创建国家优质工程（金奖）的目标。采用了吊架倒模提升装置施工工艺，并制定有针对性、具体、细部的筒壁工程施工技术，以期为类似工程施工提供几点借鉴。

9.9.1 工程简介

大唐三门峡电厂三期1000MW机组烟囱工程，其外筒为钢筋混凝土结构，排烟内筒采用双玻璃钢内筒。处理地基采用灌注桩，基础环板式为钢筋混凝土式结构。烟囱零米半径为18.55m，零米壁厚650mm，高240m，出口直径21m。悬挂玻璃钢内筒两根，直径8.5m（图9.9.1）。

图9.9.1 工程实体

9.9.2 吊架倒模提升装置设计

吊架倒模：用千斤顶提升机具带动，由悬挂于辐射梁上的吊架、操作平台组成的，模板安装与提升机具无关联的，且模板与混凝土之间无相对滑动，进行混凝土结构施工的方法。

吊架倒模提升装置施工工艺是由液压吊架提升装置系统、三层模板系统、垂直运输系统组成。

1 液压吊架提升装置系统

由液压提升装置、中心鼓圈及辐射梁、拉索、钢圈、外吊架、井架、抱杆等组成施工平台，用于筒壁施工期间材料、设备临时堆放及施工材料、人员的水平输送。辐射梁端部外悬挂三层施工吊架，作为筒壁模板拆卸、钢筋绑扎等施工过程的操作平台。平台顶面设置一根抱杆，形成简易的垂直运输工具，用于钢筋等小型材料的垂直吊运。烟囱筒壁混凝土内均匀埋设爬杆，由穿心式液压千斤顶通过爬杆向上爬升，从而带动辐射梁上升来实现液压平台提升的过程（图 9.9.2）。

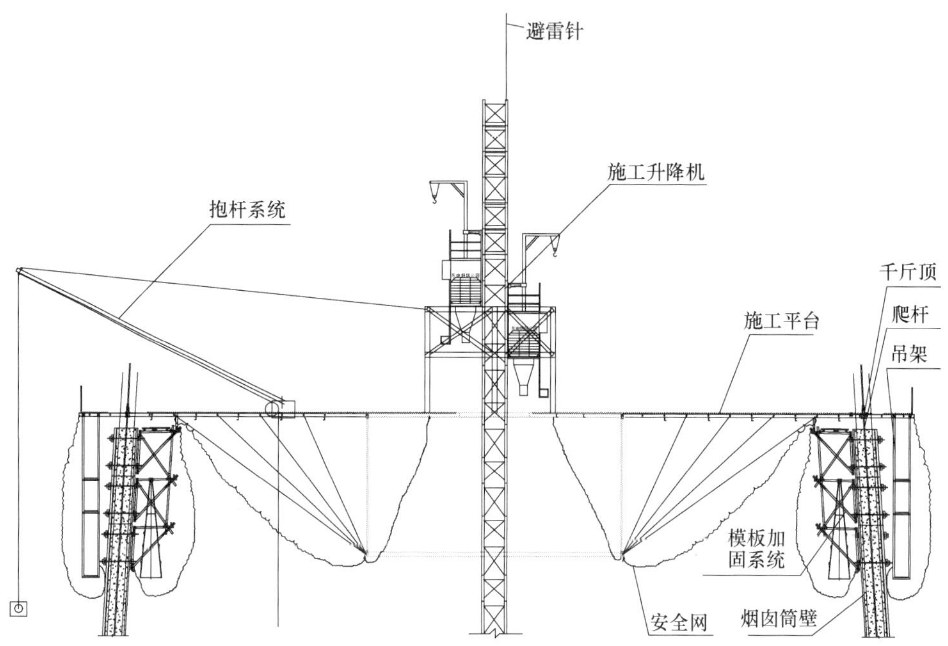

图 9.9.2 烟囱筒壁吊架倒模提升装置施工示意

2 模板系统

由大块复合模板、钢模板、模板支撑加固系统组成。

3 垂直运输系统

由多功能施工升降机、抱杆系统等组成。

9.9.3 液压吊架倒模提升装置应用

1 液压吊架提升装置原理

液压吊架提升装置是通过沿埋设在烟囱筒壁结构内的液压千斤顶支承杆（又叫爬杆）而提升的一种高处作业施工平台系统，它是随着筒壁结构施工高度增高而逐步上升的一种大型提升设备，此提升设备是依靠液压千斤顶通过爬杆而提升的工作原理。依靠此平台系统进行倒（翻）模施工。

2 施工顺序

筒壁第 n 节（筒壁每节高度为 1.5m）竖向钢筋安装⟶液压吊架提升装置提升 750mm 高（第 n 节中部）⟶绑扎第 n 节环向钢筋⟶爬杆加固⟶液压吊架提升装置再提升 750mm 高（第 n 节顶部）⟶继续绑扎第 n 节环向钢筋⟶第 $n-3$ 节模板拆除（封堵对拉螺栓孔与混凝土面处理）⟶第 n 节模板安装⟶浇筑第 n 节混凝土→循环（图 9.9.3）

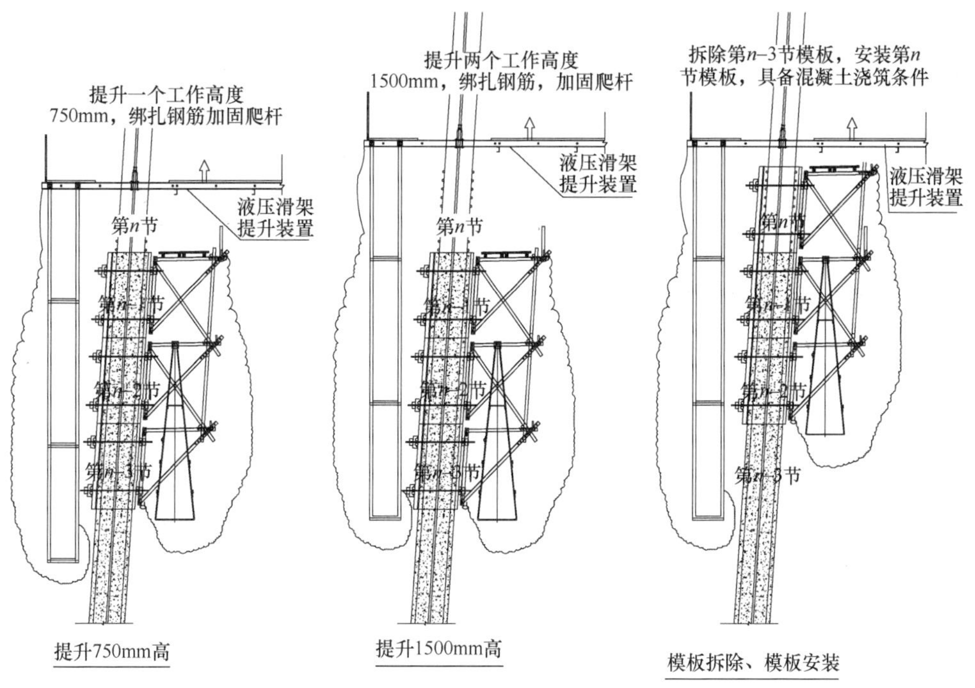

图 9.9.3 液压吊架提升装置施工顺序

3 液压吊架提升装置运行

吊架提升装置是通过埋设在筒壁内爬杆提升的，故此对新浇混凝土强度不低于 0.4MPa 的要求，且竖向钢筋安装完，才能进行提升。液压吊架提升装置按工作高度 750mm 提升进行控制。

一次提升工作高度 750mm 后，根据坡度进行调整爬杆半径值。再进行此段高度钢筋绑扎，爬杆与钢筋骨架牢固连接后，开始下一个 750mm 工作高度提升，再进行本节剩余钢筋绑扎，具备支模条件，完成本节吊架装置运行。

4 液压吊架提升装置监测

观测液压吊架提升装置扭转、偏心的方法是在平台上架设水准仪进行测量，在轴线爬杆上进行垂直度测量和标高测量并做好标记，从标记位置用尺量至辐射梁顶面，如果数据最大偏差在 40mm 之内，相邻最大偏差在 20mm 之内则可视为平台水平，如果平台任意 3m 高扭转 30mm 内，累计扭转 200mm 内可视为无扭转，否则应进行平台纠扭。以烟囱中心施工升降机的标准节测量平台漂移情况，如果累计误差超过 5cm，需进行纠偏。

5 液压吊架提升装置防偏及纠偏措施

1）利用千斤顶的升差控制。

2）操作平台上布料均匀。

3）控制爬杆坡度一致，且均向心倾斜。

4）及时加固弯曲的爬杆。

6 液压吊架提升装置防扭及纠扭措施

1）利用千斤顶的升差调整。

2）操作平台上均匀布料。

3）垫楔块，垫块位置与扭转方向相反，迫使支承杆反向止扭。

4）及时加固弯曲的爬杆。

7 工艺质量控制措施

千斤顶应受力均衡布置，应沿筒体结构筒壁均匀布置或成组等间距布置；其间距应根据结构部位的实际情况、千斤顶和支承杆（爬杆）允许承载能力以及模板和围圈的刚度确定。

液压控制台油泵的额定压力不应小于 12MPa，其流量可根据所带动的千斤顶数量（每只千斤顶油缸内容积及一次给油时间）确定。

支承杆（爬杆）直径应与千斤顶的要求相适应。

液压吊架提升装置组装及运行的允许偏差及要求应满足表 9.9.3-1 的规定。

表 9.9.3-1 液压吊架提升装置组装及运行验收标准表

序号	内容	允许偏差（mm）
1	中心鼓筒位置偏移	10
2	中心鼓筒水平偏差（最高与最低）	3
3	任意同一半径处相邻辐射梁间距偏差	5
4	相邻辐射梁标高偏差	5
5	千斤顶布置半径偏差	5
6	相邻千斤顶间距偏差	5
7	千斤顶内排气	无气体
8	液压系统在试验油压下持压 5min	无渗油和漏油
9	支承杆轴线与千斤顶轴线偏斜度	2‰

8 提升装置设计复核

委托有资质的郑州科润机电工程有限公司进行设计复核。

计算荷载选择原则：永久荷载分项系数取 1.2，可变荷载分项系数取 1.4。

基本风压按 0.6kN/m^{2}考虑。按规范要求验算挠度应采用荷载标准值，计算承载力应采用荷载设计值。计算荷载见表 9.9.3-2 所示。

表 9.9.3-2 平台荷载分类表

荷载类型	荷载	荷载作用位置及方向
永久荷载	1. 铺板自重	重心位置，竖直向下
	2. 安全网自重	环梁与辐射梁相交节点处，竖直向下
	3. 液压控制台	井架与鼓筒上平杆相交处，竖直向下
可变荷载	4. 施工人员和材料重量	平台铺板处，竖直向下
	5. 抱杆处产生的荷载	沿抱杆方向分到井架与平台上
	6. 钢筋重量	15.5m～17m 环带面积 1/4 的节点处，竖直向下
	7. 手推车及振捣棒	半径 11.82m 线上，靠近抱杆竖直向下
	8. 电缆绳索	鼓筒下环靠近抱杆处，竖直向下
	9. 风荷载	井架和鼓筒上平面往下 1/3 高度处，按最不利方向
	10. 卷扬机产生的荷载	抱杆支点处，竖直向下

经设计复核，千斤顶选用 108 台均匀布置在筒壁上。

9 提升装置应用效果

运用液压吊架提升装置工艺施工烟囱外筒壁，其外观质量远远好于滑模施工工艺、电动提模工艺。它消除了滑模施工工艺的筒壁外观滑痕、拉裂等现象；消除了电动提模工艺筒壁外观的轨道痕迹；并为作业人员提供安全稳定可靠的高处作业大平台。

烟囱筒壁设计的大块模板（3m×1.5m）倒模工艺，是依靠吊架提升装置完成倒模的，是为倒模施工提供安全稳定可靠的施工作业大平台。此吊架装置是最有效的、最科学的设计。经过大唐三门峡电厂三期烟囱工程实践，成型后烟囱筒壁混凝土表面不仅仅是减少模板拼缝数量，消除对拉螺栓孔熊猫眼现象，利用分格明缝消除模板错台现象，有规律的模板组合拼装等。主要是为公司在大块模板应用于烟囱吊架倒模工艺中积累丰富、宝贵的施工经验。同时，更是为开发火力发电厂烟塔工程建设市场奠定了高精品工程的口碑。此工艺的应用更有效提升了公司信誉。

10 吊架提升装置存在的不足、改进、建议

1）液压吊架提升装置系统中的中心鼓筒直径尽可能减小。

2）施工平台上的活荷载尽量分开均匀布置，特别是当抱杆工作时，活荷载尽量不要堆放在靠近抱杆附近的辐射梁跨中位置处，对平台结构不利。

3）由于该平台的使用属于高空作业，使用时应规范、合理，需要有详细的操作规程，严格的管理和检查制度。禁止超载、带伤使用。

4）按照相关规范进行模拟施工全过程的载荷试验，设想各种可能出现的情况，试验验收合格后，方可投入使用。

5）施工平台提升过程中的荷载较正常工作荷载小，反而会比较麻痹，顶升过程须加以注意，保证顶升安全。

9.9.4 筒壁大块复合模板工艺

1 模板策划

为满足烟囱外筒壁饰面清水混凝土（表面颜色基本一致，由有规律排列的对拉螺栓孔眼、明缝、蝉缝、假眼等组合形成的，以自然质感作为饰面效果的清水混凝土）的要求，筒壁外模板均采用硬质纯桦木优质覆模多层板，板材材质全部为桦木（即面板及中间各层夹心板全部为桦木材质），板厚 18mm、标准尺寸 1.5m×3m，层间采用酚醛树脂胶粘合，面层为酚醛树脂涂料覆膜。

模板水平缝混凝土面设分格明缝宽度为 25mm，深度为 8mm。模板对接竖缝在混凝土面为蝉缝形式，且有规律排列。达到了对拉螺栓孔有规律排列。分格明缝必须采用专用定制 PVC 模具，将此 PVC 模具与模板完全接触镶嵌。蝉缝为模板拼缝，每 5 节错开布置。

每 5 节模板竖缝及对拉螺栓孔在同一垂线上。即第 1 节至第 5 节模板的对拉螺栓孔竖向在同一垂线上，模板竖缝成一直线；以此类推，第 6 节至第 10 节的对拉螺栓孔竖向在同一垂线上，模板竖缝成一直线……螺栓孔和竖缝每 5 节模板为一组合。

2 模板验收质量要求

表面平整、看不到木质纹理且手掌推摸无波浪起伏感；胶结质量好，弱吸水性，小块样板经水浸泡 24h（或开水煮沸 4h）无明显变形；锯开断面材质均匀一致、无空鼓、无空缺、无断层、无开胶现象；表面涂层不起壳、不掉颜色。

3 模板加工

烟囱筒壁每节半径是随筒壁高度增高而按一定的坡度进行变化的，所以每节模板宽度均有变化。所以，一定仔细认真，严格按表 9.9.4 放样尺寸制作每块模板，严格按模板编号进行组装。根据表 9.9.4 首次制作十五层模板，然后再根据表 9.9.4 将拆除的模板再加工周转。如此反复进行倒模，直至烟囱外筒壁到顶。

外模板水平缝混凝土面设分格明缝宽度为 25mm，深度为 8mm。模板对接竖缝的混凝土面为蝉缝形式。分格明缝必须采用专用定制 PVC 模具，将此 PVC 模具与模板完全接触镶嵌。每块模板对拉螺栓孔水平间距不大于 1000mm，对拉螺栓孔竖向间距 512mm 和 513mm。

模板加工技术要求：

1）模板面板应清洁，无油污、墨线痕迹、铁锈、宜脱色的涂料等。

2）采用精密裁板机裁割，裁口尺寸平直、定位钻孔开孔。所有切口断面涂刷防水清漆闭水。

3）面板开孔器钻孔时，在孔眼即将钻透的瞬间，应减轻下压力度，尽可能避免面板表层不规则劈裂。

4）重复周转使用的模板要检查面板有无破损、钉眼、孔眼、混凝土残渣、大的鼓包皱褶、起层翘曲等缺陷。对轻微破损应修复，钉眼、孔眼应采用高强腻子填补、刮平、砂光，刷闭水清漆（2～3）道；鼓包皱褶应采用木工手推刨刨平，采用高强腻子修补、砂光，刷闭水清漆（2～3）道。

表 9.9.4 烟囱筒壁模板施工指示

节数	标高（m）	坡度（%）	壁厚（cm）	半径（m）	下口半径（m）	上口半径（m）	数量（个）	下口宽度（m）	上口宽度（m）
1	1.5	0.065	0.65	18.453	18.550	18.453	39	2.985	2.969
2	3	0.065	0.65	18.355	18.453	18.355	39	2.969	2.954
3	4.5	0.065	0.65	18.258	18.355	18.258	39	2.954	2.938
4	6	0.065	0.65	18.160	18.258	18.160	39	2.938	2.922
5	7.5	0.065	0.65	18.063	18.160	18.063	39	2.922	2.907
略									

4 模板组装

采用三层模板倒模工艺，通过对拉螺栓连接和固定筒壁内外模板。安装顺序为先外模后内模，模板半径控制利用加减丝调整，壁厚利用对拉螺栓套管控制。外模板竖缝采用对接，对接缝用双面胶密封后，在模板背面压模板背方，模板背方上设围檩，围檩上设龙骨，龙骨通过对拉螺栓固定。

对拉螺栓套管为硬质 $\phi25\times2$ 的 PVC 管，PVC 管与模板接触面通过高密度分体胶体堵头紧密接触组装。螺栓孔处混凝土密实、表面光滑，消除熊猫眼现象。

5 模板加固

内外模利用钢管围檩加固，模板加固支撑主要依靠内侧三脚架系统，并通过螺栓对拉固定内外模板。模板找正主要依靠内模板三脚架加固系统。模板加固、支撑、找正等与液压吊架装置无关联。主要解决了液压吊架装置提升受模板系统约束，只要混凝土强度达到要求就可以提升。

9.9.5 混凝土工程

经过试验确定最佳混凝土配合比，不能随意更改砂、石、水泥用量及外加剂的掺量及品种等。施工过程中严格控制混凝土坍落度延时损失≤30mm/1.5h，且不泌水、和易性好。拆模后混凝土应达到自然质感效果，不应有大的修饰，仅及时清理表面浮浆。清水混凝土模板保水性很好，混凝土浇筑完毕，初凝收面后立即采用塑料薄膜覆盖严密（膜内结露保湿），其自身已有水分应可以满足其水化作用。

9.9.6 工期统计表

工期统计见表 9.9.6。

表 9.9.6 工 期 统 计

序号	内容	工期	备注
1	筒壁第 1 节至第 33 节	145d	含吊架提升装置安装、含施工升降机安装、含搭设安全防护隔离棚
2	筒壁第 34 节至第 155 节	160d	—

9.9.7 结论及施工建议

1 经大唐三门峡电厂三期工程实践，烟囱外筒壁采用吊架倒模提升装置工艺体系施工完全可行，能够满足施工安全及质量要求。同时，大块复合模板（3×1.5m）应用于烟囱筒壁施工是非常成功的，达到了建筑市场上非常良好的效益，树立了楷模。

2 模板加固系统与液压吊架提升装置无关联的设计与应用，通过此工程实践是非常可行的，值得推广应用。

3 在烟囱筒壁施工中应用大块模板达到了筒壁曲线流畅美观的整体效果。

4 模板水平分格明缝、模板竖向蝉缝、螺栓孔等细部做法值得推广应用。

（东北电力烟塔工程有限公司　梁庆纯　朱远江）

9.10 “滑空倒模”在超大直径筒仓施工中的应用

9.10.1 滑空倒模施工工艺的技术背景

目前滑框倒模是我国混凝土墙板施工较为快捷、技术要求较高的一种施工方法，但这种方法只是将模板系统的支架滑升，而模板还要一块一块拆下来，待支架滑升到位后再一块一块安装上去，较为费工费时。这次在实用新型专利《钢管扣件式滑模平台系统》（专利号：ZL2013 2 0093529.3）和传统的滑框倒模基础上作了重大创新，它解决了滑框倒模的缺陷，使得模板在提升过程中免拆除和安装，能与支架一起滑升，大大地提高了施工效率和降低了成本。这种方法可以广泛用于直线形、圆弧形以及变截面形的混凝土墙体施工。

9.10.2 滑空倒模施工工艺应用类型介绍

1 对超大直径筒仓且筒仓壁高度不太高，如 30m 左右，若采用滑模施工工艺，滑模时间只有 7d 左右，但需要施工总人数为 500 多人，这么短的时间临时组织这么众多的施工人员对后勤、施工机具等都是相当劳民伤财的事，这种工况下滑空倒模尤显其优越性。

2 对超高体量的烟囱，由于滑模在滑升过程中对不利性气候不能避让及钢筋混凝土质量控制较为困难，采用滑空倒模工艺有效地避免这种缺陷。

3 对高层和超高层建筑中的小面积核心筒、电梯井等随楼层逐层施工的建筑，目前普遍采用爬架的施工工艺，但爬架的设备笨重且费用大，采用滑模施工工艺“滑一浇一”也同样存在垂直度和施工质量控制困难的问题，这种工况下采用滑空倒模工艺就很能适应。

9.10.3 滑空倒模工艺应用实例

1 88m 超大直径筒仓壁滑空倒模施工

大丰英茂糖业有限公司 1 号原糖储仓为内径 88m，壁厚 800mm，筒仓壁高度 28m 的超大直径筒仓工程，采用灌注桩基础和球形网架结构顶盖。工程自 2016 年年底完成基础施工，2017 年进行筒仓壁施工，仓壁采用了翻模施工、滑模施工及滑空倒模施工的工艺比较，最终选用了滑空倒模的专利施工工艺，其中仓壁施工工期 40d，平均每 2d 完成一模（1.4m 高）混凝土。该工程的结构形式如图 9.10.3-1 所示。

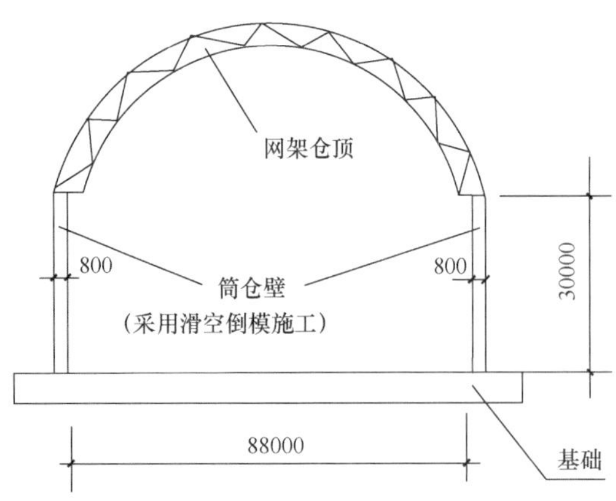

图 9.10.3-1　88m 内径筒仓剖面示意

2　90m 内径筒仓壁滑空倒模施工

山东东营海欣热力供应有限公司煤仓内径 90.24m，仓壁高 17.8m，壁厚 500，仓壁外围带有 36 个 2300×800 扶壁柱，扶壁柱和仓壁采用滑空倒模专利施工工艺，2017 年开工 3 月开工，当年 12 月完工，其中仓壁施工 37d，由于含扶壁柱和内砌耐火砖施工，平均每 3d 完成一模（1.4m 高）混凝土。该工程结构剖面示意如图 9.10.3-2 所示。

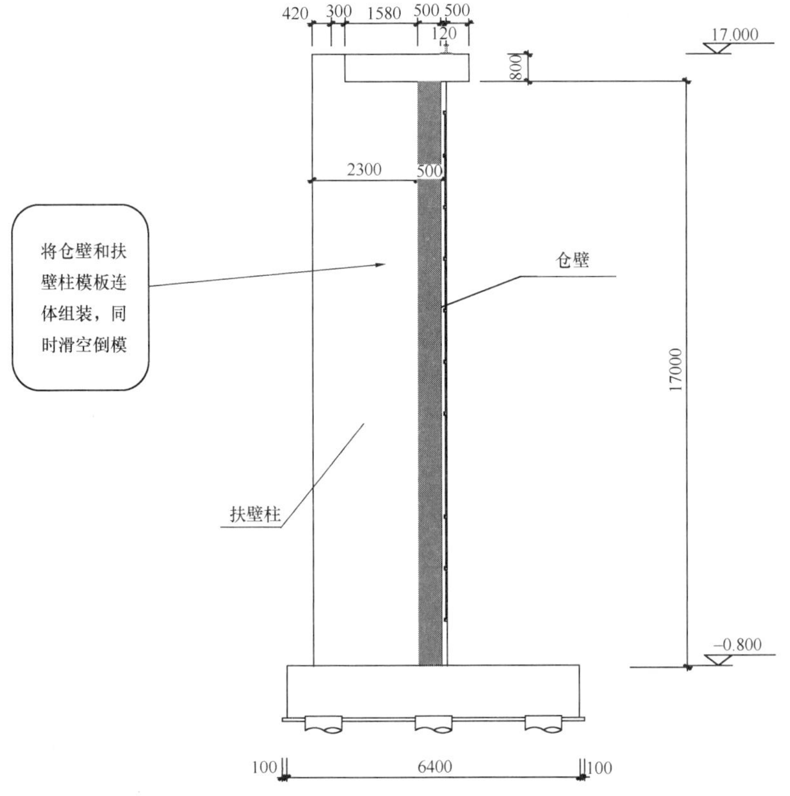

图 9.10.3-2　90.24m 内径煤仓剖面示意

3 滑空倒模施工工艺（以 88m 内径筒仓仓壁为例）

滑空倒模平台和液压系统组装──→混凝土浇筑──→退模及清理──→滑空、钢筋绑扎──→模板复位。

4 施工方法

1）滑空倒模平台和液压系统组装（省略系统强度和刚度计算）

采用钢管滑模提升架和钢管扣件按内外平台搭设桁架架体、安装钢管围檩、挂设钢模板、安装液压提升系统，这部分结构与滑模平台的组装类似。关键点在于模板的围檩和平台架体（提升架立柱）之间采用丝杆连接，可以调节模板的水平位移，使得模板在混凝土浇筑完成后能与混凝土脱开，也能在钢筋绑扎好后再复位，这还要使得钢管围檩能够在圆弧方向伸缩。为防止混凝土胀模，还可以上下采用两道对拉螺栓。图 9.10.3-3 为模拟试验和现场实体。

模拟试验

实体施工

图 9.10.3-3 滑空倒模组装

2）混凝土浇筑

混凝土浇筑是在滑空倒模装置安装好后或提升模板复位后，就可以浇筑混凝土，浇筑方法同墙板混凝土。待混凝土有一定强度后将混凝土表面凿毛。

3）退模及清理

待混凝土达到一定的强度（一般为 5MPa），就可以对内外模板进行退模。方法是：松开模板围檩和模板接头，转动丝杆，使外模向外侧水平移动，内模向内侧水平移动，当模板脱离混凝土表面 10cm 左右时停止操作，清理模板表面的污染物，刷模板隔离剂（图 9.10.3-4）

4）滑空、钢筋绑扎

模板完全脱离混凝土后，就可开始滑空，在滑空过程中同时进行提升架下横梁以下的钢筋绑扎（图 9.10.3-5）。

5）模板复位

图 9.10.3-4　模板与混凝土完全脱开

图 9.10.3-5　模板滑空并随着提升架的上升绑扎仓壁钢筋

当钢筋绑扎到 1.4m 高度时，停止绑扎，对仓壁内外模板进行复位。复位后的模板系统就可以重复上述工艺进行下一模混凝土的施工。模板复位的顺序与模板退模的顺序相反，如图 9.10.3-6 所示。

图 9.10.3-6　模板复位模型示意

9.10.4 施工中和施工完成后的实体图片

施工中和施工完成后的实体图片见图 9.10.4-1、图 9.10.4-2。

图 9.10.4-1 88m 直径筒仓滑空倒模施工中、施工后的外形

图 9.10.4-2 90m 直径煤仓内砌外滑采用滑空倒
模施工中、完成后的外观（带扶壁柱）

9.10.5 结束语

滑空倒模施工工艺结合工程应用实践，通过从滑空平台及液压系统的组装、混凝土浇筑、退模、滑空、模板复位等全部施工过程，阐述了滑空倒模的工艺原理及良好的经济效益和社会效益。滑空倒模施工相对于传统的滑框倒模、滑模或翻模施工，对超大直径的浅圆仓或直线型混凝土墙体，有独特的优越性，且有利于混凝土外观质量的控制，具有节省人工和资源等优势，从而降低施工成本。

（镇江建工建设集团有限公司 杨翔虎
中交二航局第三工程有限公司 杨 晨）

9.11 地下工程连续式斜井滑模施工综述

9.11.1 工程概况

抽水蓄能电站地下工程引水隧洞在立面上布置为平洞、上弯段、斜井直线段、斜井下弯段、平洞构成，斜井倾角均有50°、60°衬砌成圆形型断，衬砌厚度为50cm、60cm。采用C25（W8F100）混凝土进行衬砌，衬砌时在结构缝和施工缝处设置600×1.2mm止水铜片。

9.11.2 斜井滑模系统

抽水蓄能电站斜井混凝土施工中均分别采用过两种不同形式、不同原理的斜井滑模，下面主要介绍连续式斜井滑模。

斜井全断面滑模系统主要由上井口平台、锁定梁、提升系统、轨道、行走轮组、爬升器、平台、模板、中梁等组成，具体见图9.11.2-1。

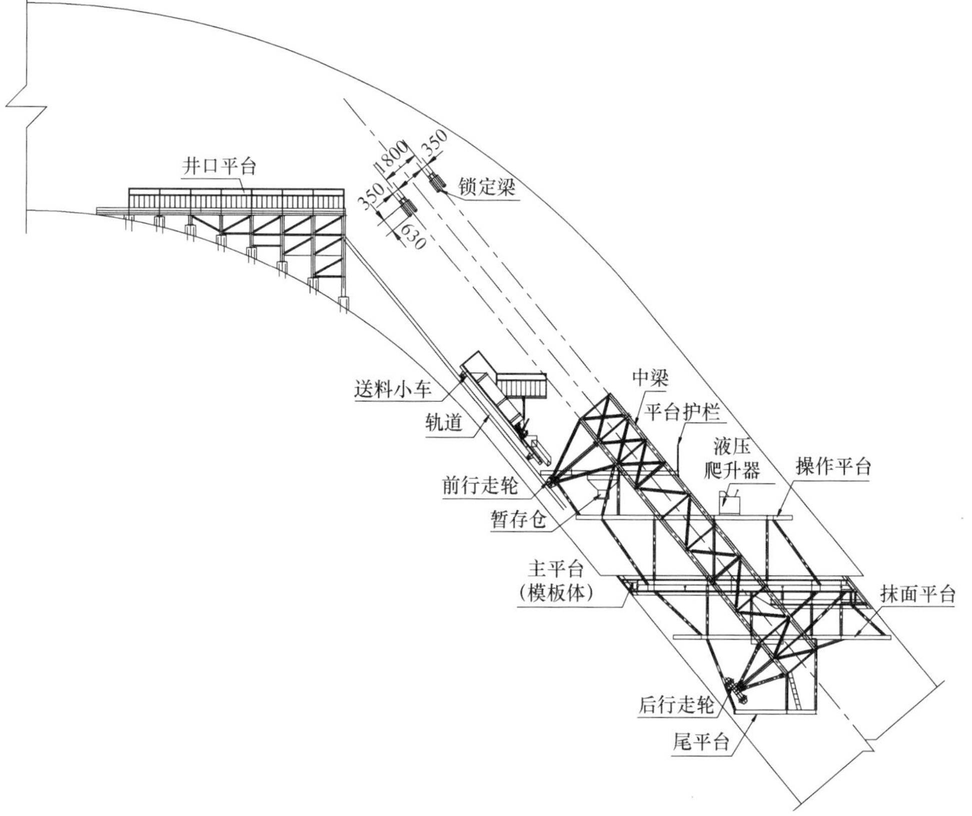

图9.11.2-1 斜井滑模总图

1 上井口平台

上井口平台主要为了使混凝土、钢筋及材料能较好地运送到送料小车上，施工人员能安全进入送料小车中，同时在上井口平台上设置有安全围栏、安全门、安全爬梯，安全围栏并设有护角板。

上井口平台同时兼有送料小车转向滑轮安装固定之用。

在施工过程中在上井口平台上必须安排专职安全员对送料小车的运行进行全过程监控。

2 提升系统布置

1）提升设备

斜井直线段衬砌混凝土小型设备和材料的运输均采用提升设备牵引运输小车完成，提升设备的工作原理是用电动机通过传动装置驱动带有钢丝绳的卷筒来实现载荷移动。

（1）提升设备选择

目前国内建筑施工中用到的提升设备主要包括卷扬机和绞车。根据现行国家标准《建筑卷扬机》GB/T 1955 规定卷扬机不得用于运送人员，在长斜井施工过程中人员的上下只有通过运输小车进行运输，提升设备选用符合现行行业标准《煤矿用 JTP 型提升绞车安全检验规范》AQ1033 生产的单绳缠绕式绞车。

绞车采用新购的 15t 无级变速绞车，绞车的参数和技术要求见表 9.11.2。

表 9.11.2 绞车的参数和技术要求

项目	参数项目	参数要求	备注
15t 绞车 JTP1.6×1.5P	最大牵引力	150kN	新购
	最大行驶速度	0.75m/s	
	钢丝绳直径	ϕ40mm	
	容绳量	400m	
技术要求	设计制造厂家生产的提升机必须符合国家规程、规范要求；绞车为可调速（无级变速），工作级别为重级；厂家在配备电器设备时要充分考虑广东地区湿度大、洞内空气污染大等特点；绞车出绳方向为下出绳；要求设计有专用的起吊吊点。绞车要求配有两套制动系统：两级盘式制动器；绞车要求配有限位器、超速器、限载装置、排绳器；电气控制要求配有过载保护、过流保护、通信信号、紧急安全开关，所有电器必须为防水型产品；有两套操作柜：一套为单动柜，一套为联动柜；操作柜与绞车安装位置之间要求可移动 25m		

（2）提升系统布置方案

斜井衬砌混凝土运输提升系统由绞车牵引运输小车运输人员、小型机具和材料至斜井工作面，开挖期间布置的楼梯作为人员上、下斜井的备用通道。运输小车运送施工作业人员时，禁止同时运载物料；运载物料时，运输小车上除指挥人员外，禁止施工作业人员乘坐，禁止人、物混运。现场布置 2 台 15t 无级变速单绳缠绕式绞车，两台绞车同步运行，牵引一根钢丝绳绕过布置在斜井井口平台上的滑轮组及运输小车上的动滑轮牵引运输小车上、下。

(3) 绞车布置

由于绞车尺寸较大，根据斜井施工现场的环境及绞车生产厂家初步的技术参数，需对中平洞绞车安装位置进行适当扩挖以满足安装条件。绞车基础及安装按照厂家提供资料组织施工。

(4) 运输小车、钢丝绳

运输小车及其配套设备由具有设计、生产资质的厂家生产。牵引钢丝绳选用公称抗拉强度 1870MPa，直径为 40mm 的 6×37s+FC 纤维芯钢丝绳。

(5) 转向滑轮

转向滑轮是牵引提升系统的一个重要部件，按照现行国家标准《建筑卷扬机》GB/T 1955 的要求加工制作。

(6) 安全装置

按照现行行业标准《水电水利工程施工通用安全技术规程》DL/T 5370 及《水电水利工程斜井竖井施工规范》DL/T 5407 的规定，本方案提升系统设置以下安全装置：

①限位保护装置：运输小车在井口平台及斜井滑模前端分别设置运输小车的上、下限位器，均设机械和光电限位器各一组。限位器信号线采用五芯线，下限位器信号线沿斜井一侧人员上、下楼梯布置并固定牢固。

②牵引失效保护装置：斜井运输小车的牵引失效保护装置包括车体底盘上的抱轨制动装置和布置在小车牵引钢丝绳两侧的保护钢丝绳。

抱轨制动装置：防坠落抱轨制动装置由手动制动系统和自动制动系统两套制动装置组成。自动制动装置有一个主拉杆，主拉杆的一端和制动轴连接，制动轴的两端分别连接两个用于抱轨的楔形块。主拉杆的另一端和一个弹簧相连，弹簧和运输小车的牵引钢丝绳相连。在运输小车正常运行的情况下，弹簧受拉，当运输小车失去牵引力时，拉伸的弹簧会回缩，回缩使得制动轴作用导致楔形块下落抱住轨道。手动制动装置用人工手动的方式触碰制动轴，从而使得楔形块下落抱轨制动。为保证在抱轨制动系统的作用下，运输小车能够平稳的停车，运输小车车体底盘上安装有缓冲装置，缓冲装置是利用钢丝绳通过缓冲器时的弯曲变形阻力和摩擦力所做的功来抵消运输小车下滑的动能，其主要作用是断绳时，运行中的运输小车能在规定的减速度范围内滑行一段距离，然后在制动装置的作用下平稳的停住。当牵引钢丝绳断裂或绞车出现意外故障时，抱轨制动系统会发挥自身作用，使运输小车抱轨停车。

保护钢丝绳：根据现行行业标准《水电水利工程斜井竖井施工规范》DL/T 5407的要求，斜井混凝土施工运输小车选择两台JTP1.6×1.5P15t绞车，运输小车上配有平衡轮（动滑轮），采用一根钢丝绳（绕过安装在运输小车上的动滑轮与两台绞车相连的布置形式。两台绞车配有两套操作柜：一套为单动柜，一套为联动柜。通过每台绞车各自的单动柜可以使单台绞车运行，通过联动柜可以使得两台绞车同步运行，因此在运输小车运行时，可以通过联动柜使两台绞车能够实现最大可能的同步运行。牵引钢丝绳在靠近运输小车动滑轮的地方，分别在动滑轮两侧的钢丝绳上各布置一根安全绳，安全绳一端和牵引钢丝绳用U形卡连接，一端固定在运输小车车体底盘上。安全绳要留有一定的裕量，安全绳裕量要能够保证运输小车动滑轮对调整两侧的钢丝绳不产生任何影响，并且安全绳的裕量要大于抱轨制动系统中缓冲绳的长度。当抱轨制动系统没有成功的抱轨制动，则在运输小车下降的过程中，未断绳一侧的安全绳逐渐被拉紧，从而达到制动的要求。

③信号联络系统：运输小车上安装电铃及电话两套信号联络系统，同时绞车操作工和运输小车上的指挥人员手持对讲机进行联系。

④紧急安全开关：在运输小车、绞车上均设置紧急安全开关，在紧急情况下，可通过开关直接将绞车断电制动，停止运行。

⑤过速保护装置、超载保护装置及供电控制柜：过速保护装置由生产厂家安装在绞车上，在绞车速度超过规定值时，能自动动作将钢丝绳锁紧，使提升系统停止运作。超载保护装置安装在绞车或滑轮上，在超载的情况下能够报警并自动断电，使绞车无法动作。供电控制柜内装设隔离开关、断路器或熔断器，以及漏电保护器，在出现电路系统漏电、短路、过电流、欠电压等异常情况时能自动作用，使绞车断电制动，停止运行。

3 锁定梁装置

锁定梁装置布置在斜井上井口，主要由锁定梁钢缆固定支座、固定锚杆及锁定梁预紧装置组成。锁定梁锚杆布置见图9.11.2-2。

4 送料系统

送料系统主要是运送混凝土、钢筋及施工人员上下的小车，小车上装有小车车架、行走轮、$2m^3$的混凝土输送装置、混凝土溜槽、钢筋输送装置、人员输送装置、安全爬梯等装置组成。

送料小车自重2.8t，轮距与滑模前行走轮距相等4500mm。送料小车上混凝土仓体积为$2m^3$，上平台用于堆放钢筋、施工相关设备，爬梯作为平台到滑模之

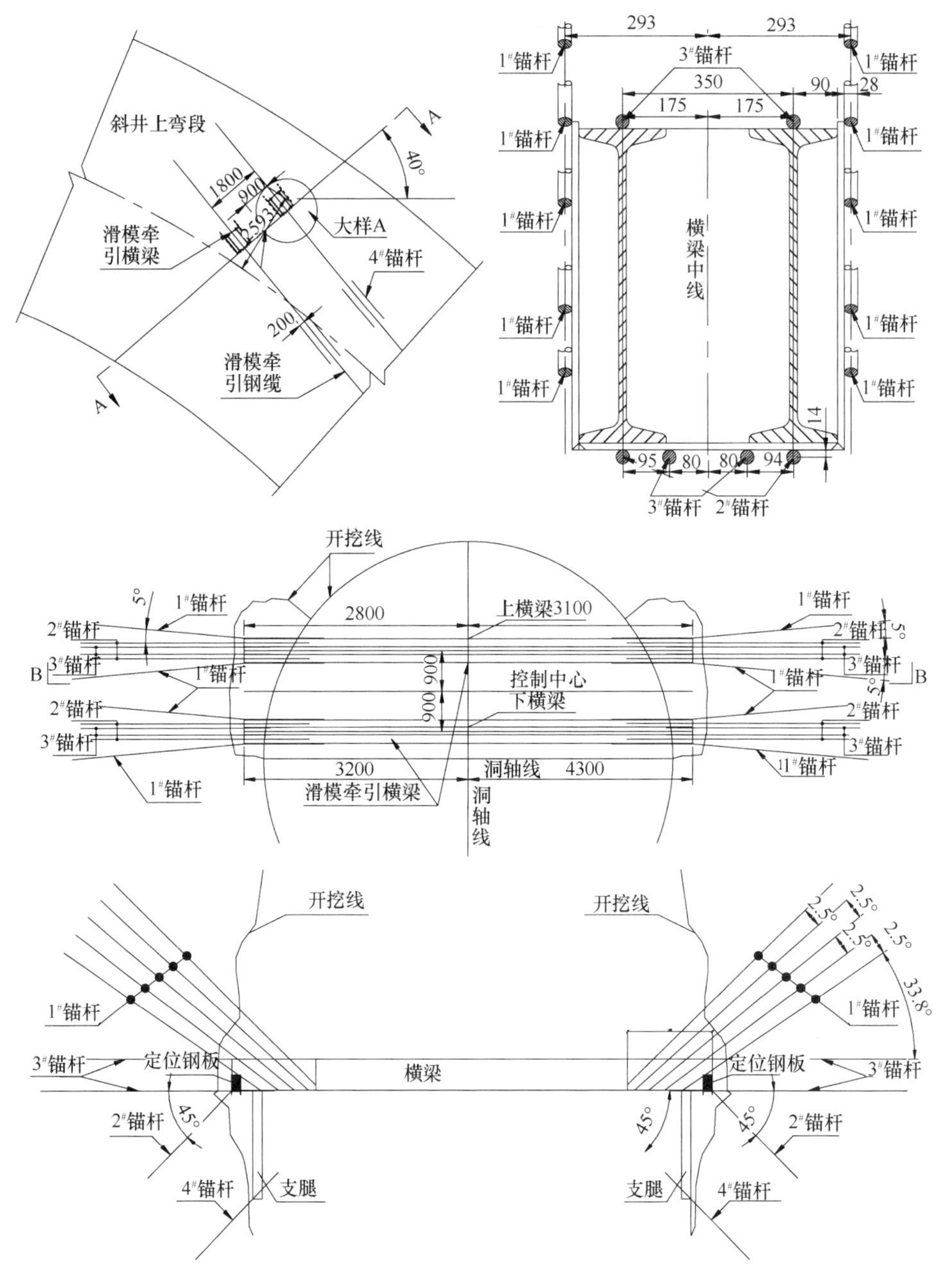

图 9.11.2-2　斜井滑模锁定梁锚杆布置

间的通道。为保证施工安全，在上平台和爬梯设置有安全护栏和护脚板。

5　轨道系统

轨道系统主要是为送料小车及斜井滑模平稳运行而设置的，轨道布置见图 9.11.2-3。

1）滑模轨道安装

为提高轨道混凝土的施工速度，加快施工进度，斜井滑模轨道混凝土采用从

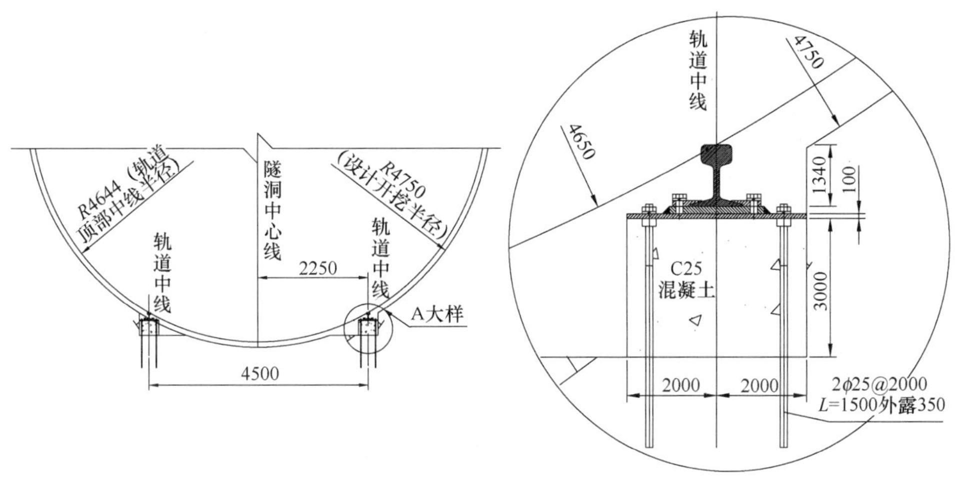

图 9.11.2-3 斜井滑模轨道布置

上往下分段边安装轨道边浇筑轨道混凝土的施工方法。滑模轨道采用 P38 钢轨，在轨道插筋施工完成并对斜井进行全断面检查无欠挖后进行轨道安装及轨道混凝土的浇筑。为配合滑模的安装和满足施工进度的要求，斜井滑模轨道安装和混凝土浇筑分两段进行施工：斜井下弯段及直线段下部 20m 施工采用从下往上进行施工，混凝土人工入仓；直线段施工从斜井上井口往下进行。滑模轨道安装首先测量放线、准确定出轨道位置后，利用轨道预埋螺栓来安装滑模轨道。滑模轨道轨距为 4500mm，轨道端头连接采用专用、配套夹板连接，接头中心线误差不得超过±5mm，高程误差不大于 2mm。

轨道施工是整个斜井混凝土施工的关建。轨道的安装精度是保障混凝土成型的关建，同时也是保障送料小车能否安全平稳运行关键。

滑模轨道的前行走轮一直在轨道上行走，轨道是整个滑模爬升的基准，滑模滑升是否顺利及混凝土浇筑质量取决于轨道安装精度。安装时需保证轨道位置准确及轨道无扭曲现象，方能使滑模台车顺利运行，保证斜井体形尺寸满足设计要求。

2）滑模轨道混凝土的浇筑

在轨道混凝土浇筑之前，必须提前埋设安装轨道预埋板及预埋螺栓。预埋板必须和轨道插筋焊接牢靠，预埋板及螺栓沿轨道方向的误差为±20mm，垂直轨道方向的误差为±5mm。在轨道预埋板及螺栓校准和固定牢靠后方能转入轨道混凝土的施工。

在轨道校准、固定牢靠后，开始进行轨道混凝土的浇筑施工，具体方法如下。

轨道混凝土入仓方式：斜井下弯段及直线段下部 24m 范围内轨道混凝土入

仓采用人工运输混凝土、人工入仓；其余部分轨道采用混凝土浇筑阶段送料小车配合运输混凝土、人工入仓。

轨道模板施工：轨道预埋板及螺栓校准和固定牢靠后，轨道模板紧贴预埋钢板边缘垂直立模，钢轨与侧模之间的模板采用胶合板。施工中应注意以下问题：①为保证混凝土密实性，侧模在上口每间隔 1.5m 预留 10×10cm 的振捣孔；②顶部盖模（轨道与侧模之间）每隔 4m 预留 40cm 宽的混凝土下料口，便于混凝土振捣及入仓；③各预留孔在混凝土浇筑时，边浇筑边补孔，所有模板加固均为边立模边加固（包括预留孔）。

轨道混凝土浇筑仓面验收：仓面准备结束后，先进行自检和复检，检查仓面是否清洗干净，积水是否清排干净，测量检查模板，如有偏差，应及时进行调整，然后申请终检，终检合格后向监理工程师申请开仓验收。

轨道混凝土浇筑：混凝土浇筑时均匀下料，振捣采用 ϕ50 软轴振捣器，局部采用人工钢筋插捣，振捣标准以不显著下沉、不泛浆、周围无气泡冒出为止。保证振捣质量在于：防止漏振，同时振捣器在仓面应按一定顺序和间距逐点振捣，间距为振捣作业半径的一半，并应插入下层混凝土约 5cm 深，其次，每点振捣时间为（15～25）s 为宜。振捣时间过短，达不到振密的要求；振捣时间过长，将引起粗骨料过度下沉分离，故振捣时间长短都会影响质量，混凝土边浇筑时边对预留孔进行封堵。

6　滑模系统

1）滑模工作原理

斜井滑模的滑升利用液压爬升器爬钢缆来进行爬升。液压滑升系统一端固定在斜井上口锁定梁上，另一端（含液压爬升千斤顶）固定在中梁上，中间通过钢缆连接，在混凝土施工中当混凝土的强度具备滑升条件时，启动液压系统，利用液压千斤顶在钢缆上的爬行从而带动滑模一起向上移动。

2）斜井滑模组成部分

滑模系统主要由中梁为一架长 15.6m，截面 1.8m×1.8m 的钢桁架组合梁，是滑模结构体系的最重要的受力构件。从上到下的五层工作平台依次为上平台、浇筑平台、主平台、悬挂平台和尾平台；模板水平截面为椭圆形，分块制作安装在主平台环梁构件的周围，所有平台均依附在中梁上，形成一个整体结构。上平台主要作为混凝土和钢筋等物卸料用，二层为浇筑平台布置有混凝土集料斗，液压操作系统和电器控制开关板均布置在此平台上；浇筑平台周边布有 8 个混凝土卸料口和溜槽，人工用手推车送混凝土通过滑槽入仓；三层为主施工平台进行钢筋绑扎及混凝土平仓振捣；四层平台为悬挂平台进行混凝土出模后的修补抹面和混凝土养护；五层平台为尾平台较小，是滑模操作人员更换混凝土面行走轮轮下槽钢轨道和更换行走轮组使用的工作平台。

3）斜井滑模安全方面设计说明

斜井滑模中梁承载能力符合安全要求。滑模模板系统、操作平台、抹面平台及尾平台都与中梁连接，且各平台之间通过 4 寸钢管连接成一个整体，各构件强度均经过计算，材料的设计承载能力是实际载荷的（2～5）倍，满足安全要求。前行走轮机构承载能力为 40t，后行走轮机构的承载能力为 60t，斜井滑模总重（含施工设备及施工人员）约 40t，经计算行走轮强度满足安全要求。经计算，竖直方向最大载荷为 68.8t，分解后再加上混凝土与模板之间的摩擦力总共为 97.95t，液压系统爬升器选用单个爬升载荷为 40t，总爬升载荷 160t，钢缆共 16 根，每根钢缆载荷 28t，钢缆总承载能力 448t，液压系统满足安全要求。斜井井口锁定梁共两组，每组两根 I63C 工字钢焊接成一个整体，每组用 36 根承载拉力 10t 剪切力 6t 的锚杆固定，考虑到实际焊接制作时锚杆受力不统一，平均每根锚杆承载沿斜井中线方向的合力为 3t，每组横梁可以承载 108t 拉力，同时每组横梁用 4 根预应力钢丝绳和 4 根圆钢沿斜井中线放线拉紧，4 根预应力钢丝绳和 4 根圆钢分别固定在八根承载能力为 10t 的锚杆上，每组横梁增加的承载为 80t，两组横梁可承载的总拉力为 376t，满足安全要求。

4）斜井滑模的安装

斜井滑模安装有两个安装场：一个是在平洞内把斜井滑模的前行走机构、中梁、爬升器、后临时行走机构、永久行走机构安装至要求，并对滑模上面四层平台的主梁进行组装，并分别再把四层平台的连结件捆绑在中梁上加固牢，用卷扬机牵引至弯段安装场进行安装。

平洞安装场安装：首先铺设临时轨道，轨道使用 P38 钢轨，安装长度约 30m，并与斜井底部轨道相接，轨距为 4.5m。在轨道安装前，先由测量队放线，准确定出轨道中心、高程后，再将钢轨铺垫于断面为 20cm×20cm 枕木上，用道钉与枕木连接。精度要求：轨距 4.5m±0.5cm，两侧轨道高低差不超过 0.5mm；每根枕木上不少于 4 个道钉；枕木间用碎石铺平。轨道因地势形成有 3%～5% 的坡度，为减小临时轨道与正式轨道接轨时的折角，要根据实际情况用 12mm 厚钢板作两轨道夹板对特殊的轨道连接。轨道安装后，需保证轨道位置准确、平直、无扭曲现象，确保滑模平稳拖至斜井直线段滑模安装场。

斜井安装场：斜井滑模在平洞组装完成后用卷扬机作牵引至斜井安装场，为保障斜井滑模在斜井内安全的安装，在模板到达安装场后必须在模板的前后轮下方用钢板焊接在 P38 轨道上，限制在安装过程中由于重量的增加模板向下移动，同时用两个 10T 手拉葫芦拉注后行走轮。

安装时可用 8T 吊配合手拉葫芦进行安装。

7 通信及限位系统

斜井滑模的通信有电铃、对讲机、扬声器三种形式，限位有光电限及机械限位两种并分别安装在上井口极限位置和斜井滑模头架上。

9.11.3 斜井滑模混凝土施工

斜井全断面滑模混凝土浇筑工艺流程见图 9.11.3-1。

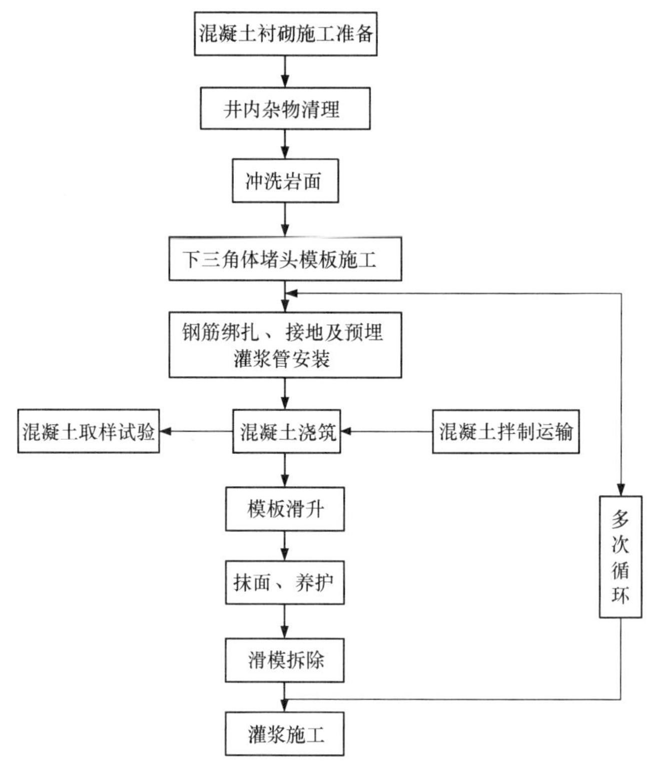

图 9.11.3-1 斜井全断面滑模混凝土浇筑工艺流程

斜井滑模混凝土施工分为下三角体施工和直线段施工，从下三角体至直线段完成均为连续施工。为保障滑模行走的连续性滑模安装时在中梁的尾部增加 2m 长的中梁和一个临时行走机构。

斜井滑模浇筑下三角体：滑模系统安装调试正常后，将其滑至斜井直线段与下弯段相交处。经测量模板校至要不得后再进行起滑处下三角体堵头模板的施工，堵头模板用三分厚木板拼装，站方采用 5cm×8cm 方木，背管采用 ϕ48 钢管。支撑系统采用内拉内撑形式，内拉采用 ϕ12 拉筋，内支撑 5cm×8cm 方木。堵头模板拼装及加固详见图 9.11.3-2。

为提高施工速度，保障堵头模板及钢筋施工更安全我们采取的底部堵头模板钢筋施工提前施工，其余部分则是模板边爬升边施工。

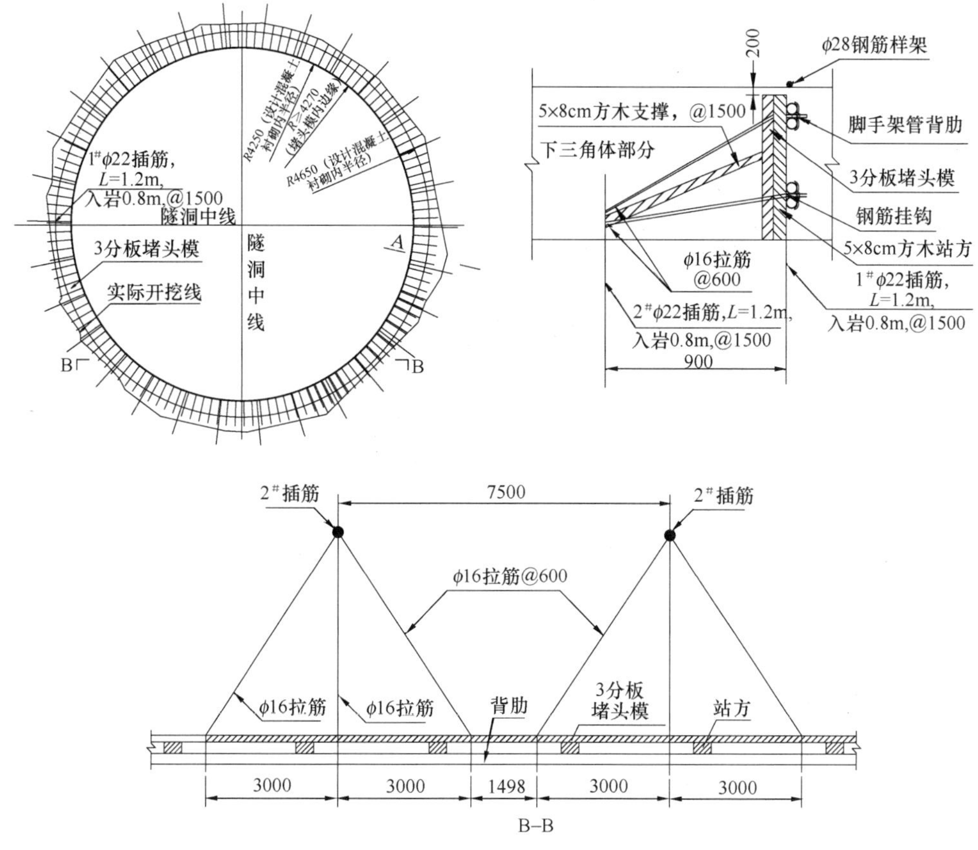

图 9.11.3-2 斜井下三角体堵头模板拼装及加固

施工过程中必须控制好滑模的爬升速度（每小时不大于 25cm），以防混凝土产生的浮托力抬起滑模，影响混凝土衬砌质量；派专人检测斜井下三角体堵头模板是否正常和观测滑模抬动情况。

由于浇筑下三角体时，滑模后行轮采用临时后行轮，为使滑模永久后行轮平稳的过渡到混凝土衬砌表面，在永久后行轮距斜井直线段末端 1m 左右时采用[20 槽钢铺设引轨道，使滑模永久后行轮平稳的过渡到直线段混凝土衬砌表面。斜井下三角体滑模施工见图 9.11.3-3。

永久后行轮平稳的过渡到直线段混凝土衬砌表面后要尽快拆出临时后行走机构，永久后行走轮进入已成型的混凝土面后临时后行走轮距离已成型的混凝土还有一定的距离，也有时间拆出而不影响滑模连续的爬升。

滑模进入正常滑升阶段后，可利用滑模下部的悬挂平台对出模混凝土面进行抹面及压光处理，同时将灌浆管管口找出，并做好标记和进行保护。

振捣器选用插入式振捣棒。振捣应避免直接接触钢筋、模板，对有止水的地方应适当延长振捣时间。振捣棒的插入深度，在振捣第一层混凝土时，以振捣器

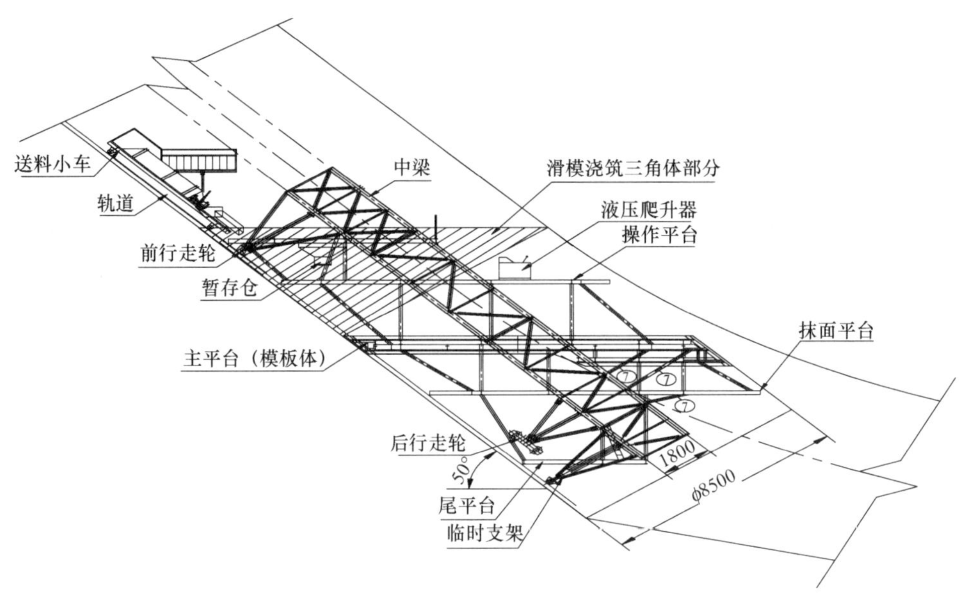

图 9.11.3-3 斜井下三角体滑模施工方法示意

头部不碰到基岩或老混凝土面，但相距不超过 5cm 为宜；振捣上层混凝土时，则应插入下层混凝土 5cm 左右，使上下两层结合良好。振捣时间以混凝土不再显著下沉、水分和气泡不再逸出并开始泛浆为准。振捣器的插入间距控制在振捣器有效作用半径 1.5 倍以内。振捣混凝土时应严防漏振现象的发生，模板滑升时严禁振捣混凝土。

模板滑升

1）滑模工作原理：上斜井滑模的爬升器是固定在头架位置，滑模和中梁为一滑升整体。滑模通过固定在斜井井口的 2 根 I63c 工字钢梁双背上的 16 根钢丝绳牵引一起滑升。斜井直线段一次滑升到位。

2）滑模操作程序：斜井在混凝土开始浇筑时，滑模组及中梁均处于锁定状态。

对于承重的顶拱部分，通过试验取得混凝土不同时间的强度资料决定滑升时间。由于初始脱模时间难于掌握，必须在现场进行取样试验确定。脱模强度约 2.5MPa，一般模板滑升速度不得大于 10cm/h，遵循“多动少滑”的原则。在浇筑前期，每天滑升约（4～5）m；浇筑后期，每天滑升约（5～8）m。滑模滑升过程中，设有滑模混凝土施工经验的专人观察和分析混凝土表面，确定合适的滑升速度和滑升时间，保证出模的混凝土无流淌和拉裂现象；混凝土表面湿润不变形，手按有硬的感觉，指印过深应停止滑升，特别是顶拱部分，以免有流淌现象，若过硬则要加快滑升速度。滑升过后人员站在滑模悬挂抹面平台上进行抹面及收光。

3）滑模纠偏措施：模板组由布置在中梁上的 4 台油缸牵引，模板滑升采取多动少滑的原则。轨道及模板制作安装的精度是斜井全断面滑模施工的关键，必须确保精心制作和安装。模板滑升时，应指派专人经常检测模板及牵引系统的情况，出现问题及时发现并向班长和技术员报告，认真分析其原因并找出对应的处理措施。具体纠偏措施如下：

（1）滑模采取多动少滑的原则，现场技术员经常检查中梁及模板组相对于中心线是否有偏移，始终控制好中梁及模板组不发生偏移是保证混凝土衬砌体型的关键。

（2）混凝土浇筑过程中必须保证下料均匀，两侧高差最大不得大于 40cm。当由于下料原因导致模板出现偏移时，可适当改变入仓顺序进行调整。

9.11.4 结束语

目前抽水蓄能电站引水隧洞斜井施工中利用大断面连续爬升式斜井滑模成功完成了电站所需的斜井混凝土衬砌，较好地利用后临时行走轮解决了下三角体混凝土施工和滑模后行走轮连续平稳过渡至已衬砌好混凝土面上的施工难题；较好地解决了斜井轨道混凝土的施工难题。另外，由于采用从上往下分段施工的施工工艺，使得送料小车轻松地从上至下安全平稳地运送人员及材料，大大提高了施工速度及施工质量。

在钢筋施工中根据分布筋不易固定的特点我们制作并安装了分布筋样架，很好地解决了钢筋绑扎的难题。

在长斜井滑模混凝土施工中，后行走轮轨道的搬运、安装由于施工场地狭小轨道重量重，安装角度难以控制，不安全因素较多，为此我们在滑模两后行走轮行走机构中部分别增加并安装两个行走轮；把原来后行走轮的 20 号槽钢轨道换成 10mm 厚的橡胶轨道，既减轻了劳动强度又保障了混凝土施工质量。在今后的施工过程中只有不断改进，不断创新才能使斜井滑模更好地为斜井混凝土施工服务。

通过广州抽水蓄能电站一期引进 CSM 公司斜井滑模和自行设计的天荒坪抽水蓄能电站 XHM 型斜井滑模的使用，现已发展成连续式斜井滑模并在龙滩水电站、惠州抽水蓄能电站、清远抽水蓄能电站等成功应用；连续式斜井滑模从结构原理上均有较大改进和提高，它运行更安全，混凝土成型质量更好，施工速度更快，运行更简单。

（中国水利水电第十四工程局有限公司　马勋才）

9.12 提高滑模混凝土表面观感度的措施

9.12.1 滑动模板和固定模板的属性及区别

固定模板顾名思义就是模板已经完全安装加固完毕、并固定不动，涂刷隔离剂、浇筑混凝土。等到混凝土强度达到 80%左右、再拆除模板。固定模板所施工的混凝土表面质量通常较好、有的甚至能达到镜面效果。但是固定模板由于其自身无法克服的缺点，所浇筑的混凝土施工缝较多。

滑动模板是指混凝土在初凝期间且具有一定的塑型变化时，模板延混凝土侧表面开始滑动（或垂直或水平），从而使混凝土固化成型的一种模板形式。滑动模板和混凝土侧表面基本处于一种相对“动”态。在这个“动”态当中，混凝土和模板相对摩擦，混凝土处在塑性变形的初凝状态。混凝土连续浇筑并产生塑性初凝，而模板则在外力的作用下不断运动。如此周而复始，就形成了滑动模板和连续混凝土。简称“滑模”。

“滑模”的核心问题是模板和混凝土一定是处在“运动”并“摩擦”状态。所以滑动模板的混凝土表面一定是和固定模板混凝土表面质量不一样的，也就是因为“摩擦”而相对比较粗糙。

9.12.2 如何提高滑动模板混凝土的表面质量

尽管“滑模”混凝土的外观质量存在一定缺陷，但并不是没有办法解决。

只要科学合理、并有针对性地采取相应措施，“滑模”混凝土的外观质量同样能够取得不错的效果。

1 通过提高混凝土的品质来改善“滑模”混凝土的外观质量

1）正所谓“体外损失体内补”

我们可以通过提高混凝土的内在品质来改善“滑模”混凝土的外观质量，即外表的文章由内在做起。具体的做法是：通过增加混凝土的外加剂来改善混凝土的和易性而达到提高混凝土的品质。混凝土的品质越好、“滑模”的外观质量就越好。如在不同的季节增加不同比例的“减水剂”、“引气剂”和“缓凝剂”等。

增加“减水剂”可以提高混凝土的和易性。增加“引气剂”可以减少混凝土中的气泡，使混凝土表面和模板的“摩擦”更光滑。增加“缓凝剂”可以延长混凝土的初凝时间，使之滑模混凝土在高气温环境下的出模强度更容易控制在（0.25MPa～0.4MPa）。

2）在高气温环境下有针对性的减少粉煤灰的掺合量

根据实际经验，粉煤灰的掺合量应减少为平时的 1/3。因为粉煤灰固然能够改善混凝土的和易性和品质，但在高气温环境下更容易造成“滑模”粘模。气温越高、粉煤灰掺合量越大，模板的粘结就越严重，对模板的光洁度影响也就越大。如此一来自然也就造成了混凝土外观质量不好。

2 通过提高“滑模”模板本身的质量来有效的改善“滑模”混凝土的外观品质

1）可以有针对性地提高“滑模”模板的规格和材质。增加钢模板板材的厚度和加工精度，使其表面更结实、更光滑。

2）有条件的施工环境，尽可能采用大模板拼接而不是小钢模拼接。模板的接头宜采用掺合接头而少用对接接头。

3）在“滑模”模板初始安装时，要对模板涂刷结膜牢固、抗磨有效的高标准隔离剂，以减少模板初始状态时的粘模。

4）在费用允许的条件下，模板的板材可以考虑不锈钢和高强树脂。

3 通过有效的控制滑升速度来提高“滑模”混凝土的外观质量

1）“滑模”施工是一个 24h 连续不间断的施工过程。因此，在“滑模”施工中的很多外在条件几乎都是变量。即每一个时间段、每一个工序节点、每一个气温环境节点都各不相同；每一处“滑模”模板的迎光角度、迎光面积和受热效果也各不相同；每一次“滑模”混凝土整浇层的厚度和浇筑时间各不相同；每一处“滑模”混凝土的浇筑顺序和浇筑快慢也各不相同。这样就造成了“滑模”混凝土的出模强度也各不相同。

2）根据实践和理论，保证“滑模”混凝土外观质量的一个最重要的指标就是要保证“滑模”混凝土的出模强度，即（0.25～0.4)MPa。

保证了“滑模”混凝土的出模强度，就能对混凝土表面进行原浆收光、压实，就能使“滑模”混凝土外观美观光洁，也就保证了“滑模”混凝土的外观质量。

4 科学合理的劳动力组合和管理

“滑模”施工是“三分技术、七分管理”。科学、合理、高效负责任的管理班子也是“滑模”施工质量及混凝土外观质量的重要保证。

由于“滑模”施工各配合施工的工种很多，且各工种之间的协调和统一指挥很关键，所以组织管理就显得尤为重要。

1）首先要确定“滑模”施工的总负责以及各配合工种之间的分项负责。要明确其各自的责任和义务；做到有效的统一指挥，严明纪律、分工协作。

2）要有一批从事“滑模”施工多年且经验丰富的熟练工人；做到操作精准、严格有效。

3）要备用并固定部分质量检测人员，随时检测、随时把关，发现问题随时补救。

综上所述，只有从“滑模”混凝土品质、模板材料、施工管理等多个方面精心准备、精心施工、严格管理，才能真正解决“滑模”混凝土的外观质量问题。

（宝鸡滑模建设　虎林孝）

9.13 大型筒仓仓壁滑模施工表面工艺处理及色差控制

9.13.1 工程概况

上海外高桥粮食储备库及码头设施项目是上海市 2009 年重点工程之一，建成后将成为整个长江流域最大的粮食进出口集散、国内中转、加工一体化的粮油基地。本工程位于上海市浦东新区长江口南岸 5 号沟地区，距离上海市中心约 22km，到长江出海口约 25km，此地江面宽阔，航道深，水域条件好，地理优势得天独厚。

面粉加工区作为储备库的组成部分，由筒仓、工作塔及输粮栈桥等部分组成，其中包括立筒仓 24 个，筒仓外径 10m，装粮高度 26.9m，平面组合形式为 3×10 排列，单仓仓容 1625t，总仓容 39000t，仓顶为钢筋混凝土梁板结构，仓壁为 200mm 厚现浇钢筋混凝土，仓底为钢筋混凝土圆形锥斗，筒仓下层为钢筋混凝土框架柱支承结构，其中筒仓壁采用滑模工艺施工。

9.13.2 色差原因分析和解决方案

筒仓工程是整个库区重要的标志性建筑物，为了实现业主目标，把此项目工程打造成“国际先进，国内一流”的精品工程，因此对混凝土表面工艺及感观效果的要求特别严格。

根据滑模施工工艺的特殊性以及筒仓仓壁为清水混凝土的要求，我们把整个滑模施工作为一个系统工程，不分昼夜地连续进行施工作业，并对原材料、人员、机械设备等各方面进行了严格的管理。

为了将筒仓工程表面工艺及色差控制做到精细完美，施工单位根据以往类似工程的成功经验，结合本工程的实际特点，同时邀请了上海市商品混凝土协会及同济大学混凝土材料国家重点实验室等多位资深专家教授一起研讨，经过仔细研究和系统性的分析，大家认为：若要解决色差问题，在实际施工过程中，一定要解决以下施工方面的难点，并选择优化最佳方案，采取可靠保证措施：①环境气候的影响及坍落度的控制；②对混凝土原材料的控制；③混凝土配合比的优化的优化组合；④施工过程中质量通病及表面工艺处理。

1 防止环境气温的影响及坍落度控制

1）筒仓群体滑模分为 A、B 两组，施工日期在（10～11）月份，此期间上海地区温度变化幅度较大，温度从 8℃～25℃之间变化，昼夜温差在（4～8）℃之间。因环境温度将直接影响混凝土的出模强度，如每个浇筑层的凝结时间存在差异、混凝土在模板内待模时间不一致、以及出模后表面水分散发时间不同，出模后的混凝土表面就会产生色差。

为此，施工单位及时向上海市气象局搜集了第一手资料，将最近30年内气象资料进行汇总分析，列出不同年份、相同月份的最高温度与最低温度及月平均气温，并结合最近两周内的详细天气预报得出滑模期间最不利情况下的环境温度，在施工中尽量选择较为适宜的混凝土浇筑和出模时间。

2）坍落度的控制。现场质量负责及专业测试人员，根据当天的气象预报，加大环境温度及混凝土坍落度测试频率，根据气温的变化及时调整坍落度，避免混凝土坍落度过大，入模后造成局部混凝土出模后强度过低，表面颜色不一致。

2 原材料的控制

筒仓滑模施工周期历经约1个多月，其中原材料是出模后影响色差的主要因素之一，施工单位根据图纸计算出滑模混凝土用量，根据配合比分别计算出水泥、黄沙、石子、外加剂的用量，及时与搅拌站协调，增加料场容量，以保证滑模部分石子、黄沙、外加剂为同一产地、同一批次，并且一次备足，专料专用。

原材料中对颜色影响最大的是水泥，施工单位与商品混凝土搅拌站及时沟通，决定从源头控制，将一组滑模用料计划报送水泥厂家，要求厂家根据滑模工艺，对水泥的强度及凝结时间等特性要求，从原材料进行试配，确保滑模期间水泥用料为同一厂家、同一窑次、同一配方以确保颜色一致。

3 优化混凝土配合比

本工程筒仓滑模混凝土为清水混凝土，表面不做额外修饰，外观为混凝土本色，因此对配合比的要求极其严格，不但要求混凝土表面光洁度、密实度、耐久性达标，还要保证混凝土的出模强度（8h后出模强度达到0.15MPa～0.25MPa）、各种拌合物之间的黏聚力、混凝土的保水性等，以及滑模施工中气候、风向及风力、阳光照射面等各种因素的影响。

在施工过程中我们在严格控制滑模骨料石子的含泥量、水泥用量同时，加强对外加剂、粉煤灰等辅料的质量控制。施工单位根据现场不同环境温度，在现场做模拟实验，共做了6种不同温度下的混凝土配合比（具代表性配合比详见表9.13.2），以满足不同温度下滑模施工的要求。

表9.13.2 混凝土配合比

42.5水泥	中砂	5～25碎石	清洁水	外加剂	粉煤灰	矿粉
kg/m^3	kg/m^3	kg/m^3	kg/m^3	kg/m^3	kg/m^3	kg/m^3
260	740	1090	185	3.02	40	35

混凝土出模强度主要靠水泥、粉煤灰掺量调整及坍落度的调整来实现，其他辅料因相对稳定故不作调整，以免影响出模后混凝土出现色差。

4 质量通病的防治及表面工艺处理

在滑模施工过程中，有工人在清理操作平台时不慎将上个浇筑层余量混凝土及部分少浆混凝土混入模板内，虽然经过振捣，但出模板后局部出现了麻面少浆现象，即指派有经验的抹灰技工采取专用筛网取同浇筑批次混凝土筛选的砂浆，进行补浆处理。

表面工艺处理是滑模工艺的最后一道工序，施工操作前，由项目部技术人员进行专项技术交底，让每个工人明确各工序节点、操作要领。要求操作人员、首先要根据混凝土出模后表面的强度，掌握适宜的操作度，用木抹子沿圆弧水平方向用力提浆，将两块模板间的凹凸处搓平，直到混凝土表面浆层均匀为止，然后再用铁抹子赶光压实处理，最后用马蹄刷蘸少量清水，由下至上轻轻带刷，要求标高一致，涂刷纹道清楚且垂直。在操作过程中，技工主要要重点掌握操作度，严禁用铁抹子反复重压及带刷时将桶内残留余浆带到面层，引起局部色差。

9.13.3 施工总结

大型钢筋混凝土筒仓群应用滑模工艺效果非常突出，但其表面工艺处理及色差控制是质量控制重要的一环。为保证质量，通过工艺优化及操作细化要求，责任到每个岗位和实际操作人，取得了理想的效果。

1 经过参建各方的共同努力，上海外高桥粮食储备库项目面粉筒仓滑模工艺施工取得了预期效果，经上海市质检总站、市重大办、监理及业主单位的实体查验，筒仓外观感观效果及表观色差控制取得了历史性突破，受到了参检单位的一致好评。

2 实践证明本工程在筒仓外观色差控制中采用一系列有效的技术论证和保证措施，对滑模工程表面工艺处理及外观色差控制是适用的，取得了理想的效果，对类似工程具有一定的借鉴作用。

（北京国合建设 谢正武等）

第三篇　修订主要内容与专题研究

10 滑动模板工程标准修订主要内容

10.1 滑模规范标准版本沿革

滑模施工工艺始创于20世纪初期，主要采用手动丝杠千斤顶在小直径等截面的筒体结构中应用，由于液压滑模千斤顶、自控设备及专用模架等的研制成功以及施工综合管理水平的提高，20世纪40年代滑模在国外得到了较大的发展。我国于新中国成立前开始引进手动滑模施工，随着20世纪60年代液压滑模千斤顶的联合攻关和国产化，70年代滑模施工在全国推广应用，并得到了快速的发展，该项技术获得全国首届科学技术大会奖，80年代采用滑模综合施工的深圳第一高楼“国贸大厦”被广泛赞誉为“深圳速度”，如今高度超过百米的深谷桥墩、深度超过500m以上的竖（斜）井、高耸入云的烟筒和塔台、大直径超体量的筒仓、超千吨的托带空间结构等工程采用滑模施工，其工程质量获得国家优质工程奖、鲁班奖等，滑模施工技术也先后在人民日报、工人日报、建设报及中央电视台等媒体中专题报道，为我国的基本建设尤其是在特种构筑物和早期超高层建筑等施工方面发挥了重要作用。

在滑模规范标准制定、修订方面，大致经历了4个阶段：

第1阶段：20世纪50年代～70年代，以引进消化国外滑模设备、施工工艺、标准规定为主，逐步积累工程管理经验，先后由各大部委制定了有关滑模技术统一规定。原冶金部1976年颁布了《液压滑动模板施工技术规定》、1977年颁布了《滑动模板施工工程设计技术规定》冶基规101-77（试行），1975年冶金工业出版社出版发行专著《液压滑动模板施工》；原国家建委制订了《液压滑升模板工程设计与施工规定》JGJ 9 — 78，有关《钢筋混凝土高层建筑结构设计与施工规定》JGJ 3 — 79、《矿山井巷工程施工及验收规范》GBJ 213 — 79等编制了滑动模板施工方面的条文规定。

第2阶段：20世纪80年代，随着我国工程建设自主规范体系的建立和完善，以及滑模施工的广泛应用，有必要制定全国滑模专业规范，以确保滑模施工安全和工程质量，原国家计委委托冶金部建筑研究总院等单位编制我国第一部国家级的滑模工程设计与施工规范，《液压滑动模板施工技术规范》GBJ 113 — 87问世；鉴于滑模施工相继发生的两次重大安全事故，行业标准《液压滑动模板施工安全技术规程》JGJ 65—89也相继实施。1981年中国建筑工业出版社出版发行专著《滑升模板》，1984年四川科学技术出版社出版发行专著《液压滑升模板工程设计与施工》，1987年中国滑模工程协会（中国施工企业管理协会滑模工程协会）也成立，并组织定期出版专业期刊《滑模工程》；有关《烟筒工程施工验收规范》GBJ 78—85等也编制了滑动模板施工方面的条文规定。

第3阶段：20世纪90年代至21世纪初，随着我国加入WTO和一系列国际组织，我国的工程建设标准规范整体向世界先进行列迈进，各个规范按国家计划陆续展开修订。20世纪90年代，《煤矿井巷工程施工与质量验收规范》GBJ 50213—90、《钢筋混凝土高层建筑结构设计与施工规定》JGJ 3—91、《水工建筑物滑动模板施工技术规范》SL 32—92等编制了滑动模板施工方面的条文规定。

21世纪初，随着我国国民经济的快速发展和特种结构、超高层建筑、新型结构的日益增多，滑模技术有了新的创新和发展，第1次修订的国标《滑动模板工程技术规范》GB 50113—2005开始实施。

第4阶段：由2005年至今，《滑动模板工程技术规范》GB 50113—2005颁布实施14年，我国的工程建设标准规范进入了正常发展和修订阶段。相关行业标准《建筑施工模板安全技术规范》JGJ 162—2008、《高层建筑结构技术规程》JGJ 3—2010、《液压滑动模板施工安全技术规程》JGJ 65—2013、《水工建筑物滑动模板施工技术规范》SL 32—2014（DL/T 5400—2016）、《液压爬升模板工程技术标准》JGJ 195—2018等及国家标准《煤矿井巷工程施工规范》GB 50511—2010、《有色金属矿山井巷工程施工规范》GB 50653—2011、《钢筋混凝土筒仓施工与质量验收规范》GB 50669—2011等也先后完成了修订。

2014年中冶建筑研究总院有限公司、云南建工第四建设有限公司牵头第2次修订国家标准《滑动模板工程技术规范》GB 50113—2005，现已完成新标准《滑动模板工程技术标准》GB/T 50113—2019，从2019.12.01起实施。

<table>
<tr><td>第1阶段</td><td>第2阶段</td><td>第3阶段</td><td>第4阶段</td></tr>
<tr><td>行业标准制定</td><td>国家标准制定</td><td>国标修订1</td><td>国标修订2</td></tr>
<tr><td colspan="4">1950————— 1976 ————————— 1987 ———————— 2005 ————————2019</td></tr>
<tr><td>冶基规、JGJ</td><td>GBJ</td><td>GB</td><td>GB/T</td></tr>
</table>

10.2　修订的主要内容

10.2.1　本标准修订工作的指导原则

以现有《滑动模板工程技术规范》GB 50113—2005 为基础，按照符合技术先进、经济合理、安全适用、节能环保和确保质量的原则，全面反映滑模工程设计、施工、专用设备制造与工程监理的新技术、新工艺和新成果，同时吸收国内外先进的成功经验，促进滑模施工技术进步；并掌握好标准尺度，进一步完善滑模各系统和各个主要环节，与行业发展技术水平相协调，与国家现行的相关法律法规、标准协调一致，满足当前国内滑模施工发展的需要。

10.2.2　开展的调研工作

本标准修订大纲原则上不涉及液压爬模施工工艺；不增加新的特种滑模施工章节；滑模安全施工不单独列章，具体体现在各章节中；同时确定了“提高滑模施工结构观感质量的措施应用”、“滑模出模强度现场快速检测仪器设备应用效果”2个专题调研报告任务。

2015年～2017年，部分起草专家先后参加滑（爬）模科技创新成果交流年会，参观考察了大连金广公司承建的中粮粮食筒仓工地、中建三局承建的武汉绿地中心工地、上海建工承建的南京金鹰天地广场项目、中建八局承建的青岛海天中心项目，以及调研江苏揽月和江都万元设备制造公司、参加部分工程科技成果鉴定、技术咨询和滑模施工方案论证（图10.2.2）。

图10.2.2　滑（爬）模科技创新成果交流年会

1　有关“提高滑模施工结构观感质量的措施应用”调研报告中的一些先进的理念和行之有效的具体办法，基本上体现在条款中。如：

□在滑模施工前可采取的质量加强措施

1）滑模综合工种的人员培训。

2）设计操作平台的桁架梁或辐射梁的允许挠度控制应小于 $L/400$。

3）清水混凝土的模板专项设计，必要时加设内衬材料。

4）进行早龄期混凝土强度贯入阻力试验，绘制混凝土贯入阻力曲线。

□ 在滑模施工过程中可采取的质量加强措施

1）在适当位置增设一定数量的双顶，以预防平台扭转或偏移。

2）宜使用滑模专用的振捣器及浇灌用的配套工具。

3）出模混凝土表面修饰与硬化混凝土成品保护措施。

4）混凝土出模后应及时检查表面，宜采用“原浆压光”进行修整。

5）混凝土的养护不得污染成品混凝土。

□ 其他可采取的质量加强措施

1）设置在混凝土体内的支承杆不得有油污。

2）对于壁厚小于 200mm 的结构，不得采用工具式支承杆。

3）采用焊接方法接长钢管支承杆时，宜采用缩管机对钢管一端端头缩口。

4）对横向结构的楼板采用“滑一浇一”的方式。

5）滑模托带结构就位后被托带结构的变形、最大挠度应符合设计要求。

2 有关“滑模出模强度现场快速检测仪器设备应用效果”调研报告中的混凝土早期强度测试仪，它具有体积小、重量轻、容易携带、多功能、高精度、快速测试全过程等特点，在企业内部项目上应用效果较好，值得期待。

由于目前其他单位应用混凝土早期强度测试仪的资料有限，编制说明中建议在滑模施工日常普查混凝土早期强度时使用，以进一步积累资料和经验，本次没有纳入到相应条款中。

10.2.3 有关取消强制性条文的说明

设置强制性条文，目的是确保工程质量、人民生命和国家财产安全，杜绝重大工程隐患或安全事故。《滑动模板工程技术规范》GB 50113 — 2005 规定了 8 条强制性条文。

修订第二次工作会议确定了 7 条强制性条文，比 2005 版减少了 1 条。第 3 次工作会议确定保持不变。

审查会议前，根据当前住房城乡建设部编制规范标准的新要求，实行全文强制性条文规范和推荐性标准，本标准因此取消了强制性条文的设置，但大家在执行过程中应认真对待，确保施工安全。同时，将原“规范”名称统一改称为“标准”。

10.2.4 征求意见和审查会意见处理情况说明

关于在住房城乡建设部网站上全国公开征求的意见，以及向国内的有关单位、专家定向征询的意见，编制组对返回的修订意见都逐一进行了记录、逐条学习和研讨，对采纳的建议确定了对应的条文修改，对不采纳的意见认真研讨分析，也作出了解释，按规定形成“征求意见汇总处理表”。

关于审查会上形成的审查意见和建议，会后主编单位组织主要起草人对审查会议纪要进行了讨论，一致同意局部修改，将“7.5 滑模拖带结构”调整至 6.8；单列“5.1 荷载”；增加“6.9 滑模安全使用和拆除”；补充“附录 D 滑模施工检查验收记录”；按规定及时完成“审查会意见汇总处理表”。

10.2.5 本标准修订的主要内容

本标准共 8 章 24 节和 4 个附录，主要内容包括：1 总则；2 术语和符号；3 滑模施工的工程设计；4 滑模施工的准备；5 滑模装置的设计与制作；6 滑模施工；7 特种滑模施工；8 质量检查及工程验收；附录 A 支承杆允许承载能力确定方法；附录 B 用贯入阻力测量混凝土凝固的试验方法；附录 C 滑模施工常用检查记录表；附录 D 滑模施工检查验收记录表；本规准用词说明；引用标准名录；条文说明等。

其中修订的主要内容如下：

1 标准名称由《滑动模板工程技术规范》改为《滑动模板工程技术标准》；

2 标准代号由 GB 50113 改为 GB/T 50113；

3 取消了强制性条文；

4 增加“5.1 荷载”，调整了荷载标准值，增加了荷载分项系数表和荷载基本组合、标准组合；

5 增加“6.9 滑模安全使用和拆除”

6 增加“附录 D 滑模施工检查验收记录”；

7 “滑模拖带结构”调整至 6.8；

8 增加了采用滑模工艺建造的结构设计应符合滑模技术特点的有关规定；

9 提出了宜采用 ϕ48.3×3.5 钢管支承杆的规定；

10 提出了滑模施工中应采取混凝土薄层浇灌、千斤顶微量提升、减少滑升停歇等措施和规定；

11 增加了保证混凝土观感质量的措施和条款；

12 删除了原规范中抽孔滑模施工、滑架提模施工、降模施工等。

此外，由于滑模工艺技术难度较大，现场管理组织要求严格，受现场影响因数也较多，目前尚缺少混凝土出模强度便携检测仪，滑模施工新装备、新材料、新工艺的智能建造水平也有待深入研究和进一步提高。

10.3 修订的重要过程

本次规范修订工作采取集中和分散相结合的办法，修编组成员根据首次会议确定的修订大纲要求和专业特长分工组织撰写有关修订条款和条文说明，主编单位汇总整理完成讨论稿和定稿，为此，主编单位先后召开了多次编写工作会议和相关专题讨论会，每次对不同意见进行认真分析研究，主编单位和统稿专家最后定稿，如此循环，直到报批稿。

本次修编任务得到了主编单位领导和同行专家的大力支持，也得到了中国施工企业管理协会滑模工程分会、中国模板脚手架协会的大力支持及国内有关单位的充分肯定和积极响应。

主编单位首先组织召开了京内部分滑模专家研讨会，与会专家交流了近十年来滑模工艺在我国的应用与技术创新，重点介绍了原规范在本行业、本地区和本单位的使用情况和对规范修订的建议。经过初步调查收集修订意见和对国内外有关资料的分析研究，主编单位提出了规范修订大纲草案及相关专题。

2015 年 4 月在住房城乡建设部标准定额司和住房城乡建设部建筑施工安全标准化委员会的主持下，召开了国家标准《滑动模板工程技术规范》GB 50113—2005 修订编制组成立暨首次工作会议，正式成立了规范修订编制组，确定了主要起草人、进度计划和规范修订大纲，明确了各章召集人、统稿小组、日常工作小组（图 10.3-1）。

图 10.3-1 《滑动模板工程技术规范》修订组首次工作会议

2016 年 12 月征求意见工作会暨第二次工作会在北京召开，讨论“征求意见及条文说明（讨论稿）”，形成上报的“征求意见稿及条文说明”。

2017 年 1 月在政府网站上向全国公开征求意见，同时向国内的有关单位、专家定向征询意见。对返回的修订意见形成“征求意见汇总处理表”及送审稿（讨论稿）。

2017 年 5 月送审稿（讨论稿）内审定稿工作会暨第三次工作会在北京召开，讨论“送审稿及条文说明（讨论稿）”，形成上报的“送审稿及条文说明”（图 10.3-2）。

图 10.3-2　送审稿（讨论稿）内审定稿工作会暨第三次工作会

2017 年 7 月在北京召开送审稿审查会，会议由住房城乡建设部建筑施工安全标准化技术委员会主持，审查专家组对标准内容进行了逐条讨论，一致同意标准通过审查（图 10.3-3）。

图 10.3-3　《滑动模板工程技术标准》送审稿审查会

审查会后，编制组根据审查意见和审查会议纪要，经过充分讨论协商一致，先后完成“审查会意见汇总处理表”及报批稿，报审查专家复审。

主编单位完成报批稿及相关报批材料，报施工安全标准委员会审查。并报住房和城乡建设部主管部门审查。中国建筑工业出版社审查，校对。

2019 年 5 月 24 日，住房和城乡建设部颁布公告 2019 年 第 137 号，批准《滑动模板工程技术标准》GB/T 50113 — 2019 为国家标准，自 2019 年 12 月 1 日起实施，原国家标准《滑动模板工程技术规范》GB 50113 — 2005 同时废止。

11 滑动模板工程技术专题研究

11.1 关于修订滑模规范的几项考虑

本文主要摘录了胡洪奇等老一辈专家对我国滑模技术发展的深度思考，就滑模施工全局性的几项基本问题，郑重建议着力于治本解决滑模质量疑难问题。阐明了新版规范为何要修订，建议修订什么和怎么修订，专注于改观质量面貌的意识更真切，谨以此文与大家交流，相互切磋，推进共识。

11.1.1 认领参加修订新版规范的使命感

十年前，前版规范修编组做了很大的投入，曾以安全和质量为重点，修订了不少条文，包括突破了一些习以为常的事项，在内容上有明显变化，就连规范的名称也是新改的。对前版规范的成果，曾有过满足感，但内心思想仍觉得留有遗憾。

因为，总体上仍然是以 $\phi25$ 钢筋支承杆为主体系列，这个最根本的主要弱势并未被改变。实际项目的运作实施仍缺少管控，各单位自行其是的格局并未被扼制。规范条文中涉及安全和质量的条文仍然有遗憾。所做的不少努力，仍然局限在治标，未能着力解决治本。十年过去了，前版所存在的不足更显突出了。

再次参加新版修订工作，深感任重而急切，自当倍加尽心，竭力完成最后的效力，不再留下遗憾。

11.1.2 对新版规范的期待

2015 年开始进入新版规范的时代。滑模工艺在我国已经经历了六十多年的实践变迁，基于滑模工艺的独特优势，导致其发展进程过快、过热。20 世纪 70 年代一段时期全国盛行滑模施工，人们较偏执于扩展滑模的应用范围，而忽视了安全风险和质量弱势。较长期存在“为了滑模而滑模”的认识偏差，积揽下的质量疑难欠账积重难返。进展至今日有了新一代更新条件，应该适时将其安全和质量两大相对弱势主体，提升到治本的阶段格局，这是现实时代的客观形势需要，对此很有期待。

直面新版规范的修订，我们在主观理念上对滑模工程的认识、态度和思路，都比过去更加成熟、更为深入了，应该能做到恰当地评估过去的得与失，正确处理现实的矛盾，切实把握全局，突破现实的具体困局，强势引领和制约，以高质量推动滑模工程健康发展。

“规范”更多是为缺少专业经验的使用者群体服务的，也是项目建设各方共同遵照的依据，条文应严谨、准确、完备和可操作。期待新版规范的新面貌，能在排除风险、创优质量和强化可控效应等方面，取得治本性的重要进展，这既是修订工作的初衷，也是设定的目标。

1 以发展、变革和更新的理念引领工作方向。

2 以先进性、可靠性和现实性主导具体研考。

3 以确保安全、讲究质量和提升经济效应把握实际抉择。

凡是吸纳入规范的内容，包括将旧版的内容又延续写入新版，意味着再一次被认定那是必要的、合适的，有待认真地逐条逐字审订。

11.1.3 关于讲究质量的考虑

过去几十年，滑模工程实践遍及全国，涉及工业和民用多种多样的不同结构物，扩展了多样的滑升工艺，颇具创造性，经验丰富。滑模施工实践中优势明显，但也较多存在质量弱势，有其独特情况，如油污、扭转、偏斜及表观质量粗糙等都是较常见的通病。每每情况的出现既难以把控，又难以消除，不能仅简单归结于管理不善。

常在现场一线实践的人们，对质量疑难见多了已习以为常，并在心里也认定那“难以避免”，甚至有一种说法，“滑模外观质量就那样了”。何以长期如此被动，从客观上讲，与社会环境影响有关，工程界人们长期热衷于扩展滑模工程，对已经较多暴露的质量不尽人意，却不以为然，一直被当作是个别的局部现象，未引起社会的严肃关注。长期没有滑模施工专项资质管控，没有滑模素质要求制约，不论什么状态的项目班子，都可以实际上场真干。如此，不规范的滑模市场，多有项目是全新班子第一次搞滑模，其结局是实际干成什么样，就认什么样。

如今数说滑模工程的质量不尽人意，当然不是全然一无是处。长期实践的状态是，有不少项目干得较好，有些项目干得不怎么好，还有项目干得很不好。

干得较好的是全方位、全过程基本符合滑模工艺的技术特性条件。干得不怎么好的是不完全具备条件，或未能坚持全程遵守条件。而那些干得很不好者，则完全不具备条件，事前掉以轻心，缺失周全准备。在运作进程中茫然不知所措，必然吃尽了苦头。而事后则百般抱怨，遭遇到了太多说不清、道不明的原因，推卸责任。这种优劣失控态势，结局的好坏无从把握，表明工程实践中仍然缺少完整、有效的技术保障。临场作业进程中的实际可控效应太差，无法预知工程的结局会是怎么样。

一段时期以来，滑模施工的项目数量在减少。值此再次启动修订新版规范之际，毫不掩饰地反思质量问题，期待能以高质量重新振奋滑模工程。

“讲究”二字意为注重，突出了要特别关注，要致力谋求，要下决心、大力度去作为，把对施工质量的关注提升到主导地位。

必须从理念和态度上，厘正规范所认定的滑模质量标准，必须是确切地把握一次浇筑成型就完好无损，且具正常养护，确保外观及内在实质都优良。

面向未来，为了从根本上扭转滑模工程的质量弱势，首先必须着力严谨规范，全面强化技术可控效应，以优者的“必备技术条件”为引领，以切割劣者的“技术失落原因”为制约，以讲究质量去规范滑模技术。引领社会实践坚持宁少勿劣，确保干则必成，成者必优，那是所憧憬的滑模前程。

期待新版规范的修订，能以治本的力度严肃地注重质量，凡是有益于提高质量的强化之，凡直接损害质量的应制止，间接影响质量的应加以改善。涉及结构设计处置及施工操作方式方法的条文较多，有待以单一的质量标准、零容忍、不再迁就的态度，切实把握新版规范的技术质量水平。

11.1.4 关于规范滑升工艺的考虑

通常所说的“滑模施工”是多个不同滑升工艺的总称，包括原本的直接滑升模板，以及后来派生的滑框倒模、滑框提模、滑架提模等。不同名称代表着不同的施工方式。它们各自都是针对具体结构的个性条件而开发出来的。因此，必须认定各自的适用对象，不可以随意变换，这很重要也很关键。

前版规范对各个不同滑升工艺的应用条件未作出明确认定。长期以来，由具体实施单位自行其是地抉择滑升模式，因选项不当导致严重不良结局。滑模工程问题繁多、情况复杂是长期存在“为了滑模而滑模”的负面贻害。

滑模工程是很先进的，但不是简单的。滑模施工在安全方面存在较大风险，在质量控制方面也很有难度。搞滑模工程应该严肃遵循滑模规律，对实际条件有所选择、有所区别，必须针对不同结构分别采用不同的滑升工艺，对此应予以规范。

搞滑模工程要恰当地认定其地位，它是多种施工模式之一，不是唯一的，更不是万能的，应从理念上和实践中，不再“为了滑模而滑模”。认真实践优选、优质和优化滑模的思路，促使滑模工程较平和地健康发展。

1 优选滑模，强调的是突出优势

单个的筒体结构，其形体平面小、高度大，内部横向结构少，最适宜采用滑模施工，能最充分地发挥滑模的优势，包括烟囱、筒仓、井塔、电视塔、水塔、电梯井等项目，正是滑模施工的主体对象。结构设计条件适宜在体内布置支承杆。当采用钢管支承杆，对施工安全和质量都有明显提升。这种强势效应为其他施工方式无可替代。

再就单项工程的具体条件，择其适宜采用滑模的区段用之，而不适宜滑模的部分，不要勉强，不再偏颇地追求扩展滑模形象效应。例如筒仓的下端、井塔的顶端等，都存在结构设计有变化，应该坚持施工服务于设计需要，配合以其他的施工方法，讲究总体综合效应好。而不应过多要求设计勉为其难地去迁就单一的滑模施工，这样的考虑都属于优选滑模。

2 优质滑模，强调的是注重质量

高层框架结构体采用滑模施工，免除了大型机械，能完好地保持结构整体性，克服了预制装配模式的系列缺点，取而代之是设计和施工的突破性发展。

可是，以原本的滑模方式（即直接提升模板工艺），去应对框架结构，其实际质量情况很糟。尤其横梁的混凝土被损伤程度特别严重，致使框架结构的滑模施工失去了活力。而滑框倒模工艺，就是针对框架结构的个性条件特殊而出现的改进型变革，它又恢复了混凝土与模板之间保持静止状态，既能维护滑模施工的本质优势，又能实现优良质量成果。凸显了滑框倒模工艺所注重的是优质，称其为优质滑模。

当采用钢管支承杆，实施“体外”布置，更加有利于实施滑框倒模。其实，可以再进一步变革，不倒模板而倒其衬板，则更方便操作。因钢模板的尺寸较大，且比较重，改变为在模板内侧增加硬性塑料薄板，其形状和尺度都可以机动调整，质量效果会更好。

针对框架结构，切忌“为了滑模而滑模”。如果不能确保兑现优质滑模，那就不该选用滑模方案。

3 优化滑模，强调的是更新变革

高层墙板结构民用建筑，也有过一段时期盛行采用滑模施工，其总体施工态势是，施工的辅助设施极少，施工进度明显较快。但早期质量的残损情况也较突出，不尽人意。

其实，平面面积大，结构变化复杂，壁板厚度较薄，门窗洞口太多，楼层间隔小，这一系列主要因素，原本就不适宜采用滑模。再由于原本的滑模装置存在缺点，加上运作管控有欠缺，必然导致成品结构的残损太多。这样的结局，此乃“为了滑模而滑模”的沉重忧患，后来逐渐被大模板施工的质量优势所取代。

可是，大模板施工也存在它自身的不足，其主要弱点是必须设置大型塔吊和面临同一位置的施工缝处理。每施工一层楼都得将全套大板吊下、再吊上，装了再拆、拆了再装，如此状态的机械和人工的重复性简单劳作消耗太大，工期亦受影响，这个主要矛盾正是滑模施工所避免的。

前版规范已经列入“围模合一大钢模”，适应“滑架提模”方式提升了滑模质量，此项变革再次优化了墙板结构的滑模施工，或可以和大模板施工相互补充。

另外，把大块的群仓，分割为多个更小块的仓体，肯定可以使滑模施工的质量更好，效率更高，投入更少，更为经济合理。

再有，将平面面积过大的结构体，分割为多个小平面的，更有利滑模操作，促进施工进度，更好地把控质量。

以上所说，具体地阐述了很有必要对滑模施工中多样滑升工艺的实际应用，予以具体方案对比优选，如此去实践，都属于优化滑模。

11.1.5 关于推广钢管支承杆的考虑

空心千斤顶配以支承杆，是滑模施工最为核心的装置。它既是滑升的动力器具，又是整个操作平台的支承设施。它对整个滑模施工效应的影响最大，事关确保安全和质量。这是滑模技术上的老大难问题，新版规范有必要对此继续予以充分关注，应有所作为。

ϕ25 钢筋作为支承杆，是配对 3t 千斤顶而存在的，这套器具是液压滑模装置的最原始模式，它为滑模施工工艺的出现、成长作出过历史性贡献。随着社会发展，滑模工程项目规模巨大，结构物的情况复杂、多种多样，原本应该在扩展多种滑升工艺的同时，也开展支承杆的变革，则可以更安全优质地发展滑模工程。很遗憾，受当时的社会环境条件限制，没有出现积极的变革，而是将这套原始装置一成未变地被应用到所有结构的滑模施工，竟然使用了大半个世纪之久，那或许被称道为“成就”。但它加重了潜在的安全风险，增大了把控质量的难度，存在着如下诸多原发性的技术缺陷疑难。

1 一根独支 ϕ25 钢筋在受压状态下，原本就缺乏应有的刚度，是不稳定的，承载能力十分有限。它被用作支承杆，完全是依仗群杆、操作平台的联系和周边的低强度混凝土扶持，其稳定功效是很脆弱的。

由若干个弱小的单元体所构成的整个滑升平台装置，仍然是潜在的不稳定。在向上滑升进程中，有多种因素产生不平衡时，它完全缺乏抗拒能力。甚至可以认定是平台自身的不稳定性，更为严重地在诱发提升时的不平衡。在实践中由于在较高范围内没有水平结构联系、多有平台的偏移量突然急剧大幅增大，这正是平台的漂浮状态出现恶性发作。现在改用钢管支承杆，可显著增强平台自身的稳定性，很有助于控制偏斜和扭转。

2 ϕ25 钢筋支承杆必须设置在结构体内，则引发了一系列对结构设计有害的连锁干扰。支承杆侵占结构钢筋位置，不得不用支承杆替代结构钢筋，存在强度损失、接头质量不可靠，以及遭受油污等等贻害。改用钢管支承杆有了条件可在结构体外设置，则可彻底解脱掉上述的为害。

3 人们一直在质疑 ϕ25 钢筋支承杆失稳变形的反作用，它必对模板内的低强度混凝土，持续产生严重挤压损伤。其实，很常见的在模板下口之外发生的混凝土坍塌现象，就与支承杆变形的挤压有直接干系。尤其对薄壁结构的危害最严重，不应该任其继续被忽视。改用钢管支承杆，则可减轻或消除这种内伤危害。

4 过去，对 ϕ25 钢筋支承杆失稳问题的关注，主要着重于模板上口的脱空长度。而关注脱出模板下口之外的失稳问题，是被连续发生两起烟囱的滑升平台翻倒坠落事故所震撼。恶性事故的发生，除了涉及混凝土脱模强度太低因素外，其实，更为严重的是支承杆太柔，自身失稳变形是原发性的，是麻烦制造者。这对高空作业是最为严重的不安全因素，尤其对烟囱的无井架滑模施工威胁最大。规范中已要求严格控制混凝土出模强度，当然是必要的。而从技术上认定改用钢管支承杆，增强支承杆自身的稳定性，更为必要。

5 ϕ25 钢筋支承杆太柔软，当其负重时不可能保持挺直，必产生变位，这种失稳变位现象是不定量、不定向的，难以预测和控制。此项负面效应，使所有的各个提升点的不同步量差增大了，即千斤顶的冲程精度量差再加上支承杆自身的变位量差，后者的危害更大，却被人们长期所忽视。当改用钢管支承杆，则可基本消除自身变位的危害。

6 ϕ25 支承杆在模板上口处的脱空自由长度被限制得很小，这使其他工序的操作活动空间很受限制，亦使结构设计钢筋受制约，更是发展“倒模”的障碍。当改用钢管支承杆，则可较大改善相关条件。

采用钢管支承杆，创造了可实施在结构体外布置，则可以实现全部回收重复使用，在经济上也是有优势的。

以上所述情况，系统地从技术上认定 ϕ25 钢筋支承杆存在的诸多危害，那都是滑模施工中最为严重的核心症结问题，而且强调了现在已具备了解决问题的现实条件。具体指出了用 $\phi48\times3.5$ 钢管替代 ϕ25 钢筋去做支承杆，其优势突出，在实际工程上使用的安全和质量正效应，两者是不可比的，新者占绝对强势，可以克服旧者的全部弱势。当大大增强了支承杆的自身稳定性，将显著地改善滑模施工中的一系列重要技术条件，对确保安全和提升质量，最具治本性质的更新换代变革。

目前，6t 规格的千斤顶配以 $\phi48\times3.5$ 钢管支承杆，已经是成熟技术。建议新版规范切实贯彻技术先进、积极治本的修订思路，不宜再保留 ϕ25 支承杆。并

对 $\phi48\times3.5$ 钢管支承杆进行系列的验证性试验，包括“体内”和“体外”不同条件下，不同级别负载量情况下，支承杆的加固点间隔距离和加固方式，予以可靠的界定，明确落实安全系数值。包括支承杆的接头节点处置亦是重点之一。

11.1.6 关于强化质量可控效应的考虑

滑模施工在长期实践中，一直存在质量较难控制的现象。诸多有关把控质量的措施，其实际可控效应很弱，发生质量事故的概率较大，而且常为多发性的。每每从开工启动就对工程的结局会怎样，缺失肯定的把握，心有余悸地悬念着，不知何时、何处又会发生何等事故。这种心存不安的纠结心态，是唯对滑模施工所独有的。

提出“强化质量可控效应”议题，正是针对规范中的质量检查部分要严肃、要严格。这同样是促使改观滑模施工质量面貌的又一治本措施。

在常规施工中质量检查的活动方式是滞后性的，跟随在各工种的作业程序之后，分阶段进行的，是处于静态中进行单一的质量检查，未经认可不得进入下道工序。当发现质量有问题，可以中断施工进程，等待完成根治性处置，最严重的处置可以拆除返工。所以，成品结构的质量是可以控制的。

可是，滑模施工的独特，它是 24 小时连续不停的动态作业，各个工序又都是以很小量的周而复始地交替循环作业，不存在大批量的检验，无法提供专为质量检查单独活动的条件。更为特殊的是，在滑模施工的浇筑进程中，在作业平台的上方是空的，根本没有任何结构形体存在。而在作业平台的下方，从模板下口脱出的混凝土实体，已是浇筑成型的成品结构，此时发现任何质量问题，那已是既成事实又难以改变。这就是滑模施工的质量检查所面对的特殊被动态势，这就是所说的滑模质量的可控性较差。

为此，滑模施工的质量检查必须严格地实施超前防范，做到预先把控，使之不发生任何质量事故。那是高水准、高难度的，也凸显是更为严肃的。

规范应明确质量检查的广度和深度，必须全覆盖规范中所有章节的全部条款得到落实。包括滑模的工程设计、滑模的施工准备、滑模装置的设计、制造和组装及滑模的浇筑等。这样既明确规定了质量检查的使命责任，也为行使职责提供了监督依据。

那么，滑模的质量检查模式，必须摒弃常规的滞后、消极的被动态势，即突破长期存在的固有习惯，转变为独特的、超前的、积极防范态势。前者在施工中呈现的状态是，在陪伴施工、在跟随施工、在等待施工。而后者则凸显在主导施工、在引领施工、在把控施工。这样的转变是不容易的，是很辛苦的，是很劳累的。但必须这样做到位，才能实现强化质量的可控效应。

11.1.7 关于注重讲究滑模素质的考虑

搞滑模施工必须注重讲究滑模素质优，这是保障滑模质量的又一重要条件。严谨的规范也还是要靠高素质的人去操作实施，才能确保规范的各项要求得到落实。

强势的滑模素质包括：厘正滑模理念、遵守滑模规律、掌握滑模技术和高质量意识。这样的素质条件在施工现场所展现的是，积极主动高效率作业状态，能高度自觉地坚持全方位和全进程遵守滑模规范运作，凸显组织严谨，纪律性强，责任到岗，准备充分周全，操作严格和指挥得力。包括队长和领班，乃至每一个技术骨干都积攒有滑模实践经验。有这样的滑模素质强势，必有把握能兑现施工质量优良结局，这有成功的实际范例。

可见，滑模施工有很强的专业特殊性，并非任何一个常规的施工队都可以直接胜任滑模施工。即使是一级建筑施工企业，并不表明它的滑模施工能力也是同级水准的。

为了强化质量可控效应，必须注重讲究滑模素质，应该遵照这样的强势素质要求，去实践滑模工程。

既提出了素质要求，则需有组织措施保障，对实际上岗进行素质考核。

11.1.8 关于厘正滑模理念的考虑

所说的厘正理念，主要指观念上对滑模的认识，对待滑模所持的态度，取胜实践滑模的思路和积极正视滑模仍存在的问题，及认定滑模工艺需要发展。

1 滑模施工很有优势特点

针对高耸的结构体，仅使用长约一米多高的模板，在动态中连续向上滑升实施浇筑作业，去完成几十米乃至几百米高的结构物。这种施工模式：能适应狭小的施工场地；可以减少或避免相邻建筑的施工干扰；保持了主体结构的整体浇筑；解脱了对高耸结构施工难的顾忌；施工速度快，每天日夜连续施工；不需要大型起吊机械；最大限度地减少了模板和脚手架的使用量和消耗量；避免了大量的重复性劳作；文明施工，各工种的一切作业都在同一平台上活动，劳动强度低；有较好的经济效应和社会效应。正是这些优势，一度在全国兴起了滑模热，持续了很多年。

2 滑模施工不是万能的

有了滑模工艺的出现，虽然直接冲击了高层的预制装配结构模式，但它不可能发展成唯一的施工模式。应该注意把滑模定位在，仍是多种施工模式之一，需要和其他常规施工协调共生，综合各自的优势服务于社会需要。所以，不该追逐谋求滑模独大，那不是社会的客观需要，也不符合施工技术实际发展的可能。

3 认知滑模不易

滑模工艺是先进的，但不是简单的。它的安全风险较大，质量疑难较多，速度快得凸显紧张，持续日夜作业亦较劳累。各个工序分项操作较简单、方便，但兑现整体结构优质则难度很大。切不可对滑模施工掉以轻心，决不能以常规施工所固有的老观念、老经验、老习惯和老作风去干滑模施工。

4 应注重滑模的实际效果

每当抉择搞滑模施工时，必须着眼于实际可以取得的真实效果，包括安全效应、质量效应、工期效应、经济效应及社会效应。切忌淡待最后结局效果，勿片面地追逐扩大滑模的形象效应，偏差成“为了滑模而滑模”，这是较长时期存在理念上的失误，在规范中也受此影响。

5 遵守滑模规律

在此所说的滑模规律，即取胜滑模的必由之路。那就是规范所制定的一整套运作方式和方法，严肃地遵守规律去实践，能够确保工程安全和质量。凡违背规律行事，必遭安全风险和质量事故。守规律成了搞滑模施工的一道戒律。

6 熟练掌握滑模技术

需要掌握的滑模技术，包括在规范中的工程设计、施工准备、滑模装置、滑模浇筑和质量检查等各个章节条文之中，那是全方位和全过程的专项技术要求，必须全面读懂、熟知其技术要点，必须在实践中全面落实兑现。

7 理顺滑模施工与结构设计的协同关系

抉择滑模施工方案不是施工单位一家的事，施工与设计需相互适应、相互支持。

在选择滑模项目时，在全局总体上应以设计需要为主导，发展滑模为设计服务。但在既定的滑模施工方案中，应以滑模要求为主导，设计应着力创造最佳滑模条件，为施工出力。

有关横向结构的二次施工，需双方共同研考，积极协调减少实际困难。施工方尽管是主导者，必须征得设计方的认同，不得单独自行其是。

上述的理念方面事项，虽都不是直指实际的具体技术，但却都直接关系到引领技术、主导技术和把握技术的实际运用，涉及修订规范的导向，有必要对这些方面予以关注。

11.2 关于提高滑模工程结构观感质量的技术措施

滑模施工以滑模千斤顶、电动提升机等为提升动力，带动模板（或滑框）沿着混凝土（或模板）表面滑动而成型的混凝土结构施工方法的总称，简称滑模施工。近50年来，在传统滑模工艺的基础上，针对结构的个性条件，通过动力装置、模板系统等工艺革新，开发派生出较多新的工艺，如滑框倒模、滑框提模、滑架提模、早期的液压爬模等。滑模施工适用于混凝土结构工程，包括：筒体结构、墙板结构、框架结构、特种滑模工程。

滑模施工与常规施工方法相比，仅使用长约1m多的模板，在动态中依靠自带动力连续向上滑升实施浇筑作业，去完成几十米乃至几百米高的结构物。能适应狭小的施工场地；可以减少或避免相邻建筑的施工干扰；保持了主体结构的整体浇筑；施工速度快，可日夜连续施工；不需要大型起吊机械；最大限度地减少了模板和脚手架的使用量和消耗量；避免了大量的重复性劳作；各工种的一切作业都在同一平台上活动，劳动强度低，绿色环保及安全文明施工；滑模设施也易于拆散和灵活组配，可以重复利用；有较好的经济效应和社会效应。

滑模施工也存在较多质量通病，有些质量缺陷有其工艺特殊性，如油污、扭转、偏斜等。在20世纪70年代我国滑模工艺发展进程过快、过热，一段时期全国盛行滑模施工，人们较重地偏执于扩展滑模应用领域，涉及工业与民用建筑中多种多样的不同结构物，但较长期存在“为了滑模而滑模”的偏差，尤其滑模混凝土的外观质量长期不尽人意，一直受到建筑业界的关注。

长期以来滑模施工的质量状态是，有不少项目获得优质工程，但有一些项目干得不怎么好，也确有个别项目质量较差。干得较好的是全方位、全过程基本符合滑模工艺的技术特性条件，滑模工程质量完全能够达到优良。因此，本次规范修订大纲确定了“提高滑模施工结构观感质量的措施调研”项目，对一些行之有效的方法措施开展进一步调研，总结提炼并纳入新规范，以提高全国滑模技术管理水平和工程质量。

施工质量管理是一个大系统，贯穿于施工全过程的各个环节，质量控制人人有责。规范修订组在修订过程中，通过中冶集团新技术示范项目考查、滑模分会新技术交流会、技术咨询、工地检查与学习等多种方式开展了广泛的调查研究，先后参观考察了二十冶承建的陕西富平生态水泥厂、大连金广公司承建的中粮粮食群仓、北京住总承建的全向信标塔、中建三局承建的武汉绿地中心、北京城建承建的王府井商城钢连廊整体提升、上海建工承建的南京金鹰天地等，同时也征求了部分滑模施工单位和修订组专家的意见，对收集梳理的主要管理技术质量措施进行了多次研究，形成了基本一致意见。

11.2.1 关于滑模工程的设计与施工关系的再认识

设计在先、施工在后，没有科学合理的结构设计，也很难体现滑模施工的优势。只有设计和施工两方面的积极性都发挥出来了，才能满足建筑功能和确保工程质量。

滑模工程的设计与施工，两者应该相辅相成。采用滑模施工并不需要改变原设计的结构方案，也不带来特殊的设计计算问题。滑模施工为结构设计提供了新的条件，同时也需要设计吸取滑模施工的基本要素，为施工创造一些必备的条件。

在总体上，应以设计需要为主导，施工应该遵循于设计，但在具体细节上，设计应照顾滑模施工的工艺需要，设计方面应积极地关注施工的变化，在维护设计效果的前提下，多为滑模施工创造一些有利于施工作业的条件。

对拟采用滑模施工的结构设计，应优先考虑滑模施工的特点、优势；最大限度的考虑滑模能够一次性滑升到顶的结构设计；同时最大限度减少滑模施工的中间可能停顿次数，并以此来促进滑模施工的外观质量改善。对横向结构的二次施工方案，有时采取先滑模施工部分竖向结构（如外墙或柱，筒体外壁等）后，再施工横向结构（如楼板平台、内部横梁结构或筒体隔板等）的做法，这会使结构物在施工过程中改变原设计的结构工作状态，涉及滑升过程的整体稳定问题；对于施工提出的有碍滑升的设计局部变更修改等；施工单位不应单方面自行确定，应征得设计单位认可；滑模工程的设计与施工需相互适应、相互支持。

11.2.2 关于滑模工艺的适宜性及方案比选

通常所说的“滑模施工”是多个不同滑升工艺的总称，包括原本的直接滑升模板，以及后来派生的滑框倒模、滑框提模、滑架提模等。不同名称代表着不同的施工方式，它们各自都是针对具体结构的个性条件而开发出来的。

滑模技术是很先进的，但不是简单的，对实际条件有所选择、有所区别，必须针对不同结构分别采用不同的滑升工艺。

滑模施工是多种施工方法之一，不是唯一的，更不是万能的。

因此，必须认定各自的适用对象，不可以随意变换，这对保障外观质量很重要也很关键。

1 筒体结构采用滑模施工优势突出

单个的筒体结构，其形体平面小、高度大，内部横向结构少，最适宜采用滑模施工，能最充分地发挥滑模的优势，包括烟囱、筒仓、井塔、电视塔、水塔、电梯井等项目，正是筒体结构滑模施工的主体对象。结构设计条件适宜在体内布置支承杆。当采用钢管支承杆，对施工安全和质量都有明显提升。这种强势效应为其他施工方式无可替代。

再就单项工程的具体条件，择其适宜采用滑模的区段用之，而不适宜滑模的部分，不要勉强。例如筒仓的下端、井塔的顶端等，都存在结构设计有变化，应该坚持施工服务于设计需要，配合以其他的施工方法，讲究总体综合效应好；而不应过多要求设计去迁就单一的滑模施工。

2 特种框架结构宜采用滑框倒模工艺施工

大型构筑物的框架结构选型，可采用异形截面的框架柱，以增大层间高度，减少横梁数量。可以实现其刚度比相同截面积的常规矩形或圆形柱子大几倍，设计出最适合于滑模施工的框架结构，充分发挥滑模的优势。已有工程实例如安庆铜矿主井塔架高 48.7m，柱设计为四根角型柱，层高 10m 及 12m，横梁跨度为 3.6m。这种结构设计就很富有滑模施工的特性。

可是，以传统的滑模方式（即直接滑升模板）去应对框架结构，其实际质量情况往往不尽人意。尤其横梁的混凝土被损伤程度较严重，致使框架结构的滑模施工失去了活力。而滑框倒模工艺，可以针对框架结构的特殊条件，而出现的改进型变革，它又恢复了混凝土与模板之间保持静止状态，既能维护滑模施工的优势，滑模质量又能得到较好保障。

针对一般民用高层框架结构过去曾采用过传统滑模施工，免除了大型机械，能完好地保持结构整体性，克服了预制装配模式的系列缺点，取而代之是设计和施工的突破性发展。但切忌“为了滑模而滑模”，如果企业没有这方面的工程经验，滑模施工质量不能保证，最好选择其他施工方案。

滑框倒模工艺可以进一步发展方向，不倒模板而倒其衬板，则更方便操作。因钢模板的尺寸较大，且比较重，改变为在模板内侧增加硬性塑料薄板等，其形状和尺度都可以机动调整，改善质量效果将会更好。

3 剪力墙结构宜采用“滑一浇一”工艺

高层建筑剪力墙结构，也有过一段时期盛行采用传统滑模施工，施工的辅助设施极少，施工进度明显较快。但其质量也参差不齐，若管理不善，容易发生水平拉裂、夹灰疏松层等质量通病。后来在一些地区，逐渐被“大模板施工”所取代，现在“液压爬模施工”方兴未艾。

可是，大模板和液压爬模施工也存在它自身的不足，其主要弱点是所有接槎都在同一标高位置，其施工缝质量也不易保证；而且大模板必须设置大型塔吊，每施工一层楼都得将全套大板吊下、再吊上，装了再拆、拆了再装，如此循环的重复性劳作消耗太大，效率低，工期亦受影响；液压爬模施工刚开始组装和最后拆除也需要大型塔吊，墙体预留的贯通孔洞后期容易形成冷桥，这些主要质量问题正是滑模施工所没有的，也是滑模施工的优势所在。

因此规范规定了采用滑模施工的墙板结构，一次滑升区段的平面面积不宜过大，一般滑模分区的面积不宜大于 $700m^2$；设计过大的面积宜分隔滑升区段，按错台式实施滑升。

在条件允许的情况下，滑模的模板宜最大限度的考虑大钢模，这样可以减少模板的拼缝，并以此来提高滑模混凝土的外观质量的措施之一。原规范已经列入“围模合一大钢模”，本次修订强调优先采用比较先进的“滑一浇一”工艺。

综上所述，很有必要对不同结构采用最佳的滑升工艺，对于不宜滑模施工的部位配合其他方法，综合发挥各自施工工艺的优势，不发生或减少质量通病。

11.2.3 关于大力应用钢管支承杆的考虑

支承杆是滑模系统的承重支杆，又是滑模千斤顶运动的轨道，施工中滑模装置的自重、混凝土对模板的摩阻力及操作平台上的全部施工荷载，均由千斤顶传至支承杆承担，其承载能力、直径、表面粗糙度和材质均应与千斤顶相适应。它对整个滑模施工的影响最大，事关施工安全和工程质量。

$\phi48\times3.5$ 焊接钢管在建筑业是一种常见用作脚手架使用的钢管，市场量大，6t 规格的千斤顶配以 $\phi48.3\times3.5$ 钢管支承杆，工程实践表明已经是成熟的。

$\phi25$ 的实心圆钢和 $\phi48\times3.5$ 的钢管比较，其截面积基本相同，而钢管比实心圆钢的惯性矩约大 6 倍，这对压杆的稳定是十分有利的，当采用额定承载能力在（60～100）kN 的穿芯式千斤顶时，现场大都使用 $\phi48\times3.5$ 钢管作支承杆与之配套。

采用钢管支承杆，可实施在结构体外布置，则可以实现全部回收重复使用，在经济上更是有优势的。

$\phi25$ 钢筋作为支承杆，是配对 3t 千斤顶而存在的，这套器具是滑模提升系统的最早期模式，它为滑模施工工艺的出现、成长作出过历史性贡献。随着社会发展，滑模工程结构多种多样，而这套原始装置几乎一成未变地被应用到所有结构的滑模施工，而且一直沿用至今。但单个 $\phi25$ 钢筋支承杆太柔软，刚度很小，即使与操作平台组成空间结构，当其负重时存在发生变位的潜在趋势，存在着较多缺陷，现在已具备了解决传统支承杆的现实条件。

新规范规定优先采用 $\phi48.3\times3.5$ 钢管作支承杆，在实际工程上使用中可显著增强平台自身的稳定性，有助于控制偏斜和扭转，将显著地改善滑模施工中的一系列外部条件，其优势突出，对施工安全和确保工程质量意义重大。

今后 $\phi48.3\times3.5$ 钢管支承杆在滑模施工中将长期大量使用，原规范已经给出了相关的理论简化计算方法和经验数据，但也说明了还缺少工程试验数据。建议将来开展系列的实物验证性试验，包括“体内”和“体外”、不同条件、不同负荷级别的情况下，科学地掌握其稳定条件和承载能力，以及支承杆的加固间隔和加固方式，包括支承杆的接头节点处置等。

11.2.4 明确实行“薄层浇灌、微量提升、减少停歇”的滑升制度

本次规范修订，在正文中明确提出了滑模施工过程中应采取“薄层浇灌、微量提升、减少停歇”的滑升制度。

1 关于“薄层浇灌”

正常滑升时，混凝土每次浇灌的厚度不宜大于200mm，即“薄层浇灌”。关于混凝土的“浇灌层厚度”问题，基于以前人们把浇灌混凝土——绑轧钢筋——提升模板作为三个独立的工序来组织循环作业，即模板的提升应在一圈钢筋绑扎完毕和一个浇灌层厚度范围内的混凝土全部浇灌完毕后，才能允许进行模板提升，然后再进行下一个作业循环。模板的提升高度也就是混凝土浇灌层的厚度。随着现代化的施工机械设备的大量普及应用，在施工中“浇灌层厚度”可以1次达到300mm、500mm甚至更厚都不是难事。而现在大家都体会到，大体量的结构混凝土浇灌层盲目加厚确实给施工带来很多不利的影响，其中最突出的有：

① 会较大地增加支承杆的脱空长度，降低支承杆的承载能力；

② 浇灌层过大会增大一次绑扎钢筋、浇灌混凝土的数量以及提升模板所需的时间，实际上是增大了混凝土在模板内的静停时间。这会增大模板与混凝土之间的摩阻力，提升时易造成混凝土表面粗糙、出现裂缝或掉楞掉角等质量缺陷；

③ 一次提升过高，易产生“穿裙子”现象；

④ 对有收分要求的筒体结构，由于提升时模板对刚浇灌的混凝土壁有一定的挤压作用，如果一次提升过高，较难保证筒壁混凝土的质量；

⑤ 大体量的结构浇灌层厚度过厚，施工组织管理协调的难度加大。

2 关于“微量提升”

为了保证滑模工程的外观质量，在正常滑升过程中，两次提升的时间间隔不宜超过0.5h。

在滑模施工中能否严格做到正常滑升所规定的两次提升间隔时间（即混凝土在模板中的静停时间）的要求，是直接关系到防止混凝土出现被拉裂、防止出现“冷接头”，保证工程质量的关键。当气温很高时，为防止混凝土硬化太快，提升时摩阻力过大，混凝土有被拉裂的危险，可在两提升间隔时间内增加（1～2）次中间提升，中间提升的高度为（1～2）个千斤顶行程，以阻止混凝土和模板之间的粘结，使两者之间的接触不超过0.5h。也可采用每间隔如10min提升1个行

程，固定时间微量提升，在提升过程中不必要求平台上的其他施工作业停顿，把“提升”工序常态化。

3 关于“减少停歇”

以往不少施工单位对滑模施工的时间限定性常重视不够，即从事各工序操作的施工人员只考虑如何去完成本工序的工作，而对应该在什么限定时间内完成却注意较少，或者说要努力在最短时间（指定时间）内完成作业的意识并不十分强烈。常常因施工材料运输跟不上，施工设备维修不及时而无法运转，水、电系统故障，施工组织不合理等原因使滑模施工出现无计划的超常停歇时有发生，使计划的滑升制度得不到保证。应该指出，滑模施工的时限性要求是这一施工方法的显著特性之一。

因此滑升过程中应采取“薄层浇灌、微量提升、减少停歇”的滑升制度，将其他各工序作业均安排在限定时间内完成，否则就容易直接影响滑模工程的质量。

11.2.5 关于质量检查监控的认识

滑模施工过去在长期实践中，一直伴随着外观质量较难控制的缺憾，如何才能更好地促进滑模外观质量的改善呢？

在普通混凝土施工中质量检查的活动方式往往是滞后性的，跟随在各工种的作业程序之后，分阶段进行的，是处于静态中进行单一的质量检查，未经认可不得进入下道工序。当发现质量有问题，可以中断施工进程，等待完成处置，最严重的处置可以拆除返工。所以，成品结构的质量相对是容易可控的。

可是由于滑模施工的独特，它是24h连续不停的动态作业，各个工序又都是以很小量的周而复始地交替循环作业，不存在大批量的检验，无法提供专为质量检查单独活动的条件。更为特殊的是，在滑模施工的浇筑进程中，在作业平台的上方是空的，即没有任何结构实体存在。而在作业平台的下方，从模板下口脱出的混凝土实体，已是浇筑成型的成品结构，此时发现任何质量问题，那已是既成事实难以改变，这就是滑模施工的质量检查所面对的特殊被动态势。

此外，滑模施工速度快凸显紧张，持续日夜作业亦较劳累，项目管理团队和施工人员必须充分认识和重视，才能做好滑模施工和质量控制工作。由于平台面积有限，可供人员操作的空间紧张，因此，平台上作业的工人较少，不同于常规施工只要单一技能的工人即可，滑模施工需要综合素质较高的技术工人，1人能任多个岗位，这样必须经过滑模、爬模岗位专项培训，滑模分会已开展这项培训工作多年，实践证明这是一项事半功倍的事。

过去，大家更多地关注操作平台上的绑钢筋、浇混凝土、滑升等三大主要工序，对于操作平台下刚出模的混凝土强度普查、混凝土外观质量检查修饰等关注度不够，对于“原浆压光”的时间掌控、抹灰工人数量安排重视不足，实践表明，专门安排熟练、足够的抹灰工，及时采取原浆压光工艺对改善混凝土外观质量有重要作用，今后可以将原浆压光作为滑模施工另一大主要工序。

为此，滑模施工的质量检查必须摒弃常规的事后、被动态势，转变为超前的、积极防范态势；必须严格地实施超前防范，做到引导施工、预先把控，使之不发生任何质量事故。

新规范进一步明确了质量检查全覆盖规范中所有的章节，包括滑模的工程设计、滑模的施工准备、滑模装置的设计、制造和组装及滑模的浇筑等各个环节，对有益于提高质量的进一步保留强化，对间接影响质量的应加以改善，对难以保证质量的应放弃。严谨的规范也还是要靠高素质的人去操作实施，才能确保规范的各项要求得到落实。

11.2.6 提高滑模施工结构观感质量的一些具体措施

1 强调了设计单位与施工单位应密切配合

对于采用滑模施工的结构，设计应关注这种特种施工工艺的需要，多为施工创造一些有利条件；要求局部变更的部位，施工应该遵循于设计，征得设计单位同意；只有设计和施工两方面的积极性都发挥出来了，工程建设质量才能有保障。

2 强调了滑模方案的比选，针对不同的结构类型，综合确定适宜的滑模施工区段，对能发挥滑模优势的应优先采用滑模设计施工、其他部位可采用普通支模。

增加了一般滑模分段分区的面积不宜大于 $700m^2$ 的定量要求（新规范第3.1.4、3.1.6、3.2.1、3.2.9、4.0.5 条等）。

3 提出了支承杆宜采用 $\phi48\times3.5$ 焊接钢管。

4 提出了根据工程需要，可开展支承杆承载能力数值分析计算的要求（新规范第 5.1.5 条）。

5 提出了滑模施工中应采取“薄层浇灌、微量提升、减少停歇”的滑升制度。

6 删除了原规范中“7.5 抽孔滑模施工”整节。

删除了有关条款中的降模施工、自承重劲性骨架、工字柱、双肢柱、悬吊支模等的条文。

7 在滑模施工前可采取的质量加强措施

1）滑模综合工种的人员培训。

2）设计操作平台的桁架梁或辐射梁的允许挠度控制应小于 $L/400$。

3）清水混凝土的模板专项设计，宜采用内表面光滑的大钢模，必要时加设内衬材料。

4）进行早龄期混凝土强度贯入阻力试验，绘制混凝土贯入阻力曲线。

8 在滑模施工过程中可采取的质量加强措施

1）在适当位置增设一定数量的双顶，以预防平台扭转或偏移。

2）宜使用滑模专用的振捣器及下灰用的配套工具。

3）出模混凝土表面修饰与硬化混凝土成品保护措施。

4）混凝土出模后应及时检查，宜采用原浆压光进行修整。

5）混凝土的养护不得污染成品混凝土。

9 其他可采取的质量加强措施

1）设置在混凝土体内的支承杆不得有油污。

2）对于壁厚小于 200mm 的结构，其支承杆不宜抽拔。

3）采用焊接方法接长钢管支承杆时，宜用缩管机对钢管一端端头进行缩口，以提高焊接速度及支承杆的稳定性。

4）对横向结构的楼板采用“滑一浇一”的方式。

5）当滑模托带结构到达预定标高就位时其支座处的混凝土强度应达到设计强度的 100%，就位后的托带结构的变形、最大挠度应符合设计要求。

6）严格控制滑模施工时不同季节、不同温度和不同条件下的混凝土水灰比、塌落度及滑模滑升速度，使之滑模混凝土的出模强度始终保持在（0.2～0.4）MPa 之内，从而能够对滑模混凝土的表面实行“原浆压光”。

11.3 滑模出模强度现场快速检测仪器设备应用

滑模混凝土出模强度，通常要求其性能能保证刚出模的混凝土不坍塌、不流淌、也不被拉裂，并可在其表面进行简易修饰和后期强度不显著降低等。已有试验资料表明若出模强度太低不仅容易造成滑升时局部混凝土塌陷，影响施工的安全性，而且混凝土的早期受荷对其28d的抗压强度影响也较大。若出模强度太高会引起滑升阻力成倍增加，模板提升困难，易发生混凝土表面被拉裂，严重影响墙壁混凝土的质量和表面观感。

对出模混凝土强度的检查是滑模施工特有的检测项目，试验结果和工程实践表明，当混凝土早期出模强度≥0.2MPa时，可以满足滑模施工的各项基本要求。本次修订规定，混凝土出模强度应控制在（0.2～0.4）MPa范围内。其目的在于掌握在施工气温条件下混凝土早期强度的发展情况，控制提升间隔时间，以调整滑升速度，保证滑模工程质量和施工安全。

因此，滑模施工中如何准确地掌握混凝土的出模强度规律，一直困扰着滑模行业。为了探究更高效、更稳定的解决方案，经过长期的探索和实验，积累了许多宝贵的经验。

11.3.1 出模强度检测的五种方法简要介绍

1 压力试验机法

通常情况下，判断混凝土的出模强度可以通过测定同批次混凝土的立方体抗压强度直接实现。尽管选派经验丰富的实验员，也存在较大的困难，主要是龄期仅数小时的混凝土立方体试块强度很低，难以采用一般常规压力试验机进行测定，由于一般常规试验机能量大，每波动一小格的计量单位较大，不易控制加荷速度，也难以准确读计试验结果；采用小能量的小型压力机进行测试，但低龄期混凝土在施压过程中，常由于其中集料处于某种排列组合状态，使在受压时集料间产生抵抗相对滑动之摩阻力，大于水泥由初步水化作用所产生的微弱胶结力，形成集料主要承受压力，使试验往往失真。

2 贯入阻力法

采用贯入阻力法能灵敏地模拟反映出混凝土的凝结速率，结论可靠。贯入阻力试验是在筛出混凝土拌合物中粗骨料的砂浆中进行。以一根测杆在10s±2s的时间内垂直插入砂浆中25±2mm深度时，测杆端部单位面积上所需力——贯入阻力的大小来判定混凝土凝固的状态。

《滑动模板工程技术规范》GB 50113—2005中规定的混凝土贯入阻力测定

方法，是参照原冶建总院编制的“用贯入阻力测量混凝土凝固的试验方法”、美国 ASTMC/403 和现行国家标准《普通混凝土拌合物性能试验方法标准》GB/T 50080 等制订的，其单位为“kN/cm^2”而不采用“MPa”，主要是考虑与通常所称混凝土强度区别。

3 简易指痕法或划痕法

传统的经验法，在早期的滑模施工现场采用“指痕法或划痕法”，主要通过混凝土表面的硬度来推测其强度。甚至到现在一些有经验的工人还在通过目测、手指触压等简易的手段，即时推断混凝土的强度并确定出模时间。由于现场技术人员的经验参差不齐，使得人工判断的准确性波动较大，难以定量把控，给滑模混凝土施工增加很多不确定因素。

4 快速压痕仪法

20 世纪 70 年代到 80 年代，原西安冶金建筑学院和原 15 冶共同开发了“压痕仪”，用“压痕仪”在混凝土筛出的砂浆中或新浇筑的混凝土上进行测试，同样可快速地反映出其凝结速率，测定混凝土的压痕强度。

但经过多次的试验研究证明，在混凝土上直接检测，发现混凝土较砂浆难于压陷，往往由于表面砂浆层或厚或薄，若施测点位于浅层的石子上，难以形成压陷。因此，直接对混凝土压痕强度的测试，需要选取较多的测点，并以其中最小值作为有效的压痕强度比较合理。

当时“压痕仪”各自单位根据需要自行加工制造，曾断续在工程中使用，但很遗憾，未注意资料的积累研究，一直没有定型产品，快速压痕仪后来没有得到大范围的应用。

5 智能混凝土早期强度测试仪法

2010 年国合建设集团有限公司与滑模分会、大连理工等专家研究开发了“混凝土早期强度测试仪”或“滑动模板混凝土早期强度测试仪”。它具有体积小、重量轻、容易携带、多功能、高精度、快速测试全过程特点，在国合建设公司企业内部项目上应用效果很好，值得期待。

目前社会上应用的单位有限，建议先在滑模施工日常普查混凝土的早期强度时使用，以进一步积累资料和经验。

11.3.2 滑动模板混凝土早期强度测试仪实验方法简介

1 技术背景

滑模施工是利用一定动力使模板系统沿着混凝土表面滑动而成型的现浇混凝土施工方法的总称。它与常规施工方法相比，具有施工速度快、机械化程度高、结构整体性能好、工程造价低的特点，且滑模系统组件可灵活组装和循环使用，有利于绿色环保及安全文明施工。

滑模施工中最关键的质量技术难点之一是如何控制好出模混凝土强度。依据《滑动模板工程技术规范》的相关要求，混凝土出模强度应控制在（0.2～0.4）MPa范围内。若出模强度太高会造成滑升阻力加大，滑升时模板提升困难，且容易发生混凝土表面被拉裂，严重影响结构混凝土的质量和表面观感；若出模强度太低会使混凝土在提升时形成局部塌陷，严重影响施工的安全性，也会给工程造成难以弥补的质量缺陷。因此，如何准确地控制混凝土的出模强度，一直是困扰施工单位和现场施工人员的难题。

2　发展历程

近年来，由于国家不断提倡绿色环保建筑，滑模施工的特点优势在建筑工程中也日益突出，滑模施工在高速发展的同时，也出现了许多严重的工程质量事故。然而这些质量事故大部分是由于结构混凝土施工控制的问题而导致的，因此混凝土出模控制技术的改进和提升，在一定程度上已深深影响行业的向前发展，技术创新也已刻不容缓。

通常情况下，通过在实验室测定同批次混凝土的贯入阻力值来判断混凝土的出模强度，而实际由于施工现场的环境、人为等因素与实验室相差较大，此种控制方法存在一定的局限性。

因此，施工单位常用的控制方法是技术人员根据自身的施工经验进行判断，在施工现场通过目测、手指触压、时间差等方法即时推断混凝土的强度并确定出模时间。由于各地域混凝土配合比中拌合物的差异，以及矿物掺合料、化学外加剂、现场环境温湿度等因素对混凝土凝结时间的影响较大，因此对技术检测人员的专业素质提出很高的要求。然而由于现场技术人员的施工经验参差不齐，使得人工判断的准确性波动较大，给滑模混凝土施工增加很多不确定因素。

为了寻找更好、更高效、更稳定的解决方案，施工单位经过近十年的摸索和潜心研究，结合实际的施工经验，借鉴工程实验室的成熟技术，自主设计研发检测仪器，经过三年的不懈努力使得产品通过设计审定和试验检测，定型生产并实施于工程之中。

滑动模板混凝土早期强度测试仪，便捷、高精度地测定各类混凝土早期强度，为滑模混凝土出模时间提供可靠的数据支持。

3　基本原理

滑动模板混凝土早期强度测量试验是利用专用测试仪器，在施工现场测量滑模施工的出模混凝土强度值，以及实验室测量混凝土的凝固状态，测量时通过测试仪的图显数码屏幕直接读取混凝土强度数值和强度变化曲线。

4　测试仪主要技术参数

试验测量仪器与工具的技术参数、要求：

1）测试仪器主要技术参数

项目名称	主要技术参数
测量范围	0.1MPa～3.5MPa
最小分度值	0.1MPa
示值误差	±0.1%以内
单位	MPa、kN/cm²、N
传感器结构	内置传感器
显示屏	240×320 像素 TFT65535 色
工作温度	－10℃～50℃
工作环境	周围无震源及腐蚀性介质
IP 防护等级	IP65
电源	内置充电池：Ni-Hi7.2V 1200mAh 外接电源适配器：DC 12V/400mAh
附属配件	仪器标准配置测试头及贯入阻力测试棒，根据试验、施工现场等不同测试环境适应变换

2）通过配置相应的测试件，可在施工现场测定滑模混凝土的出模强度；同时也可在实验室测量同批混凝土的初凝早期强度，测量贯入阻力方法测定混凝土凝固的状态。

3）测试仪器可配置的测试件分为三种（图 11.3.2-1）：

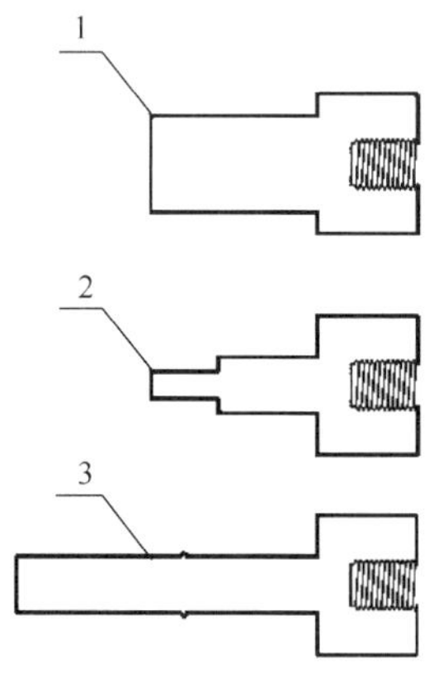

图 11.3.2-1　测试仪器可配置的测试件

1—滑动模板出模混凝土测试件；2—混凝土早期强度测试件；3—贯入阻力测试件

5　测试

测试应符合下列要求：

1）测量滑动模板混凝土出模强度时，应在滑模施工过程中进行，按照本技术规范要求，需在新浇筑每层混凝土后的第一次滑升时进行测量。

2）在相同的混凝土配合比、气温条件下，每滑升 2m 应测量一次，并记录数据，反映出模强度的变化规律。

3）根据天气环境条件、气温变化情况，应增加测量次数。当在雨雪、高温、昼夜温差大于 20℃等环境条件下，以及调整混凝土配合比设计后，应立即进行出模强度测量。根据测试数据和出模时间，及时确定是否调整混凝土配合比设计，并采取施工技术措施。

4）现场测试时，应按照仪器使用说明进行正确操作，降低人为因素对测试数据的影响，减少误差。测量前，按使用说明设定满足规范出模强度要求的警戒阈值，手持测试仪垂直于出模混凝土界面进行测试。

5）测试仪器具有彩色图显、数据存数功能，每次测量时及时保存测试数据及强度变化曲线图。

6 试验报告

试验报告应符合下列要求：

1）给出测量试验的原始资料：

（1）混凝土配合比设计，水泥、粗细骨料品种，水灰比等；

（2）外加剂类型、掺量；

（3）混凝土现场测试坍落度；

（4）测试仪器的产品合格证书；

（5）测量试验日期。

2）测试过程中，彩色数字图式显示屏即时显示测试的各项数据及变化波形图，超出预设值时自动报警；现场测试时，每次至少测试和储存 6 次有效的数据。

3）测试完成后，用 USB 数据线将测试仪器与 PC 连接，在软件中显示和输出实时记录的测试数据，进行进一步分析，并按照格式要求打印测试报告（图 11.3.2-2）。

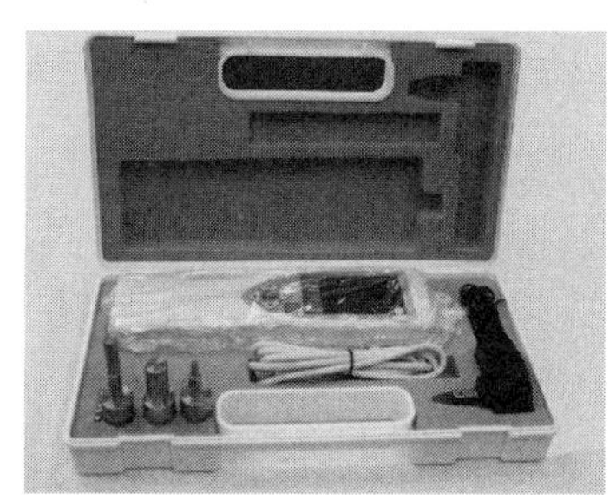

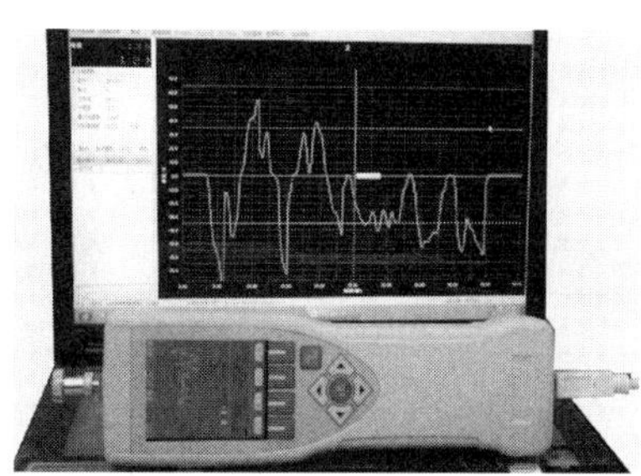

图 11.3.2-2 测试仪器

7 分析和应用

1）按规范规定的混凝土出模时应达到的强度范围，从混凝土强度测试数据及曲线变化，可以实时得出混凝土的最早出模时间（龄期）及适宜的滑升速度范围，并可以实时检查实际施工时的滑升时间和速度是否合适。

2）当滑升速度已确定时，可从多次测量的混凝土出模强度数据曲线中，选择与已定滑升时间和素的相适应的混凝土配合比设计。

3）在现场施工中，及时校核混凝土出模强度是否满足要求，滑升时间是否合适，是否采取施工技术措施保障滑模施工顺利进行。

8　产品的行业效益

通过在施工现场的不断测试，滑动模板混凝土早期强度测试仪器能及时准确地测定浇筑后混凝土各时段的强度值，为滑动模板提升时间提供可靠数据，完全达到了设计功能。同时，避免了因滑模混凝土出模强度不符合要求而造成的质量事故发生。它适用于各种建筑类型滑动模板施工的需要，能够产生巨大的经济效益和社会效益。

11.4 滑模工程设计与滑模施工工艺的应用探讨

11.4.1 引言

滑动模板施工技术是以专用千斤顶或提升机等为动力，带动约 1m 高的装配模板（或滑框）沿着混凝土（或模板）表面滑动而动态成型混凝土结构施工的总称，通常简称滑模施工。几十年来，我国在传统滑模的基础上，针对工程结构的特点不断技术创新，开发出新的施工工艺如滑框倒模、滑框提模、滑架提模、早期的液压爬模等。滑模施工与常规施工方法相比，其突出优势：能适应独特的建筑外形和狭小的施工场地；保持结构混凝土浇筑的整体性；也不需要大型起吊机械；可避免大量的模架重复性劳作；有利于绿色环保及安全文明施工管控；施工速度快；经济效应和社会效应明显。

本文仅就滑模工程设计与滑模施工关系、滑模工艺方案比选进行简要探讨。

11.4.2 滑模工程设计与施工再认识

我国大多数工程的设计与施工是由两个独立的法人单位承担，设计完成在先、施工招标在后。任何一种施工方法和工艺都有其突出优点和适用的范围，设计人员尤其是结构主设都需要有所了解，只有针对性强（科学合理）的结构设计，主体结构施工工艺的优势才能发挥，设计与施工两者应紧密结合，相辅相成，共同打造优秀作品和优质工程。

采用滑模施工的工程并不需要改变原结构设计的体系，也不产生新的结构计算问题。总体上应以结构设计为主导，滑模施工遵循于结构设计主旨，但在具体深化细节上，结构设计需要了解一些滑模施工的基本特点，在保证设计效果的前提下，为采用滑模施工提供或创造一些必备条件。

对拟采用滑模施工的结构设计，应优先考虑滑模施工的特点、优势；最大限度的考虑滑模能够一次性连续滑升到顶的结构设计；最大限度考虑减少滑模施工的中间可能停歇次数，因为停歇常常会造成粘模现象或形成环状的酥松区，缺陷隐患可能增多。对横向结构的二次施工方案，有时采取先滑模施工部分竖向结构（如外墙或柱，筒体外壁等），再施工横向结构（如楼板平台、内部横梁结构或筒体隔板等），这还需要考虑滑升过程的整体稳定问题；对于施工提出的有碍滑升的设计局部变更修改等；施工单位不应单方面自行确定，必须征得设计单位认可。

在 20 世纪 70 年代我国滑模工艺发展进程过快、过热，一段时期全国各个行业基本建设都盛行滑模施工，人们较多地偏向于扩展滑模应用领域，较长时间存在“为了工期而滑模”、“为了滑模而滑模”的认识误区，如果企业欠缺这方面的经验和管理能力，不仅施工进度无法快捷，施工质量也不易得到保证，甚至适得其反；往往遗留的施工质量通病积重难返，尤其滑模混凝土的外观质量较长时间得不到根本改善，有些地区一段时间滑模施工时常受到业内的疑惑和限制。

滑模施工是混凝土结构多种施工方法之一，不是唯一的，更不是万能的；滑模施工技术是先进的，但不是简单的，它不同于普通的模架施工，摈弃“一看就会”的速成奢望，同时滑模施工持续日夜作业、凸显劳动紧张辛劳，项目管理团队和施工人员必须统一认识，针对具体的项目采用针对性强的滑模工艺，具体措施上必须落实得当，滑模工程的设计与施工对彼此关注的重要节点需要施工开始前认真沟通、相互支持，才能达到理想的工程效果。

现在随着我国社会经济的发展和建筑综合技术的不断进步，施工方法百花齐放，滑模施工的总体质量水平得到了很大提高，尤其是在特种结构领域和特殊地区，滑模施工体现出了独特优势。

11.4.3 不同结构体系与适宜的滑模施工工艺探讨

根据结构类型，滑模施工方案的比选十分重要，同时综合确定适宜的滑模施工区段，对能发挥滑模优势的结构应优先采用滑模设计施工，其他部位可采用其他施工工艺或普通支模方法，各取所长。

现在通常所说的“滑模施工”是多个不同滑升工艺的总称，包括最早的直接滑升模板（传统滑模），以及后来派生的滑框倒模、滑框提模、滑架提模等。不同名称代表着不同的施工工艺，它们各自都是针对具体结构的个性条件而开发出来的。因此，必须认清各个工艺的适用范围，这对保障工程结构混凝土观感质量很重要也很关键。

1 筒体结构采用传统滑模施工优势突出

筒体结构，一般其水平投影面积小、竖向高度大、横向结构相对少，最适宜采用传统滑模施工，也能最充分地发挥滑模施工的优势，包括筒仓、烟囱、井塔、水塔、造粒塔、竖井、电视塔、电梯井、桥梁高墩、观光塔等，正是筒体结构滑模施工的主要对象。

结构设计保障了在混凝土筒壁内布置支承杆的适宜条件。当采用钢管支承杆，对施工安全和混凝土外观质量都有明显提升。这种强势效应是其他施工方式难以替代的。

就单项工程的具体条件，应选择在适宜的区段采用滑模施工，而不适宜的部分，不要勉强采用滑模施工。例如筒仓的下端、井塔的顶端等，都存在结构设计有重大变化，应该坚持施工服务于设计需要，配合以其他的施工方法，追求施工总体综合效益；而不应过多要求设计去迁就单一的滑模施工。

对于群仓工程，不宜单纯追求最大一次提升的滑模面积。

比较成功的案例有：270m 高烟囱、88m 大直径的储库、超百座连体筒仓、深度超过 700m 的矿井、高度超过 100m 的峡谷桥墩、滑带重量超过 3000t 的大型空间结构等。

2　剪力墙结构宜采用“滑一浇一”施工工艺

高层建筑剪力墙结构，在全国也有过一段时期盛行滑模施工。由于施工企业的技术水平、管理能力强，有许多采用滑模施工的工程获得优质工程和鲁班奖，如著名的“深圳速度”国贸大厦、武汉国贸中心、太原日报社大厦、北京亚运村高层住宅等；但也有的由于现场管理不到位，墙体发生水平拉裂、夹灰疏松层等质量缺陷，混凝土的观感质量出现参差不齐。后来在一些地区，由于评优对混凝土表观质量的极致追求，滑模施工逐渐被“大模板施工”、“爬模施工”等所取代。

可是，大模板和液压爬模施工也存在它自身的不足和质量通病，所有墙体的接茬（施工缝）都在同一标高位置，其质量不易保证；而且大模板必须设置大型塔吊，每施工一层楼都得将全套大板吊下、再吊上，装了再拆、拆了再装，如此循环的重复性劳作消耗大，施工越高效率相对越低，工期亦受影响。液压爬模施工缝也多并在同一标高位置，刚开始组装和最后拆除同样需要大型起吊设施，墙体预留的贯通孔洞处理不当后期容易形成冷桥，而这些主要质量隐患正是滑模施工工艺所没有的，也是滑模施工的优势所在。

“滑一浇一”工艺是针对高层建筑剪力墙结构的特点，在传统滑模施工技术基础上开发，每滑升一层墙体，在楼板标高处采取停滑措施，及时跟进施工一层楼板，将每一个楼层作为一个周期，依次循环。其显著特点是将传统滑模施工从初滑开始直到建筑最高处的连续施工工艺改变为每层周期循环作业，即有利于减轻劳动强度，又能保障施工安全和工程质量。

若混凝土表面观感要求很高，可在滑一浇一的模板内壁增加光滑内衬，在刚出模的混凝土表面及时采取“原浆压光”，可以达到预期的效果。

3　特种框架结构宜采用滑框倒模工艺施工

20 世纪 70 年代我国在大力推广滑模施工中，针对一般民用高层框架结构也大量采用传统的滑模施工，虽然适应了当时我国大型施工机械匮乏的现实，克服了当时混凝土预制装配大板的诸多缺点，体现出了滑模施工不用大型施工设备、保持混凝土结构连续整体性、施工速度快等突出优点，但混凝土的观感质量情况往往不尽人意。尤其框架梁的混凝土被模板在其表面滑动而拉伤的较多，有的损伤程度较严重，致使普通框架结构的滑模施工失去了活力。

现在一般民用框架结构建议采用其他工艺施工。但对于大型构筑物的特种框架结构可采用滑框倒模工艺施工，其选型建议采用大尺寸的异形截面框架柱或异形空心筒壁，以增大层间高度，减少横梁数量。异形框架柱为优美的建筑造型设计提供了前提条件，同时其刚度又比相同截面积的常规矩形或圆形的刚度提高了几倍，设计的这类特种框架结构比较适合于滑模施工。已有工程实例如安庆铜矿主井塔架四角设计为大型转角异型柱，这座构筑物建成之时就成为当地的地标和风景，极富有滑模施工的特性。

滑框倒模工艺主要是在传统滑模施工的基础上而进行的工艺革新，其显著特点是消除了以往模板在新浇筑的混凝土表面滑动的潜在隐患，保持了模板与混凝土之间的相对静止状态，既能保持滑模快速施工的优势，滑模施工质量又能得到较好保障。

滑框倒模工艺进一步发展的方向，从更方便操作，进一步减少工人劳动强度考虑，将模板也保持不动而倒其衬板。因钢模板的尺寸较大，且比较重，可在模板内侧增加硬性塑料衬板等，其形状和尺度都可以灵活调整，混凝土外观质量将得到更好的改善。

11.4.4 特种滑模施工及新型模架施工

1 特种滑模施工工艺

特种滑模施工主要考虑两个方面的“特”，一是工程施工的结构对象比较特殊，平常见到的较少，二是所使用的滑模工艺相对于传统滑模又有新的局部改良，产生的新工艺更具有针对性。

水工建筑物中的混凝土坝、挡土墙、闸墩及大型桥墩等大体量的混凝土工程以及堆石坝的面板、溢洪道、溢流面、水工隧洞等在我国已普遍采用滑模施工。

煤炭、冶金、有色金属、矿山、水利、电力、核工业等行业工程建设中采用混凝土成型的各种竖（立）井，也适宜采用滑模施工。尤其是煤炭行业采用滑模施工竖井已是一种十分成熟的技术。

复合壁的工程是由于建筑结构本体需要具有保温、隔热、隔声、防潮、防水等功能要求，如有保温要求的贮仓等。复合壁滑模施工可以将两种不同材料性能的混凝土现浇结合在一起，形成完整的混凝土竖壁，同时浇筑、同步滑升，即“双滑”施工。

2 新型模架施工工艺

采用滑模施工应始终坚持对不同结构选用最佳的滑升工艺，并结合企业自身装备情况、施工能力、工程经验和管理水平，对于不宜滑模施工的部位配合其他方法，综合发挥各自施工工艺的优势，减少或避免质量缺陷，提高综合效益。

进入新世纪以来，我国的超高层建筑、高耸构筑物、新型结构越来越多，部分施工成果已达到国际先进水平。目前我国的滑模施工，已从单一传统的滑模工艺向广义的滑模工艺发展，包括与爬模、提模、翻模、顶模等工艺结合，推陈出新，发展了一系列的新材料、新设备、新工艺和新工法，现在工程应用相对成熟的新型模架施工工艺有：

在提升系统方面：液压爬模、电动滑（爬）模、液压（电动）提模、超大吨位整体顶升模架、无井架滑模等。

在操作平台系统方面：超大平台整体滑（爬）模施工、多仓整体同步滑模施工、整体顶（爬）升钢平台等。

在模板系统和精度控制系统方面：铝合金模板及支撑体系、新型复合材料模板体系、新型大模板施工工艺、BIM 模拟仿真施工、无人机现场监控监测等。

在综合工艺方面：外滑内砌、外滑内爬、外爬内滑（支）、下支上滑、大型空心壁滑模、三脚架移置模板、单侧滑模筑壁（加固）、滑模预制沉井（箱）、滑模托带、滑顶施工等。

附录 《滑动模板工程技术标准》GB/T 50113—2019条文部分

中华人民共和国国家标准

滑动模板工程技术标准

Technical standard for slipform engineering

GB/T 50113—2019

主编部门：中华人民共和国住房和城乡建设部
批准部门：中华人民共和国住房和城乡建设部
施行日期：2019年12月1日

中华人民共和国住房和城乡建设部
公　告

2019 年　第 137 号

住房和城乡建设部关于发布国家标准《滑动模板工程技术标准》的公告

现批准《滑动模板工程技术标准》为国家标准，编号为 GB/T 50113—2019，自 2019 年 12 月 1 日起实施。原国家标准《滑动模板工程技术规范》GB 50113—2005 同时废止。

本标准在住房和城乡建设部门户网站（www. mohurd. gov. cn）公开，并由住房和城乡建设部标准定额研究所组织中国建筑工业出版社出版发行。

中华人民共和国住房和城乡建设部

2019 年 5 月 24 日

前　　言

根据住房和城乡建设部《关于印发〈2015年工程建设标准规范制订、修订计划〉的通知》（建标［2014］189号）的要求，标准编制组经广泛调查研究，认真总结实践经验，参考有关国际标准和国外先进标准，并在广泛征求意见的基础上，编制了本标准。

本标准的主要内容是：1 总则；2 术语和符号；3 滑模施工的工程设计；4 滑模施工的准备；5 滑模装置的设计与制作；6 滑模施工；7 特种滑模施工；8 质量检查及工程验收。

本标准修订的主要技术内容是：1 增加了采用滑模工艺建造的结构设计的有关规定；2 调整了荷载标准值，增加了荷载分项系数表和荷载基本组合、标准组合；3 提出了采用$\phi 48.3\times 3.5$钢管支承杆的规定；4 提出了滑模施工中采取混凝土薄层浇灌、千斤顶微量提升、减少滑升停歇等措施和规定；5 增加了保证混凝土观感质量的措施和条款；6 增加了滑模安全使用和拆除的有关规定；7 增加了滑模施工检查验收记录；8 删除了原规范中抽孔滑模施工、滑架提模施工、降模施工等。

本标准由住房和城乡建设部负责管理，由中冶建筑研究总院有限公司负责具体技术内容的解释。执行过程中如有意见或建议，请寄送中冶建筑研究总院有限公司（地址：北京市海淀区西土城路33号，邮政编码：100088）。

本标准主编单位：中冶建筑研究总院有限公司
云南建工第四建设有限公司

本标准参编单位：中国京冶工程技术有限公司
中国施工企业管理协会滑模工程分会
中国恩菲工程技术有限公司
中国模板脚手架协会
北京远达国际工程管理咨询有限公司
宝鸡滑模建筑工程有限公司
东北电力烟塔工程有限公司
国合建设集团有限公司
中国瑞林工程技术有限公司
四川建筑职业技术学院

中咨工程建设监理公司
北京城建十六建筑工程有限责任公司
广州建筑股份有限公司
大连金广建设集团有限公司
黑龙江省建工集团冠群滑模有限公司
江苏揽月机械有限公司
江西建工第二建筑有限责任公司
甘肃第一建设集团有限责任公司
中色十二冶金建设有限公司
四川大中建筑工程有限公司
中国能建广东电力工程局有限公司
江西省弘毅建设集团有限公司
广州市第一建筑工程有限公司

本标准主要起草人员：彭宣常 孟春柳 张晓萌 高 峰 姚新林 张亚钊 马利波 张宗亮 虎林孝 朱远江 谢正武 李凤君 彭 骏 程宏斌 胡兴福 谢庆华 丁国平 杜秀彬 张志明 王志龙 乔 锋 柴 卫 王怀东 张 远 刘 波 李 洪 吴祥威 牟宏远 毛凤林 李俊友 胡洪奇

本标准主要审查人员：应惠清 耿洁明 于海祥 刘新玉 王 峰 赵安全 王凯晖 马奉公 阎 琪 陈 红

目　次

Contents

1 总　　则

1.0.1 为在滑动模板（以下简称滑模）工程中贯彻国家技术经济政策，保证工程质量，做到技术先进、安全适用、经济合理、节能环保，制定本标准。

1.0.2 本标准适用于混凝土结构滑模工程设计、施工及验收。

1.0.3 采用滑模施工的工程设计、施工及验收除应符合本标准的规定外，尚应符合国家现行有关标准的规定。

2 术 语 和 符 号

2.1 术　　语

2.1.1 滑动模板　slipform

模板固定于围圈上，用以保证构件截面尺寸及结构的几何形状。模板直接与新浇混凝土接触且随着提升架上滑，承受新浇混凝土的侧压力和模板滑动时的摩阻力，简称滑模。

2.1.2 滑动模板施工　slipforming construction

以滑模千斤顶、电动提升机等为提升动力，带动模板（或滑框）沿着混凝土（或模板）表面滑动而成型的混凝土结构施工方法的总称，简称滑模施工。

2.1.3 滑框倒模施工　incremental slipforming with sliding frame

用提升机具带动由提升架、围圈、滑轨组成的滑框沿着模板外表面滑动（模板与混凝土之间无相对滑动），当横向分块组合的模板从滑框下口脱出后，将该块模板取下倒装入滑框上口，再浇灌混凝土，提动滑框，如此循环作业成型混凝土结构的施工方法的总称。

2.1.4 围圈　form walers

用以保持模板几何形状的支承构件，又称围梁。模板的自重、模板承受的摩阻力、侧压力以及操作平台直接传来的自重和施工荷载，均通过围圈传递至提升架的立柱。围圈可以设置上下两道，亦可以组成桁架式围圈。

2.1.5 提升架　lift yoke

用以固定千斤顶、围圈和保持模板几何形状的滑模装置主要承重构件，直接承受模板、围圈和操作平台的全部荷载和混凝土对模板的侧压力。

2.1.6 操作平台 working-deck

用以完成钢筋绑扎、混凝土浇灌等项操作及堆放施工机具和材料的滑模施工的主要工作面；也是拔杆、井架等随升垂直运输装置及料台的支承结构。其构造形式与所施工结构相适应，直接或通过围圈支承于提升架上。

2.1.7 支承杆 jack rode or climbing rode

滑模千斤顶运动的轨道，又是滑模系统的承重支杆，施工中滑模装置的自重、混凝土对模板的摩阻力及操作平台上的全部施工荷载，均由千斤顶传至支承杆承担，其承载能力、直径、表面粗糙度和材质均与千斤顶相适应。

2.1.8 围模合一大钢模 modular combination steel panel form

以 300mm 为模数，模板和围圈合一，其水平槽钢肋起围圈的作用，模板水平肋与提升架直接相连的一种滑动模板组合形式。

2.1.9 空滑 partial virtual slipforming

模板内允许有混凝土浇灌层处于无混凝土的状态，但施工中有时需将模板提升高度加大，使模板内仅存有少量混凝土，甚或处于空模状态。

2.1.10 回降量 slid variable

滑模千斤顶在工作时，上下卡头交替锁固于支承杆上，由于荷载作用，处于锁紧状态的卡头在支承杆上存在下滑趋势，会引起千斤顶的爬升行程损失，该行程损失量通常称为回降量。

2.1.11 横向结构构件 transverse structural member

结构的楼板、挑檐、阳台、洞口四周的混凝土边框及腰线等横向凸出混凝土表面的结构构件或装饰线。

2.1.12 复合壁 combination concrete wall of two different mix

由内外两种不同性能的现浇混凝土组成的竖壁结构。

2.1.13 混凝土出模强度 concrete strength of the construction initial setting

结构混凝土从滑动模板下口露出时所具有的抗压强度。

2.1.14 滑模托带施工 lifting construction with slipforming

网架、空间桁架、井字梁等大面积或大重量的支承结构采用滑模施工时，在地面组装好，利用滑模施工的提升能力将其随滑模施工托带到设计标高就位的一种施工方法。

2.2 符　　号

A——模板与混凝土的接触面积；

A_1——卸料口的面积；

a——混凝土浇灌后其表面到模板上口的距离；

B——卸料口下方可能堆存的最大混凝土量；

E——支承杆弹性模量；

F——模板与混凝土的粘结力；

f_1——模板与混凝土间的摩擦系数；

f_2——滚轮或滑块与轨道间的摩擦系数；

G——模板系统自重；

g——重力加速度；

H——模板高度；

h——卸料时料斗口至平台卸料点的最大高度；

h_m——料斗内混凝土上表面至料斗口的最大高度；

h_0——每个混凝土浇灌层厚度；

I——支承杆截面惯性矩；

K——安全系数；

K_d——动荷载系数；

L——支承杆加工长度；

L_0——支承杆脱空长度；

N——总垂直荷载；

n——所需千斤顶和支承杆的最小数量；

P——单根支承杆承受的垂直荷载；

P_c——混凝土的上托力；

P_0——单个千斤顶或支承杆的允许承载能力；

Q——料罐总重；

R——模板的牵引力；

t——混凝土从浇灌到位至达到出模强度所需的时间；

T_1——在作业班的平均气温条件下，混凝土强度达到 2.5MPa 所需的时间；

T_2——在作业班的平均气温条件下，混凝土强度达到 0.7MPa～1.0MPa 所需的时间；

V——模板滑升速度；

V_a——刹车时的制动减速度；

W——刹车时产生的荷载标准值；

W_k——卸混凝土时对平台产生的集中荷载标准值；

α——工作条件系数；

β——模板的倾角；

γ——混凝土的重力密度；

μ_s——风荷载体型系数；

μ_z——风压高度变化系数；

ω_k——风荷载标准值；

ω_0——基本风压值。

3 滑模施工的工程设计

3.1 一 般 规 定

3.1.1 采用滑模工艺建造的工程，结构设计应符合滑模工艺的技术特点。

3.1.2 滑模施工单位应与设计单位协调，共同确定修改设计的内容、横向结构构件的施工程序以及节点构造，保证结构的整体性和施工安全。

3.1.3 建筑结构的外轮廓应力求简洁，竖向上应使一次滑升的上下构件沿模板滑动方向的投影重合，有碍模板滑动的局部凸出部分应作设计处理。

3.1.4 当建筑结构平面面积较小且高度较高时，宜按滑模工艺进行设计。

3.1.5 当建筑结构平面面积较大时，宜分区段或部分分区段进行设计，滑模分区的水平投影面积不宜大于 $700m^2$，当区段分界与结构变形缝不一致时，应对分界处作设计处理。

3.1.6 当建筑结构的竖向存在较大变化时，可择其适合滑模施工的区段按滑模施工要求进行设计，其他区段宜配合其他施工方法设计。

3.1.7 结构的截面尺寸应符合下列规定：

1 钢筋混凝土墙体的厚度不应小于 160mm；

2 圆形变截面筒体结构的筒壁厚度不应小于 160mm；

3 轻骨料混凝土墙体厚度不应小于 180mm；

4 钢筋混凝土梁的宽度不应小于 200mm；

5 钢筋混凝土矩形柱短边不应小于 400mm。

3.1.8 滑模施工的混凝土强度等级不宜大于 C60，并应符合下列规定：

1 普通混凝土不应低于 C20；

2 轻骨料混凝土不应低于 LC15；

3 同一个滑升区段内的承重构件，在同一标高范围应采用同一强度等级的混凝土。

3.1.9 受力钢筋的混凝土保护层厚度宜比常规设计要求增加 5mm。

3.1.10 沿模板滑动方向，结构的截面尺寸应减少变化，宜采取变换混凝土强度等级或配筋量来满足结构承载力的要求。

3.1.11 结构的配筋应符合下列规定：

1 各种长度、形状的钢筋，应能在提升架横梁以下的净空内绑扎；

2 对交汇于节点处的各种钢筋应作详细排列；

3 预留与横向结构连接的连接筋，应采用 HPB300，直径不宜大于 12mm，连接筋的外露部分不应设弯钩。当连接筋直径大于 12mm 时，应采取专门措施。

3.1.12 对兼作结构钢筋的支承杆，其设计强度宜降低 10%～25%，并应根据支承杆的位置进行钢筋代换。

3.1.13 预埋件宜采用胀栓、植筋等后锚固装置替代。当需用预埋件时，其位置宜沿垂直或水平方向有规律排列，应易于安装、固定，且应与构件表面持平。

3.1.14 滑模工程设计中的结构分析、计算方法等应符合现行国家标准《混凝土结构设计规范》GB 50010 的规定。

3.2 筒体结构

3.2.1 规模较大的群体筒仓，宜设计成多个规模较小的组合仓。

3.2.2 仓壁截面宜上下一致。当需改变壁厚时，宜在筒壁内侧采取阶梯式变化处理。

3.2.3 筒仓底板以下的支承结构，当采用与上部筒壁同一套滑模装置施工时，宜与上部筒壁的厚度一致。当厚度不一致时，宜在筒壁的内侧变更尺寸。

3.2.4 当筒仓底板、漏斗和环梁与筒壁设计成整体结构时，宜先采取常规支模现浇完成下部结构，后滑模施工上部筒体。

3.2.5 整体结构复杂的筒仓，在生产工艺许可时，可将底板、漏斗设计成与筒壁分离式，分离部分宜采用二次常规支模浇筑。

3.2.6 筒仓的顶板结构宜设计成装配式钢结构或整体现浇混凝土结构。

3.2.7 井塔类结构的筒壁，应设计成加肋壁板，壁板厚度宜沿竖向不变，也可变更混凝土强度等级；壁柱与壁板接合处宜设置斜托。

3.2.8 井塔塔身筒体结构宜采用滑模工艺进行结构设计。

3.2.9 井塔楼层结构节点的二次设计应采用下列方式：

1 主梁与壁柱的二次连接应保持壁柱的结构功能完整，在壁柱中预留槽口和预埋钢筋。

2 塔壁与楼板二次浇筑的连接，宜在壁板内侧预留槽口，其槽口深度可为 20mm；当采取预留胡子筋时，其埋入部分不得为直线单根钢筋。

3.2.10 当电梯井道单独采用滑模施工时，井道平面的内部净空尺寸应比安装尺寸每边放大 25mm 及以上。

3.2.11 烟囱等带有内衬的筒体结构，当筒壁与内衬同时滑模施工时，支承内衬的牛腿宜采用矩形，同时应深化牛腿的隔热措施。

3.2.12 筒体结构的内外两层钢筋网片之间应配置拉结筋，拉结筋的间距与形状应作设计规定。

3.2.13 筒体结构中的环向受力钢筋接头，宜采用焊接方式连接。

3.3 框 架 结 构

3.3.1 采用滑模工艺建造的大型框架结构，其结构选型可设计成异形截面柱。

3.3.2 框架结构的布置应符合下列规定：

1 各层梁的竖向投影应重合，宽度宜相等；

2 同一滑升区段内宜避免错层横梁；

3 柱宽宜比梁宽每边大 50mm 及以上；

4 柱的截面尺寸应减少变化，当需改变时，边柱宜在同一侧变动，中柱宜按轴线对称变动。

3.3.3 楼层结构中次梁及楼板的设计应符合下列规定：

1 当采用在主梁上预留次梁的槽口作二次浇筑施工时，设计可按整体结构计算；

2 二次浇筑的次梁与主梁的连接构造，应满足施工期及使用期的受力要求。

3.3.4 框架梁的配筋应符合下列规定：

1 当楼板为二次施工时，在梁支座负弯矩区段，应满足承受施工阶段负弯矩的要求。

2 梁内不宜设弯起筋，宜根据计算加强箍筋。当有弯起筋时，弯起筋的高度应小于提升架横梁下缘距模板上口的净空尺寸。

3 箍筋的间距应根据计算确定，可采用不等距排列。

4 纵向筋端部伸入柱内的锚固长度不宜弯折，当需时可向上弯折。

5 当主梁上预留较大次梁槽口时，应对槽口截面采取加强措施。

3.3.5 柱的配筋应符合下列规定：

1 在满足构造要求的前提下，纵向受力筋宜选配粗直径钢筋，千斤顶底座及提升架横梁宽度所占据的竖向投影位置应避开纵向受力筋。

2 当各层柱的配筋量有变化时，在保持钢筋根数不变的情况下，可调整钢筋直径。

3 箍筋形式应便于从侧面套入柱内；当采用组合式箍筋时，相邻两个箍筋的拼接点位置应交替错开。

3.4 剪力墙结构

3.4.1 采用滑模工艺的剪力墙结构，宜减少主次梁设计；一次滑升区段的平面面积不宜过大；面积较大时宜分隔滑升区段，按错台式实施滑升，并对相邻区段的接合部作设计处理。

3.4.2 同一滑升区段的设计条件应符合下列规定：

1 各楼层平面布置的竖向投影应重合；

2 同一楼层的楼面标高应一致，不宜有错层；

3 同一楼层的梁底标高及门窗洞口的高度和标高宜统一。

3.4.3 竖向墙体与横向楼板的节点应作设计处理，其施工顺序宜采用滑升一层墙体浇筑一层楼板的方式。

3.4.4 当外墙具有保温隔热功能要求时，内外墙体可采用不同性能的混凝土。

3.4.5 剪力墙结构的配筋应符合下列规定：

1 墙体内的双排竖向主筋应成对排列，拉结筋配置应作设计规定。竖向筋的接头位置宜设在楼板面处，同一连接区段竖向钢筋接头面积百分率不应大于50%。

2 墙体中开设的大洞口，其梁的配筋应符合本标准第3.3.4条的规定。

3 剪力墙结构中的暗框架，其柱的配筋率宜取下限值，还应符合本标准第3.3.5条的规定。

4 各种洞口周边的加强钢筋配置，宜增加其竖向和水平钢筋，替代在洞口角部设置的45°斜钢筋。当各楼层门窗洞口位置一致时，其侧边的竖向加强钢筋宜连续配置。

5 墙体竖向钢筋伸入楼板内的锚固段，其弯折长度不应超出墙体厚度。当不能满足钢筋的锚固长度时，宜采用后锚固装置接长。

6 支承在墙体上的梁，其钢筋伸入墙体内的锚固段宜向上弯。当梁为二次施工时，梁端钢筋的形式及尺寸应适应二次施工的要求。

4 滑模施工的准备

4.0.1 滑模施工应根据工程结构特点及滑模工艺的要求，进行结构深化设计和施工方案编制。

4.0.2 滑模工程深化设计应提出对工程设计的修改意见，划分滑模作业区段，确定不宜滑模施工部位的处理方法等。

4.0.3 滑模施工方案应包括下列主要内容：

1 施工部署和施工进度计划；

2 滑模连续滑升程序与滑升速度；

3 材料、半成品、预埋件、施工机具和设备等连续保障计划；

4 施工总平面布置及滑模操作平台布置；

5 滑模施工技术及特殊部位的施工措施；

6 安全文明施工、质量保证措施；

7 高温、寒潮、雷雨、大风、冬期等特殊气候条件的滑模施工专项技术措施；

8 出模混凝土表面修饰与硬化混凝土成品保护措施；

9 绿色施工技术与措施；

10 滑模装置安全使用和拆除技术措施；

11 应急预案。

4.0.4 施工总平面布置应符合下列规定：

1 应满足施工工艺要求，减少施工用地和缩短地面水平运输距离。

2 在施工建筑物的周围应设置危险警戒区。警戒线至建筑物边缘的距离不应小于高度的1/10，且不应小于10m。对于烟囱类变截面结构，警戒线距离应增大至其高度的1/5，且不应小于25m。当不能满足要求时，应采取安全防护措施。

3 临时建筑物及材料堆放场地等应设在警戒区以外，当需在警戒区内堆放材料时，应采取安全防护措施。通过警戒区的人行道或运输通道，均应搭设安全防护棚。

4 材料堆放场地应靠近垂直运输机械，堆放数量应满足施工速度的要求。

5 应根据现场施工条件确定混凝土供应方式，当设置自备搅拌站时，宜靠近施工地点，其供应量应满足混凝土连续浇灌的用量。

6 现场运输、布料设备的数量应满足滑升进度的要求。

7 供水、供电应满足滑模连续施工的要求。当施工工期较长，且有断电可能时，应有双路供电或自备电源。操作平台的供水系统，应设加压水泵，满足最高点的施工要求。

8 测量施工工程垂直度和标高的观测站、点不应遭损坏，不应受振动及观测干扰。

9 操作平台上的提升架、千斤顶、液压控制台、固定施工设施等平面布置应合理，附设的安全设施应齐全。

10 应确定操作平台与地面管理点、混凝土等材料供应点以及垂直运输设备操纵室之间的通信联络方式和设备，并应有多重系统保障。

4.0.5 滑模施工技术方案应包括下列主要内容：

1 针对不同的结构类型，综合确定适宜的滑模施工方法；

2 滑模装置的设计与制作、组装及拆除；

3 进行混凝土配合比设计，确定浇灌顺序、浇灌速度、入模时限，混凝土的连续供应能力应满足单位时间所需混凝土量的（1.3～1.5）倍；

4 进行早龄期混凝土强度贯入阻力试验，绘制混凝土贯入阻力曲线；

5 绘制所有预留孔洞及预埋件在结构物上的位置和标高的展开图；

6 确定停滑、空滑、部分空滑的部位和相关技术措施；

7 确定与滑升速度相匹配的垂直与水平运输设备，当烟囱、水塔、竖井等采用柔性滑道、吊笼等装置时，应按国家现行标准进行安全及防坠落设计；

8 确定施工精度的控制方案，选配监测仪器及设置可靠的观测点；

9 制定滑模施工过程中结构物和施工操作平台稳定及纠偏、纠扭等技术措施；

10 制定施工人员上下疏散通道和安全措施。

5 滑模装置的设计与制作

5.1 荷 载

5.1.1 作用于滑模装置上的荷载，可分为永久荷载和可变荷载；永久荷载应包括滑模装置自重、作用在其上的其他荷载等，可变荷载应包括滑模装置上的施工荷载、风荷载和其他可变荷载等。

5.1.2 滑模装置的永久荷载标准值应根据实际情况计算，并应符合下列规定：

1 常用材料和构件的自重标准值应按现行国家标准《建筑结构荷载规范》GB 50009 的规定采用。

脚手板自重标准值可取 0.35kN/m^2；

作业层的栏杆与挡脚板自重标准值可取 0.17kN/m；

安全网的自重标准值应按实际情况采用，密目式立网自重标准值不应小于 0.01kN/m^2。

2 模板系统、操作平台系统的自重标准值应根据设计图纸计算确定。

3 千斤顶、液压控制台、随升井架等位置固定的设备应按实际重量取值。

4 浇筑混凝土时的模板侧压力标准值，对于浇筑高度约 800mm，侧压力合力可取 5.0kN/m～6.0kN/m，合力的作用点在新浇混凝土与模板接触高度的 2/5处。

5.1.3 滑模装置的施工荷载标准值应按下列规定采用：

1 操作平台上可移动的施工设备、施工人员、工具和临时堆放的材料等应根据实际情况计算，其均布施工荷载标准值不应小于 2.5kN/m²；

2 吊架的施工荷载标准值应按实际情况计算，且不应小于 2.0kN/m²；

3 当在操作平台上采用布料机浇筑混凝土时，均布施工荷载标准值不应小于 4.0kN/m²。

5.1.4 滑模装置的其他可变荷载标准值应按下列规定采用：

1 当采用料斗向平台上直接卸混凝土时，对平台卸料点产生的集中荷载应按实际情况确定，且不应小于按下式计算的标准值：

$$W_k = \gamma[(h_m + h)A_1 + B] \tag{5.1.4-1}$$

式中：W_k——卸混凝土时对平台产生的集中荷载标准值（kN）；

γ——混凝土的重力密度（kN/m^3）；

h_m——料斗内混凝土上表面至料斗口的最大高度（m）；

h——卸料时料斗口至平台卸料点的最大高度（m）；

A_1——卸料口的面积（m^2）；

B——卸料口下方可能堆存的最大混凝土量（m^3）。

2 随升起重设备刹车制动力标准值可按下式计算：

$$W = [(V_a/g) + 1]Q = K_d Q \tag{5.1.4-2}$$

式中：W——刹车时产生的荷载标准值（N）；

V_a——刹车时的制动减速度（m/s^2）；

g——重力加速度（$9.8m/s^2$）；

Q——料罐总重（N）；

K_d——动荷载系数，取 1.1～2.0。

3 当采用溜槽、串筒或小于 $0.2m^3$ 的运输工具向模板内倾倒混凝土时，作用于模板侧面的水平集中荷载标准值可取 2.0kN。

4 操作平台上垂直运输设备的起重量及柔性滑道的张紧力等应按实际荷载计算。

5 模板滑动时混凝土与模板间的摩阻力标准值，钢模板应取 $1.5kN/m^2$～$3.0kN/m^2$；当采用滑框倒模施工时，模板与滑轨间的摩阻力标准值应按模板面积计取 $1.0kN/m^2$～$1.5kN/m^2$。

6 纠偏纠扭产生的附加荷载，应按实际情况计算。

5.1.5 作用于滑模装置的水平均布风荷载标准值应按下式计算：

$$\omega_k = \mu_z \mu_s \omega_0 \tag{5.1.5}$$

式中：ω_k——风荷载标准值（kN/m^2）；

ω_0——基本风压值（kN/m^2），按现行国家标准《建筑结构荷载规范》GB 50009 的规定采用，可取重现期 $n=10$ 对应的风荷载，但不宜小于 $0.3kN/m^2$；

μ_z——风压高度变化系数，按现行国家标准《建筑结构荷载规范》GB 50009 的规定采用；

μ_s——风荷载体型系数，按现行国家标准《建筑结构荷载规范》GB 50009 的规定采用，但不宜低于 1.0。

5.1.6 滑模装置的荷载设计值应符合下列规定：

1 当计算滑模装置承载能力极限状态的强度、稳定性时，应采用荷载设计值；荷载设计值应采用荷载标准值乘以荷载分项系数，其中分项系数应按下列规定采用：

1）对永久荷载分项系数，当其效应对结构不利时，对由可变荷载效应控制的组合，应取 1.2；对由永久荷载效应控制的组合，应取 1.35。当其效应对结构有利时，一般情况应取 1；对结构的倾覆验算，应取 0.9。

2）对可变荷载分项系数，一般情况下应取 1.4，风荷载的分项系数应取 1.4；对标准值大于 $4kN/m^2$ 的施工荷载应取 1.3。

2 当计算滑模装置正常使用极限状态的变形时，荷载设计值应采用荷载标准值，永久荷载与可变荷载的分项系数应取 1.0。

3 荷载分项系数的取值应符合表 5.1.6 的规定。

表 5.1.6 荷载分项系数

计算项目	荷载分项系数			
	永久荷载分项系数		可变荷载分项系数	
强度、稳定性	由可变荷载控制的组合	1.20	1.40	
	由永久荷载控制的组合	1.35		
倾覆验算	有利	0.90	有利	0
	不利	1.35	不利	1.40
挠度	1.00		1.00	

5.1.7 滑模装置设计的荷载组合，应根据不同施工工况下可能同时出现的荷载，按承载能力极限状态和正常使用极限状态分别进行荷载组合，并应取各自最不利

的效应组合进行设计。

5.1.8 对于承载能力极限状态，应按荷载的基本组合计算荷载组合的效应设计值，并应符合下列规定：

1 永久荷载、施工荷载、风荷载应取荷载设计值；当可变荷载对抗倾覆有利时，荷载组合计算可不计入施工荷载。

2 一般施工荷载的组合值系数应取 0.7；风荷载的组合值系数应取 0.6。

3 滑模装置承载能力计算的基本组合宜按表 5.1.8 的规定采用。

表 5.1.8 滑模装置承载能力计算的基本组合

强度、稳定性计算项目		荷载的基本组合
操作平台结构 提升架支承杆	由可变荷载控制的组合	永久荷载+施工荷载+0.6×风荷载
	由永久荷载控制的组合	永久荷载+0.7×施工荷载+0.6×风荷载
模板围圈	由可变荷载控制的组合	永久荷载+施工荷载
	由永久荷载控制的组合	永久荷载+0.7×施工荷载
操作平台结构抗倾覆稳定		永久荷载+风荷载

注：表中的“+”仅表示各项荷载参与组合，不代表代数相加。

5.1.9 对正常使用极限状态，应按荷载的标准组合计算荷载组合的效应设计值，并应符合下列规定：

1 永久荷载、施工荷载、风荷载应取荷载标准值；

2 滑模装置挠度计算的基本组合宜按表 5.1.9 的规定采用。

表 5.1.9 滑模装置挠度计算的标准组合

挠度计算项目	荷载的标准组合
模板、围圈	永久荷载+施工荷载
操作平台结构提升架	永久荷载+施工荷载+0.6×风荷载

注：表中的“+”仅表示各项荷载参与组合，不代表代数相加。

5.2 总体设计

5.2.1 滑模装置系统应包括下列主要内容：

1 模板系统包括模板、围圈、提升架、滑轨及倾斜度调节装置等；

2 操作平台系统包括操作平台、料台、吊架、安全设施、随升垂直运输设施的支承结构等；

3 提升系统包括液压控制台、油路、千斤顶、支承杆或电动提升机、手动提升器等；

4 施工精度控制系统包括建筑物轴线、标高、结构垂直度等的观测与控制设施，以及千斤顶的同步控制、平台偏扭控制等；

5 水电配套系统包括双路供电、随升施工管线、高压水泵、广播及通信监控设施以及平台上的防雷接地、消防设施等。

5.2.2 滑模装置的设计应包括下列主要内容：

1 绘制滑模初滑结构平面图及中间结构变化平面图；

2 确定模板、围圈、提升架及操作平台的布置，进行各类部件和节点设计；当采用滑框倒模时，进行模板与滑轨的构造专项设计；

3 确定液压千斤顶、油路及液压控制台的布置或电动等提升设备的布置；

4 制定施工精度控制措施；

5 滑模装置的模板收分、关联的运输装置、最后拆除等特殊部位处理及特殊设施布置与设计；

6 采用清水混凝土模板的专项设计；

7 绘制滑模装置的组装图，提出材料、设备、构件一览表。

5.2.3 液压提升系统所需千斤顶和支承杆的最小数量可按下式确定：

$$n = N/P_0 \tag{5.2.3}$$

式中：n——所需千斤顶和支承杆的最小数量；

N——总垂直荷载（kN），取本标准永久荷载与施工荷载中所有竖向荷载的基本组合；

P_0——单个千斤顶或支承杆的允许承载力（kN），千斤顶的允许承载力为千斤顶额定提升能力的1/2；支承杆的允许承载力按本标准附录A的简化方法确定，也可根据工程实际情况采用数值分析法按空间结构计算确定；取其较小值。

5.2.4 千斤顶的布置应使千斤顶受力均衡，布置方式应符合下列规定：

1 筒体结构宜沿筒壁均匀布置或成组等间距布置；

2 框架结构宜集中布置在柱子上，当成串布置千斤顶或在梁上布置千斤顶时，应对其支承杆进行加固；当选用大吨位千斤顶时，支承杆也可布置在柱或梁的体外，但应对支承杆进行加固；

3 剪力墙结构宜沿墙体布置，并应避开门窗洞口；当洞口部位需布置千斤顶时，应对支承杆进行加固；

4 平台上设有固定的较大荷载时应按实际荷载增加千斤顶数量；

5 在适当位置应增设一定数量的双顶。

5.2.5 采用电动提升设备应进行专门设计和布置。

5.2.6 提升架的布置应与千斤顶的位置相匹配，其间距应根据结构部位的实际情况、千斤顶和支承杆允许承载能力以及模板和围圈的刚度确定。

5.2.7 操作平台结构应保证强度、刚度和稳定性，其结构布置宜采用下列形式：

1 连续变截面筒体结构可采用辐射梁、内外环梁以及下拉环和拉杆（或随升井架和斜撑）等组成的操作平台；

2 等截面筒体结构可采用桁架（平行或井字形布置）、梁和支撑等组成操作平台，或采用挑三脚架、中心环、拉杆及支撑等组成的环形操作平台；也可只用挑三脚架组成的内外悬挑环形平台；

3 框架、剪力墙结构可采用桁架、梁和支撑组成的固定式操作平台，或采用桁架和带边框的活动平台板组成可拆装的围梁式活动操作平台；

4 柱或排架结构可将若干个结构柱的围圈、柱间桁架组成整体式操作平台。

5.3 部件的设计与制作

5.3.1 滑动模板应保证强度和刚度，宜制作成定型模板，接触混凝土的模板表面应平整、耐磨，并应符合下列规定：

1 模板高度宜采用 900mm～1200mm，对筒体结构宜采用 1200mm～1500mm；滑框倒模的滑轨高度宜为 1200mm～1500mm，单块模板宽度宜为 300mm；

2 框架、剪力墙结构宜采用围模合一大钢模，标准模板宽度宜为 900mm～2400mm；筒体结构宜采用带肋定型模板，模板宽度宜为 100mm～500mm；

3 转角模板、收分模板、抽拔模板等异形模板，应根据结构截面的形状和施工要求设计；

4 围模合一大钢模的板面厚度不应小于 4mm，边框扁钢厚度不应小于 5mm，竖肋扁钢厚度不应小于 4mm，水平加强肋槽钢不宜小于［8，应直接与提升架相连，模板连接孔宜为 ϕ18mm，其间距不应大于 300mm；小型组合钢模板的面板厚度不宜小于 2.5mm；角钢肋条不宜小于 L40×4，也可采用定型小钢模板；

5 模板制作应板面平整，无卷边、翘曲、孔洞及毛刺等，阴阳角模的单面倾斜度应符合设计要求；

6 滑框倒模施工所使用的模板宜选用组合钢模板；当混凝土外表面为直面时，组合钢模板应横向组装，当为弧面时，宜选用长 300mm～600mm 的模板竖向组装；

7 清水混凝土模板应单独设计制作。

5.3.2 围圈的构造应符合下列规定：

1 围圈截面尺寸应根据计算确定，上下围圈的间距宜为 450mm～750mm，围圈距模板边缘的距离不宜大于 250mm；

2 当提升架间距大于 2.5m 或操作平台的承重骨架直接支承在围圈上时，围圈应采用桁架式；

3 围圈在转角处应设计成刚性节点；

4 固定式围圈接头应采用等刚度型钢连接，连接螺栓每边不应少于 2 个；

5 在使用荷载作用下，两个提升架之间围圈的垂直与水平方向的变形不应大于跨度的 1/500；

6 连续变截面筒体结构的围圈宜采用分段伸缩式；

7 当设计滑框倒模的围圈时，应在围圈内挂竖向滑轨，滑轨的断面尺寸及安放间距应与模板的刚度相适应；

8 当高耸烟囱筒壁结构上下直径变化较大时，应配置多套不同曲率的围圈。

5.3.3 提升架应按实际的受力荷载进行强度、刚度计算，宜设计成装配式，其横梁、立柱和连接支腿应具有可调性；对于结构的特殊部位，应设计专用的提升架。

5.3.4 提升架的构造应符合下列规定：

1 提升架应用型钢制作，可采用单横梁 Π 形架，双横梁的开形架或单立柱的 Γ 形架，横梁与立柱应刚性连接，两者的轴线应在同一平面内，在施工荷载作用下，立柱下端的侧向变形不应大于 2mm；

2 模板上口至提升架横梁底部的净高度：采用 ϕ48.3×3.5 钢管支承杆时宜为 500mm～900mm，采用 ϕ25 圆钢支承杆时宜为 400mm～500mm；

3 应具有调整内外模板间距和倾斜度的装置；

4 当采用工具式支承杆设在结构体内时，应在提升架横梁下设置内径比支承杆直径大 2mm～5mm 的套管，其长度应延伸到模板下缘；

5 当采用工具式支承杆设在结构体外时，提升架横梁相应加长，支承杆中心线距模板距离应大于 50mm。

5.3.5 操作平台、料台和吊架的结构形式应按施工工程的结构类型和受力确定，其构造应符合下列规定：

1 操作平台宜由桁架或梁、三脚架及铺板等主要构件组成，应与提升架或围圈连成整体。当桁架的跨度较大时，桁架间应设置水平和垂直支撑，当利用操作平台作为模板或模板支承结构时，应根据实际荷载对操作平台进行验算和加固，并应采取与提升架脱离的措施。

2 当操作平台的桁架或梁支承于围圈上时，应在支承处设置支托或支架。

3 操作平台的外侧应设安全防护栏杆及安全网，其外挑宽度不宜大于 900mm。

4 吊架铺板的宽度宜为500mm～800mm，钢吊杆的直径不应小于16mm，吊杆螺栓应采用双螺帽。吊架外侧应设安全防护栏杆及挡脚板，并应满挂安全网。

5 桁架梁或辐射梁的挠度不应大于其跨度的1/400。

5.3.6 滑模装置各种构件的制作要求应符合现行国家标准《钢结构工程施工质量验收标准》GB 50205和《组合钢模板技术规范》GB/T 50214的规定，其允许偏差应符合表5.3.6的规定。其构件表面，除支承杆及接触混凝土的模板表面外，均应刷防锈涂料。

表5.3.6 构件制作的允许偏差

名 称	内 容	允许偏差（mm）
钢模板	高度	±1
	宽度	−0.7～0
	表面平整度	±1
	侧面平直度	±1
	连接孔位置	±0.5
围圈	长度	−5
	弯曲长度≤3m	±2
	弯曲长度＞3m	±4
	连接孔位置	±0.5
提升架	高度	±3
	宽度	±3
	围圈支托位置	±2
	连接孔位置	±0.5
支承杆	弯曲	＜（1/1000）L
	ϕ48.3×3.5钢管直径	−0.5～0.5
	ϕ25圆钢直径	−0.5～0.5
	椭圆度公差	−0.25～0.25
	对接焊缝凸出母材	＜0，0.25

注：L为支承杆加工长度。

5.3.7 液压控制台的选用应符合下列规定：

1 液压控制台内，油泵的额定压力不应小于12MPa，其流量可根据所带动的千斤顶数量、每只千斤顶油缸内容积及一次给油时间确定，大面积滑模施工可多个控制台并联使用；

2 液压控制台的换向阀和溢流阀的流量及额定压力均应大于或等于油泵的流量和液压系统最大工作压力，阀的公称内径不应小于10mm，宜采用通流能力大、动作速度快、密封性能好、工作性能稳定的换向阀；

3 液压控制台的油箱应易散热、排污，并应有油液过滤的装置，油箱的有效容量应为油泵排油量的2倍及以上；

4 液压控制台供电方式应采用三相五线制，电气控制系统应保证电动机、换向阀等按滑模千斤顶爬升的要求正常工作；

5 液压控制台应设有油压表、漏电保护装置、电压及电流表、工作信号灯和控制加压、回油、停滑报警、滑升次数时间继电器等。

5.3.8 油路的设计应符合下列规定：

1 输油管应采用高压耐油胶管或金属管，其耐压力不应低于25MPa。主油管内径不应小于16mm，二级分油管内径宜为10mm～16mm，连接千斤顶的油管内径宜为6mm～10mm；

2 油管接头、针形阀的耐压力和通径应与输油管相适应；

3 液压油应定期进行更换，并应有良好的润滑性和稳定性，其各项指标应符合国家现行有关标准的规定。

5.3.9 滑模千斤顶应逐个编号经过检验，并应符合下列规定：

1 千斤顶空载起动压力不应高于0.3MPa；

2 当千斤顶最大工作油压为额定压力1.25倍时，卡头应锁固牢靠、放松灵活、升降过程应连续平稳；

3 当千斤顶的试验压力为额定油压的1.5倍时应保压5min，各密封处应无渗漏；

4 当出厂前千斤顶在额定压力提升荷载时，下卡头锁固时的回降量对滚珠式千斤顶不应大于5mm，对楔块式或滚楔混合式千斤顶不应大于3mm；

5 同一批组装的千斤顶应调整其行程，其行程差不应大于1mm。

5.3.10 支承杆的选用与检验应符合下列规定：

1 支承杆的制作材料宜选用Q235B焊接钢管，对热轧退火的钢管，其表面不应有冷硬加工层，并应符合现行国家标准《直缝电焊钢管》GB/T 13793或《低压流体输送用焊接钢管》GB/T 3091中的规定。

2 支承杆直径应与千斤顶的要求相适应，长度宜为3m～6m。

3 采用工具式支承杆时应用螺纹连接：钢管ϕ48.3×3.5支承杆的连接螺纹宜为M30，螺纹长度不宜小于40mm；圆钢ϕ25支承杆的连接螺纹宜为M18，螺纹长度不宜小于20mm。任何连接螺纹接头中心位置处公差均应为±0.15mm，支承杆借助连接螺纹对接后，支承杆轴线允许偏斜度应为其支承杆长度的1/1000。

4 HPB300级圆钢和HRB335级钢筋支承杆采用冷拉调直时，其延伸率不应大于3%；支承杆表面不应有油漆和铁锈。

5 工具式支承杆的套管与提升架之间的连接构造，宜做成可使套管转动并能有50mm以上的上下移动量的方式。

6 对兼作结构钢筋的支承杆，其材质和接头应符合设计要求，并应按国家现行有关标准的规定进行抽样检验。

5.3.11 精度控制仪器、设备的选配应符合下列规定：

1 千斤顶同步控制装置可采用限位卡挡、激光扫描仪、水杯自控仪、计算机整体提升系统等；

2 垂直度观测设备可采用激光铅直仪、全站仪、经纬仪等，其精度不应低于1/10000；

3 测量靶标及观测站的设置应稳定可靠，便于测量操作，并应根据结构特征和关键控制部位确定其位置。

5.3.12 水、电系统的选配应符合下列规定：

1 动力及照明用电、通信与信号的设置均应符合国家现行有关标准的规定；

2 电源线的选用规格应根据平台上全部电器设备总功率计算确定，其长度应大于从地面起滑开始至滑模终止所需的高度再增加10m；

3 平台上的总配电箱、分区配电箱均应设置漏电保护器，配电箱中的插座规格、数量应能满足施工的需要；

4 平台上的照明应满足夜间施工所需的照度要求，吊架上及便携式的照明灯具，其电压不应高于36V；

5 通信联络设施的声光信号应准确、统一、清楚，不扰民；

6 电视监控应能覆盖全面、局部以及关键部位；

7 向操作平台上供水的水泵和管路，其扬程和供水量应能满足滑模施工高度、施工用水及施工消防的需要。

6 滑 模 施 工

6.1 滑模装置的组装

6.1.1 滑模装置组装前，应弹出组装线，完成各组装部件的编号、操作平台的水平标记、钢筋保护层垫块及预埋件等工作。

6.1.2 滑模装置的组装宜按下列程序进行：

1 安装提升架，使所有提升架的标高满足操作平台水平度的要求，对带有辐射梁或辐射桁架的操作平台，同时安装辐射梁或辐射桁架及其环梁；

2 安装内外围圈，调整其位置，使其满足模板倾斜度的要求；

3 绑扎竖向钢筋和提升架横梁以下钢筋，安设预埋件及预留孔洞的胎模，对体内工具式支承杆套管下端进行包扎；

4 当采用滑框倒模工艺时，安装框架式滑轨，并调整倾斜度；

5 安装模板，宜先安装角模后再安装其他模板；

6 安装操作平台的桁架、支撑和平台铺板；

7 安装外操作平台的支架、铺板和安全栏杆等；

8 安装液压提升系统，垂直运输系统及水、电、通信、信号精度控制和观测装置，并分别进行编号、检查和试验；

9 在液压系统试验合格后，插入支承杆；

10 在地面或横向结构面上组装滑模装置时，待模板滑至适当高度后，再安装内外吊架，挂安全网。

6.1.3 模板的安装应符合下列规定：

1 安装固定的模板截面尺寸应上口小、下口大，单面倾斜度宜为模板高度的0.1%～0.3%，对带坡度的筒体结构其模板倾斜度应根据结构坡度情况适当调整；

2 模板上口以下2/3模板高度处的净间距应与结构设计截面等宽；

3 圆形连续变截面结构的收分模板应沿圆周对称布置，每对模板的收分方向应相反，收分模板的搭接处不应漏浆。

6.1.4 滑模装置组装的允许偏差应符合表6.1.4的规定。

6.1.5 液压系统组装完毕，应在插入支承杆前进行试验和检查，并应符合下列规定：

1 对千斤顶应逐一进行排气，并应排气彻底；

表 6.1.4 滑模装置组装的允许偏差

内 容		允许偏差（mm）
模板结构轴线与相应结构轴线位置		3
围圈位置偏差	水平方向	±3
	垂直方向	±3
提升架的垂直偏差	平面内	±3
	平面外	±2
安放千斤顶的提升架横梁相对标高偏差		±5

续表 6.1.4

内 容		允许偏差（mm）
模板尺寸的偏差	上口	−1～0
	下口	0～2
千斤顶位置安装的偏差	提升架平面内	±5
	提升架平面外	±5
圆模直径、方模边长的偏差		−2～3
相邻两块模板平面平整度偏差		2
组装模板内表面平整度偏差		3

2 液压系统在试验油压下应保压 5min，不应渗油和漏油；

3 空载、保压、往复次数、排气等整体试验应达到指标要求，记录应准确。

6.1.6 液压系统试验合格后方可插入支承杆，支承杆轴线应与千斤顶轴线保持一致，其垂直度允许偏差宜为 2‰。

6.2 钢 筋

6.2.1 钢筋加工应符合下列规定：

1 横向钢筋的长度不宜大于 9m；

2 当竖向钢筋的直径小于或等于 22mm 时，其长度不宜大于 5m。

6.2.2 钢筋绑扎时，钢筋位置应准确，并应符合下列规定：

1 每一浇灌层混凝土浇灌完毕后，在混凝土表面以上至少应有一道绑扎好的横向钢筋；

2 竖向钢筋绑扎后，提升架横梁以上部分应采用限位支架等临时固定；

3 双层配筋的墙或筒壁，其立筋应成对排列，钢筋网片间应采用 V 字形拉结筋或用焊接钢筋骨架定位；

4 门窗等洞口上下两侧横向钢筋端头应绑扎平直、整齐，下口横筋宜与竖向钢筋焊接；

5 钢筋弯钩均应背向模板面；

6 应设置混凝土垫块或专用固定卡等保证钢筋保护层厚度；

7 当滑模施工的结构有预应力钢筋时，应在其预留孔道位置增加附加筋与主筋连接固定；

8 顶部的钢筋如挂有砂浆等污染物，在滑升前应及时清除。

6.3 支 承 杆

6.3.1 支承杆宜采用 ϕ48.3×3.5 焊接钢管，设置在混凝土体内的支承杆不应有油污。

6.3.2 支承杆的直径、规格应与所使用的千斤顶相适应，第一批插入千斤顶的支承杆长度不宜少于4种，两相邻接头位置高差不应小于1m，同一高度上支承杆接头数不应大于总量的1/4。

当采用钢管支承杆并布置在混凝土结构体外时，对支承杆的调直、接长、加固应作专项设计。

6.3.3 对采用平头对接、榫接或螺纹接头的非工具式支承杆，当千斤顶通过接头部位后，应对接头进行焊接加固，当采用钢管支承杆并设置在混凝土体外时，宜采用工具式扣件加固。

6.3.4 采用钢管做支承杆时应符合下列规定：

1 钢管支承杆的规格宜为ϕ48.3×3.5，材质Q235B，管径允许偏差均应为−0.5mm～0.5mm，壁厚允许偏差应为其厚度的10％；

2 当采用焊接方法接长钢管支承杆时，宜对钢管一端端头进行缩口，缩口的长度不应小于50mm，间隙应控制在1.5mm之内，当其接头通过千斤顶后，再进行焊接加固。也可采取在钢管一端倒角2×45°，点焊3点以上，通过千斤顶后在接头处加焊衬管或钢筋，长度应大于200mm；

3 当作为工具式支承杆时，钢管两端应分别焊接螺母和螺杆，螺纹宜为M30，螺纹长度不应小于40mm，螺杆和螺母应与钢管同心；

4 工具式支承杆的平直度偏差不应大于1/1000；

5 工具式支承杆长度宜为3m。第一次安装时可配合采用4.5m、1.5m长的支承杆，接头应错开。

6.3.5 当选用ϕ48.3×3.5钢管支承杆时应符合下列规定：

1 当支承杆设置在结构体内时，宜采用埋入方式；

2 设置在结构体外的工具式支承杆，其数量应能满足（5～6）个楼层高度的需要；应在支承杆穿过楼板的位置用扣件卡紧，使支承杆的荷载通过传力钢板、传力槽钢等传递到各层楼板上；

3 设置在体外的工具式支承杆，可采用脚手架钢管和扣件进行加固。当支承杆为群杆时，相互间应采用纵向、横向钢管水平连接成整体；当支承杆为单根时，应采取其他措施可靠连接。

6.3.6 用于筒体结构施工的非工具式支承杆，当通过千斤顶后，应与横向钢筋点焊连接，焊点间距不宜大于500mm，点焊时严禁损伤受力钢筋。

6.3.7 定期检查支承杆的工作状态，当发现支承杆被千斤顶拔起或局部侧弯等情况时，应立即进行加固处理。当支承杆穿过较高洞口或模板滑空时，应对支承杆进行加固。

6.3.8 当工具式支承杆分批拔出时，应按实际荷载确定每批拔出的数量，并不应超过总数的1/4。对于ϕ25圆钢支承杆，其套管的外径不宜大于ϕ36；拔出的工具式支承杆应经检查合格后方可使用。

6.3.9 对于壁厚小于200mm的结构，不应采用工具式支承杆。

6.4 混 凝 土

6.4.1 用于滑模施工的混凝土早期强度增长速度应满足滑升速度的要求。

6.4.2 滑模施工前，应根据季节性施工等因素进行混凝土配合比的试配，应符合现行行业标准《普通混凝土配合比设计规程》JGJ 55的有关规定，并应符合下列规定：

1 混凝土宜采用硅酸盐水泥或普通硅酸盐水泥配制；

2 在混凝土中掺入的外加剂或掺合料应符合现行国家标准《混凝土外加剂》GB 8076和《混凝土外加剂应用技术规范》GB 50119和有关环境保护标准的规定，其品种和掺量应通过试验确定；

3 混凝土入模时的坍落度应符合设计要求；其允许偏差应符合现行国家标准《混凝土结构工程施工规范》GB 50666的有关规定。

6.4.3 正常滑升时，混凝土的浇筑应符合下列规定：

1 应均匀对称交圈浇灌；每一浇灌层的混凝土表面应在一个水平面上，并应有计划、均匀地变换浇灌方向；

2 应采取薄层浇灌，浇灌层的厚度不宜大于200mm；

3 上层混凝土覆盖下层混凝土的时间间隔不应大于混凝土的凝结时间，当间隔时间超过规定时，接茬处应按施工缝的要求处理；

4 在气温较高的时段，宜先浇灌内墙，后浇灌阳光直射的外墙；应先浇灌墙角、墙垛及门窗洞口等的两侧，后浇灌直墙；应先浇灌较厚的墙，后浇灌较薄的墙；

5 预留孔洞、门窗口、烟道口、变形缝及通风管道等两侧的混凝土应对称均衡浇灌。

6.4.4 当采用布料机布送混凝土时，应进行专项设计，并应符合下列规定：

1 布料机的活动半径宜能覆盖全部待浇混凝土的部位；

2 布料机的活动高度应能满足模板系统和钢筋的高度；

3 布料机不宜直接支承在滑模平台上，当确需支承在平台上时，支承系统应进行专门设计；

4 布料机和泵送系统之间应有可靠的通信联系，混凝土宜先布料在操作平台的受料器中，再送入模板，并应控制每一区域的布料数量；

5 平台上的混凝土残渣应及时清出，严禁铲入模板内或掺入新混凝土中使用；

6 夜间作业时应有足够的照明。

6.4.5 混凝土的振捣应符合下列规定：

1 宜使用滑模专用的振捣器及浇筑用的配套工具；

2 振捣混凝土时振捣器不应直接触及支承杆、钢筋；

3 振捣器应插入下一层混凝土内，但深度不应超过 50mm；

4 振捣不应过振或漏振。

6.4.6 混凝土出模后应及时检查，宜采用原浆压光进行修整。

6.4.7 混凝土的养护应符合下列规定：

1 浇筑的混凝土硬化后应及时养护，应保持混凝土表面湿润，养护时间不应少于 7d；

2 养护方法宜选用连续均匀喷雾养护或喷涂养护液；

3 混凝土的养护不应污染成品混凝土；

4 建筑物外墙外侧、较高筒体的两侧，可利用操作平台的吊架增设喷雾装置等加强养护。

6.4.8 混凝土的缺陷修整应符合现行国家标准《混凝土结构工程施工规范》GB 50666 的有关规定。

6.5 预留孔和预埋件

6.5.1 预埋件安装应位置准确、固定牢靠，不应突出模板表面。预埋件出模板后应及时清理使其外露。

6.5.2 预留孔洞的胎模应具有设计的刚度，其厚度应比模板上口尺寸小 5mm～10mm，并应与结构钢筋固定牢靠。

6.5.3 当门窗框采用预先安装时，门窗和衬框的总宽度应比模板上口尺寸小 5mm～10mm，安装应有可靠的固定措施，门窗框安装的允许偏差应符合表 6.5.3 的规定。

表 6.5.3 门窗框安装的允许偏差

项 目	允许偏差（mm）	
	钢门窗	铝合金（或塑钢）门窗
中心线位移	5.0	5.0
框正、侧面垂直度	3.0	2.0
框对角线长度 ≤2000mm >2000mm	 5.0 6.0	 2.0 3.0
框的水平度	3.0	1.5

6.6 滑　升

6.6.1 滑模施工中应采取混凝土薄层浇灌、千斤顶微量提升等措施减少停歇，在规定时间内应连续滑升。

6.6.2 在确定滑升程序或滑升速度时，除应满足混凝土出模强度要求外，还应根据下列相关因素调整：

1 气候条件；

2 混凝土原材料及强度等级；

3 结构特点，包括结构形状、构件截面尺寸及配筋情况；

4 模板条件，包括模板表面状况及清理维护情况；

5 混凝土出模外观质量情况等。

6.6.3 初滑时，宜将混凝土分层交圈浇筑至 500mm～700mm（或模板高度的 1/2～2/3）高度，待第一层混凝土强度达到 0.2MPa～0.4MPa 或混凝土贯入阻力值为 0.30kN/cm^2～1.05kN/cm^2 时，应进行（1～2）个千斤顶行程的提升，并对滑模装置和混凝土凝结状态进行全面检查，确定正常后，方可转为正常滑升。

混凝土贯入阻力值测定方法应符合本标准附录 B 的规定。

6.6.4 正常滑升过程中，应采取微量提升的方式，两次提升的时间间隔不宜超过 0.5h。

6.6.5 滑升过程中，应使所有的千斤顶充分的进油、排油。当出现油压增至正常滑升工作压力值的 1.2 倍，尚不能使全部千斤顶升起时，应立即停止提升操作，检查原因，及时进行处理。

6.6.6 在正常滑升过程中，每滑升 200mm～400mm，应对各千斤顶进行一次调平，特殊结构或特殊部位应采取专门措施保持操作平台基本水平。各千斤顶的相对标高差不应大于 40mm；相邻两个提升架上千斤顶升差不应大于 20mm。

6.6.7 连续变截面结构，每滑升 200mm 高度，至少应进行一次模板收分。模板一次收分量不宜大于 6mm。当结构的坡度大于 3.0%时，应减小每次提升高度，当设计支承杆数量时，应适当降低其设计承载能力。

6.6.8 在滑升过程中，应检查和记录结构垂直度、水平度、扭转及结构截面尺寸等偏差数值。检查及纠偏、纠扭应符合下列规定：

1 每滑升一个浇灌层高度应自检一次，每次交接班时应全面检查、记录一次；

2 在纠正结构垂直度偏差时，应徐缓进行，避免出现硬弯；

3 当采用倾斜操作平台的方法纠正垂直偏差时，操作平台的倾斜度应控制在1%之内；

4 对筒体结构，任意3m高度上的相对扭转值不应大于30mm，且任意一点的全高最大扭转值不应大于200mm。

6.6.9 在滑升过程中，应检查操作平台结构、支承杆的工作状态及混凝土的凝结状态，发现异常，应及时分析原因并采取有效的处理措施。

6.6.10 框架结构柱子模板的停歇位置，宜设在梁底以下100mm～200mm处。

6.6.11 在滑升过程中，应及时清理粘结在模板上的砂浆和转角模板、收分模板与活动模板之间的灰浆，严禁将已硬结的灰浆混进新浇的混凝土中。

6.6.12 滑升过程中不应出现漏油，凡被油污染的钢筋和混凝土，应及时处理干净。

6.6.13 当因施工需要或其他原因不能连续滑升时，应采取下列停滑措施：

1 混凝土应浇灌至同一标高；

2 模板应每隔一定时间提升（1～2）个千斤顶行程，直至模板与混凝土不再粘结为止；

3 当采用工具式支承杆时，在模板滑升前应先转动并适当托起套管，使之与混凝土脱离，以避免将混凝土拉裂。

6.6.14 模板空滑时，应验算支承杆在操作平台自重、施工荷载、风荷载等组合作用下的稳定性，稳定性不满足要求时，应对支承杆采取可靠的加固措施。

6.6.15 混凝土出模强度应控制在0.2MPa～0.4MPa或混凝土贯入阻力值为$0.30kN/cm^2 \sim 1.05kN/cm^2$。采用滑框倒模施工的混凝土出模强度不应小于0.2MPa。

6.6.16 当支承杆无失稳可能时，应按混凝土的出模强度控制，模板的滑升速度应按下式计算：

$$V=(H-h_0-a)/t \tag{6.6.16}$$

式中：V——模板滑升速度（m/h）；

H——模板高度（m）；

h_0——每个浇筑层厚度（m）；

a——混凝土浇筑后其表面到模板上口的距离，取0.05m～0.10m；

t——混凝土从浇灌到位至达到出模强度所需的时间（h），由试验确定。

6.6.17 当支承杆受压时，应按支承杆的稳定条件控制，模板的滑升速度应按下列规定确定：

1 对于ϕ48.3×3.5钢管支承杆，应按下式计算：

$$V=26.5/[T_1 \cdot (K \cdot P)^{1/2}]+0.6/T_1 \tag{6.6.17-1}$$

式中：P——单根支承杆承受的垂直荷载（kN）；

T_1——在作业班的平均气温条件下，混凝土强度达到 2.5MPa 所需的时间（h），由试验确定；

K——安全系数，取 $K=2.0$。

2 对于 $\phi25$ 圆钢支承杆，应按下式计算：

$$V = 10.5/[T_2 \cdot (K \cdot P)^{1/2}] + 0.6/T_2 \qquad (6.6.17\text{-}2)$$

式中：T_2——在作业班的平均气温条件下，混凝土强度达到 0.7MPa～1.0MPa 所需的时间（h），由试验确定。

6.6.18 当以滑升过程中工程结构的整体稳定控制模板的滑升速度时，应根据工程结构的具体情况，计算确定。

6.6.19 当 $\phi48.3\times3.5$ 钢管支承杆设置在结构体外且处于受压状态时，该支承杆的脱空长度不应大于按下式计算的长度：

$$L_0 = 21.2/(K \cdot P)^{1/2} \qquad (6.6.19)$$

式中：L_0——支承杆的脱空长度（m）。

6.7 横向结构的施工

6.7.1 按整体结构设计的横向结构，当采用后期施工时，应保证施工过程中的结构稳定，并应符合设计要求。

6.7.2 滑模工程横向结构的施工，宜采取逐层空滑现浇楼板施工。

6.7.3 当剪力墙结构采用逐层空滑现浇楼板工艺施工时，应符合下列规定：

1 当墙体模板空滑时，其外周模板与墙体接触部分的高度不应小于 200mm；

2 楼板混凝土强度应达到 1.2MPa 及以上，方能进行下道工序，支设楼板的模板时，不应损害下层楼板混凝土；

3 楼板模板支柱的拆除时间，除应符合现行国家标准《混凝土结构工程施工规范》GB 50666 的规定外，还应保证楼板的结构强度满足承受上部施工荷载的要求。

6.7.4 当剪力墙结构的楼板采用逐层空滑安装预制楼板时，板下墙体混凝土的强度不应低于 4.0MPa，并严禁用撬棍在墙体上挪动楼板。

6.7.5 当剪力墙结构的楼板采用在墙上预留孔洞或现浇牛腿支承预制楼板时，现浇区钢筋应与预制楼板中的钢筋连成整体。预制楼板应设临时支撑，待现浇区混凝土达到设计强度标准值 70%后，方可拆除支撑。

6.7.6 后期施工的现浇楼板，宜采用早拆模板体系。

6.7.7 所有二次施工的构件，其预留槽口的接触面不应有油污染，在二次浇筑之前，应彻底清除酥松的浮渣、污物，并应按施工缝的程序做好各项作业，加强二次浇筑混凝土的振捣和养护。

6.8 滑模托带施工

6.8.1 大型空间等重大结构物，当支承结构采用滑模工艺施工时，可采用滑模托带方法进行整体就位安装。

6.8.2 当滑模托带施工时，支承结构从托带起始面正常滑升至托带结构高度位置，应采取停滑措施，在地面将被托带结构组装完毕，并应与滑模装置连接成整体；当支承结构再继续滑升时，托带结构应随同上升直到其支座就位标高，并应固定于相应的混凝土顶面。

6.8.3 滑模托带装置的设计，应能满足钢筋混凝土结构滑模施工和托带结构就位安装的要求。其施工技术设计应包括下列主要内容：

1 滑模托带施工程序设计；

2 墙、柱、梁、筒壁等支承结构的滑模装置设计；

3 被托带结构与滑模装置的连接措施与分离方法；

4 千斤顶的布置与支承杆的加固方法；

5 被托带结构到顶滑模机具拆除时的临时固定措施和下降就位措施；

6 拖带结构的变形观测与防止托带结构变形的技术措施。

6.8.4 滑模托带施工应对被托带结构进行附加应力和变形验算，计算各支座的最大反力值和最大允许升差值。

6.8.5 滑模托带装置的设计荷载除应按常规滑模计入荷载外，还应包括下列荷载：

1 被托带结构施工过程中的支座反力，依据托带结构的自重、托带结构上的施工荷载、风荷载以及施工中支座最大升差引起的附加荷载计算出各支承点的最大作用荷载；

2 滑模托带施工总荷载。

6.8.6 滑模托带施工的千斤顶和支承杆的承载能力应留有安全储备：对楔块式和滚楔混合式千斤顶安全系数不应小于3.0，对滚珠式千斤顶安全系数不应小于2.5。

6.8.7 施工中应保持被托带结构同步稳定提升，相邻两个支承点之间的允许升差值不应大于20mm，且不应大于相邻两支座距离的1/400，最高点和最低点允许升差值应小于托带结构的最大允许升差值，并不应大于40mm。

6.8.8 当采用限位调平法控制升差时，支承杆上的限位卡应每隔150mm～

200mm 限位调平一次。

6.8.9 当滑模托带结构到达预定标高后，可采用常规现浇施工方法浇筑固定支座的混凝土。托带结构就位后的变形、最大挠度应符合设计要求，允许偏差应符合现行国家标准《钢结构工程施工质量验收标准》GB 50205 的规定。

6.9 滑模安全使用和拆除

6.9.1 滑模装置的组装和拆除应按施工方案的要求进行，应指定专人负责现场统一指挥，并应对作业人员进行专项安全技术交底。

6.9.2 组装和拆除滑模装置前，在建（构）筑物周围和垂直运输设施运行周围应划出警戒区、拉警戒线、设置明显的警示标志，并应设专人监护，非操作人员严禁进入警戒线内。

6.9.3 滑模装置的安装和拆除作业应在白天进行；当遇到雷、雨、雾、雪、风速大于 8.0m/s 以上等恶劣天气时，不应进行滑模装置的安装和拆除作业。

6.9.4 滑模装置上的施工荷载不应超过施工方案设计的允许荷载。

6.9.5 每次初滑、空滑时，应全面检查滑模装置；正常滑升过程中应定期检查；每次检查确认安全后方可继续使用。

6.9.6 当滑模施工过程中发现安全隐患时，应及时排除，严禁强行组织滑升。

6.9.7 滑模装置系统上的施工机具设备、剩余材料、活动盖板与部件、吊架、杂物等应先清理，捆扎牢固，集中下运，严禁抛掷。

6.9.8 滑模装置宜分段整体拆除，各分段应采取临时固定措施，在起重吊索绷紧后再割除支承杆或解除与体外支承杆的连接，下运至地面分拆，分类维护和保养。

6.9.9 滑模施工中的现场管理、劳动保护、通信与信号、防雷、消防等要求，应符合现行行业标准《液压滑动模板施工安全技术规程》JGJ 65 的有关规定。

7 特种滑模施工

7.1 大体积混凝土施工

7.1.1 混凝土坝、闸门井、闸墩及大型桥墩、挡土墙等无筋和配有少量钢筋的混凝土工程，可采用大体积混凝土特种滑模施工。

7.1.2 滑模装置的总体设计除应符合本标准第 5.2 节的相关规定外，还应符合构筑物曲率、竖向坡度变化和精度控制要求。

7.1.3 当长度较大的构筑物整体浇筑时，其滑模装置应分段自成体系，分段长度不宜大于 20m，体系间接头处的模板应衔接平滑。

7.1.4 支承杆及千斤顶的布置，应受力均匀。宜沿构筑物断面成组均匀布置。支承杆至混凝土边缘的距离不应小于 200mm。

7.1.5 滑模装置的部件设计除应符合本标准第 5.3 节的相关规定外，还应符合下列规定：

1 操作平台宜由主梁、连系梁及铺板构成；在变截面结构的滑模操作平台中，应制定外悬部分的拆除措施；

2 主梁宜采用槽钢制作，并应根据构筑物的特征平行或径向布置，其间距宜为 2m～3m；其最大变形量不应大于计算跨度的 1/500；

3 围圈宜采用型钢制作，其最大变形量不应大于计算跨度的 1/1000；

4 梁端提升收分车行走的部位，应平直光洁，上部应设保护盖。

7.1.6 混凝土浇筑铺料厚度宜为 250mm～400mm；当采取分段滑升时，相邻段铺料厚度差不应大于一个铺料层厚；当采用吊罐直接入仓下料时，混凝土吊罐底部至操作平台顶部的安全距离不应小于 600mm。

7.1.7 大体积混凝土工程滑模施工时的滑升速度宜为 50mm/h～100mm/h，混凝土的出模强度宜为 0.2MPa～0.4MPa，相邻两次提升的间隔时间不宜超过 1.0h；对反坡部位混凝土的出模强度，应通过试验确定。

7.1.8 大体积混凝土工程中的预埋件施工，应制定专项技术措施。

7.1.9 操作平台的偏移，应按下列规定进行检查与调整：

1 每提升一个浇灌层，应全面检查平台偏移情况，作出记录并及时调整；

2 当操作平台的累积偏移量超过 50mm 尚不能调平时，应停止滑升并及时处理。

7.2 混凝土面板施工

7.2.1 溢流面、泄水槽和渠道护面、隧洞底拱衬砌及堆石坝面板等工程，可采用混凝土面板特种滑模施工。

7.2.2 面板工程的滑模装置设计，应包括下列主要内容：

1 模板结构系统（包括模板、行走机构、抹面架）；

2 滑模牵引系统；

3 轨道及支架系统；

4 辅助结构及通信、照明、安全设施等。

7.2.3 模板结构的设计荷载应符合下列规定：

1 模板结构的自重（包括配重）应按实际重量计；

2 机具、设备等施工荷载按实际重量计；施工人员取 1.0kN/m²；

3 当模板倾角小于 45°时，新浇混凝土对模板的上托力取 3kN/m²～5kN/m²；当模板倾角大于或等于 45°时，其上托力取 5kN/m²～15kN/m²；对曲线坡面，取较大值；

4 在确定混凝土与模板的摩阻力时，对新浇混凝土与钢模板的粘结力取 0.5kN/m²，混凝土与钢模板的摩擦系数取 0.4～0.5；

5 在确定模板结构与滑轨的摩擦力时，对滚轮与轨道间的摩擦系数取 0.05，滑块与轨道间的摩擦系数取 0.15～0.5。

7.2.4 模板结构的主梁应有足够的刚度，在设计荷载作用下的最大挠度应符合下列规定：

1 溢流面模板主梁的最大挠度不应大于主梁计算跨度的 1/800；

2 其他面板工程模板主梁的最大挠度不应大于主梁计算跨度的 1/500。

7.2.5 模板牵引力应按下式计算：

$$R=[FA+G\sin\beta+f_1|G\cos\beta-P_c|+f_2G\cos\beta]K \tag{7.2.5}$$

式中：R——模板牵引力（kN）；

F——模板与混凝土的粘结力（kN/m²）；

A——模板与混凝土的接触面积（m²）；

G——模板系统自重（包括配重及施工荷载）（kN）；

β——模板的倾角（°）；

f_1——模板与混凝土间的摩擦系数；

P_c——混凝土的上托力（kN）；

f_2——滚轮或滑块与轨道间的摩擦系数；

K——牵引力安全系数，取 1.5～2.0。

7.2.6 滑模牵引设备及其固定支座应符合下列规定：

1 牵引设备宜选用液压千斤顶、爬轨器、慢速卷扬机等，对溢流面的牵引设备，宜选用爬轨器；

2 当采用卷扬机和钢丝绳牵拉时，支承架、锚固装置的设计能力，应为总牵引力的（3～5)倍；

3 当采用液压千斤顶牵引时，设计能力应为总牵引力的（1.5～2.0)倍；

4 牵引力在模板上的牵引点应设在模板两端，至混凝土面的距离不应大于 300mm；牵引力的方向与滑轨切线的夹角不应大于 10°，否则应设置导向滑轮；

5 模板结构两端应设同步控制机构。

7.2.7 轨道及支架系统的设计应符合下列规定：

1 轨道可选用型钢制作，其分节长度应便于运输、安装；

2 在设计荷载作用下，支点间轨道的变形不应大于 2mm；

3 轨道的接头应布置在支承架的顶板上。

7.2.8 滑模装置的组装应符合下列规定：

1 组装顺序宜为轨道支承架、轨道、牵引设备、模板结构及辅助设施。

2 轨道安装的允许偏差应符合表 7.2.8 的规定。

表 7.2.8 轨道安装的允许偏差

序号	项 目	允许偏差（mm）	
		溢流面结构	其他结构
1	标高	−2	5
2	轨距	3	3
3	轨道中心线	3	3

3 对牵引设备应进行检查并试运转，对液压设备应按本标准第 5.3.9 条进行检验。

7.2.9 混凝土的浇灌与模板的滑升应符合下列规定：

1 混凝土应分层浇灌，每层厚度宜为 300mm；

2 混凝土的浇灌顺序应从中间开始向两端对称进行，振捣时应防止模板上浮；

3 混凝土出模后应及时修整和养护；

4 因故停滑时，应采取相应的停滑措施。

7.2.10 混凝土的出模强度宜通过试验确定，亦可按下列规定选用：

1 当模板倾角小于 45°时，取 0.1MPa；

2 当模板倾角大于或等于 45°时，取 0.1MPa～0.3MPa。

7.2.11 对于陡坡上的滑模施工，应设置多重安全保险措施。当牵引机具为卷扬机钢丝绳时，地锚应安全可靠；当牵引机具为液压千斤顶时，还应对千斤顶的配套拉杆作整根试验检查。

7.2.12 面板成型后，其外形尺寸的允许偏差应符合下列规定：

1 溢流面表面平整度不应超过±3mm；

2 其他护面面板表面平整度不应超过±5mm。

7.3 竖井井壁施工

7.3.1 混凝土或钢筋混凝土的竖井，可采用竖井井壁特种滑模施工。

7.3.2 滑模施工的竖井混凝土强度不宜低于 C25，井壁厚度不宜小于 160mm，井壁内径不宜小于 2m。当井壁结构设计为两层或三层时，采用滑模施工的每层井壁厚度不宜小于160mm。

7.3.3 竖井应为单侧滑模施工，滑模装置应主要包括凿井绞车、提升井架、防护盘、工作盘（平台）、提升架、吊笼、通风、水电管线以及常规滑模施工的机具。

7.3.4 井壁滑模应设内围圈和内模板。围圈宜采用型钢加工成桁架形式；模板宜采用2.5mm～3.5mm厚大钢模，按井径可分为3块～6块，高度宜为1200mm～1500mm，在接缝处配以收分或楔形抽拔模板，模板的组装单面倾斜度宜为5‰～8‰；提升架应为单腿Γ形。

7.3.5 防护盘应根据井深和井筒作业情况设置（3～5）层。防护盘的承重骨架宜采用型钢制作，上铺厚度60mm以上的木板，2mm～3mm厚钢板，其上再铺一层500mm厚的松软缓冲材料。防护盘除采用绞车悬吊外，还应采用卡具（或千斤顶）与井壁固定牢固。

7.3.6 外层井壁宜采用边掘边砌的方法，由上而下分段进行滑模施工，分段深度应按工程地质和水文情况确定，宜为3m～6m。当外层井壁采用掘进一定深度再施工该段井壁时，分段滑模的深度宜为30m～60m。在滑模施工前，应对井筒岩土进行临时支护。

7.3.7 竖井滑模使用的支承杆，宜采用拉杆式，并应符合下列规定：

1 拉杆式支承杆宜布置在结构体外，支承杆接长宜用丝扣连接；

2 拉杆式支承杆的上端应固定在专用环梁或上层防护盘的外环梁上；

3 固定支承杆的环梁宜采用槽钢制作，应由计算确定其规格；

4 环梁应使用绞车悬吊在井筒内，并采用4台以上千斤顶或紧固件与井壁固定；

5 当边掘边砌施工井壁时，宜采用拉杆式支承杆和升降式千斤顶；

6 当采用承压式支承杆时，支承杆应同常规滑模的支承杆布置在混凝土体内。

7.3.8 竖井井壁的滑模装置，应在地面进行预组装，检查调整达到质量标准，再进行编号，按顺序吊运到井下进行组装。每段滑模施工完毕，应对滑模装置进行复检，符合要求后，再送到下一工作面使用。需要拆散重新组装的部件，应编号后再拆运，应按号组装。

7.3.9 当滑模装置安装时，应对井筒中心与滑模工作盘中心、提升吊笼中心以及工作平台预留提升孔中心进行监测；应对拉杆式支承杆的中心与千斤顶中心、各层工作盘水平度进行监测。

7.3.10 在组装滑模装置前，沿井壁四周安放的刃脚模板应先固定牢固，滑升时，不应将刃脚模板带起。

7.3.11 当滑模中遇到与井壁相连的各种水平或倾斜巷道口、峒室时，应对滑模系统进行加固，并应做好空滑处理。在滑模施工前，应对靠近井壁 3m～5m 内的巷道口、峒室进行永久性支护。

7.3.12 滑模施工中应控制井筒中心的位移情况。边掘边砌的工程每一滑升段应检查一次；当分段滑模的深度超过 15m 时，每 10m 高应检查一次；其最大偏移量不应大于 15mm。

7.3.13 滑模施工期间应绘制井筒实测纵横断面图，并应填写混凝土和预埋件检查验收记录。

7.3.14 井壁质量应符合下列规定：

1 与井筒相连的各水平巷道或峒室的标高应符合设计要求，其最大允许偏差为 100mm；

2 井筒的最终深度，不应小于设计值；

3 井筒的内半径最大允许偏差：有提升设备时不应大于 50mm，无提升设备时不应大于 50mm；

4 井壁厚度局部偏差不应大于 50mm。

7.4 复合壁施工

7.4.1 保温复合壁贮仓、节能型高层建筑、双层墙壁的冷库、冻结法施工的矿井复合井壁等工程可采用复合壁特种滑模施工。

7.4.2 复合壁施工的滑模装置应在内外模板之间设置隔离板，并应符合下列规定：

1 隔离板应采用钢板制作；

2 在面向有配筋的墙壁一侧，隔离板在竖向上应焊接与其底部平齐的圆钢，圆钢的上端与提升架间的联系梁等应可靠连接，圆钢的直径宜为 $\phi25$～$\phi28$，间距宜为 1000mm～1500mm；

3 隔离板安装后应保持垂直，其上口应高于模板上口 50mm～100mm，深入模板内的高度可根据现场施工情况确定，应小于混凝土的浇灌层厚度 25mm。

7.4.3 滑模用的支承杆应布置在强度等级较高一侧的混凝土内。

7.4.4 当浇灌两种不同性质的混凝土时，应先浇灌强度等级高的混凝土，后浇灌强度等级较低的混凝土；振捣时，先振捣强度等级高的混凝土，再振捣强度等级较低的混凝土，直至密实。同一层两种不同性质的混凝土浇灌层厚度应一致，浇灌振捣密实后其上表面应在同一平面上。

7.4.5 隔离板上粘结的砂浆应及时清除。两种不同的混凝土内应加入合适的外加剂调整其凝结时间、流动性和强度增长速度，使两种不同性能的混凝土均能满足同一滑升速度的需要。

7.4.6 在复合壁滑模施工中，不应进行空滑施工。当停滑时应按本标准第6.6.13条的规定采取停滑措施，但模板总的提升高度不应大于一个混凝土浇灌层的厚度。

7.4.7 复合壁滑模施工到顶，最上一层混凝土浇筑完毕后，应立即将隔离板提出混凝土表面，再适当振捣混凝土，使两种混凝土间出现的隔离缝接合紧密。

7.4.8 采用轻质混凝土的预留洞或门窗洞口四周宜采用普通混凝土代替，替换厚度不宜小于60mm。

7.4.9 复合壁滑模施工的壁厚允许偏差应符合表7.4.9的规定。

表7.4.9 复合壁滑模施工的壁厚允许偏差

项目	壁厚允许偏差（mm）		
	混凝土强度较高的壁	混凝土强度较低的壁	总壁厚
允许偏差	−5～+10	−10～+5	−5～+8

8 质量检查及工程验收

8.1 质量检查

8.1.1 滑模施工常用检查记录表应符合本标准附录C的规定。

8.1.2 工程质量检查工作应适应滑模施工。

8.1.3 兼作结构钢筋的支承杆的连接接头、预埋插筋、预埋件等应作隐蔽工程验收。

8.1.4 施工中的检查应包括现场地面上和操作平台上两部分，并应符合下列规定：

1 地面上进行的检查应包括下列主要内容：

（1）所有原材料的质量检查；

（2）所有加工件及半成品的检查；

（3）影响平台上作业的相关因素和条件检查；

（4）滑模综合工种、特殊作业操作上岗资格的检查；

（5）清水混凝土的开盘鉴定等。

2 操作平台上应紧随各工序跟班作业检查，应包括下列主要内容：

（1）检查节点处汇交的钢筋及接头质量，隐蔽工程的质量应符合验收要求。

（2）检查钢筋的保护层厚度垫块和预埋件的固定；

（3）检查混凝土的性能及浇灌层厚度；

（4）检查滑升作业前影响滑升的障碍物；

（5）检查混凝土的出模强度、外观质量及结构截面尺寸；

（6）检查混凝土的养护情况。

8.1.5 滑模施工检查验收应主要包括施工方案、主要构配件、滑模装置系统、安全设施及混凝土出模质量等；有关检查内容要点、判定方法应符合本标准附录D的规定。

8.1.6 混凝土的质量检验应符合下列规定：

1 标准养护混凝土试块的组数，应符合现行国家标准《混凝土结构工程施工质量验收规范》GB 50204 的规定；

2 混凝土出模强度的检查，宜在滑模平台上用贯入阻力法进行测定，每一工作班不应少于一次，当在一个工作班上气温有骤变或混凝土配合比有变动时，应相应增加检查次数；

3 在每次模板提升后，应立即检查出模混凝土的外观质量，发现问题应及时处理，并应作好处理记录。

8.1.7 对于高耸结构垂直度的测量，应根据结构自振、风荷载及日照的影响，宜以当地时间 6：00～9：00 间的观测结果为准。

8.2 工 程 验 收

8.2.1 滑模工程的施工质量验收应符合现行国家标准《混凝土结构工程施工质量验收规范》GB 50204 的有关规定。

8.2.2 滑模施工混凝土结构的允许偏差应符合表 8.2.2 的规定，其中整体垂直度允许偏差不应大于全高的 0.1%。

8.2.3 钢筋混凝土烟囱的允许偏差，应符合现行国家标准《烟囱工程施工及验收规范》GB 50078 的规定。

8.2.4 特种滑模施工的混凝土结构允许偏差，应符合国家现行有关专业标准的规定。

表 8.2.2 滑模施工混凝土结构的允许偏差

项　　目		允许偏差（mm）
轴线位置		±8
梁、柱、墙截面尺寸		−5，10
标　高	层高	±10
	全高	±30

续表 8.2.2

项　　目		允许偏差（mm）
表面平整（2m 长直尺检查）		8
清水混凝土的表面平整		5
垂直度	层高小于或等于 6m	10
	层高大于 6m	12
	全高	≤30
门窗洞口及预留洞口中心线		±15
预埋件中心线		±15
筒体结构	定位中心线	0，15
	筒壁厚度	−5，10
	任意截面的半径	≤25
	全高垂直度	≤50

附录 A　支承杆允许承载能力确定方法

A.0.1　当采用 $\phi48.3\times3.5$ 钢管支承杆时，支承杆的允许承载力应按下式进行简化计算：

$$P_0=(\alpha/K)\times(99.6-0.22L_0) \tag{A.0.1}$$

式中：P_0——支承杆的允许承载力（kN）；

α——工作条件系数，取 0.7～1.0，视施工操作水平、滑模平台结构情况确定。一般整体式刚性平台取 0.7，分割式平台取 0.8；

K——安全系数，取值不应小于 2.0；

L_0——支承杆脱空长度（cm）；当支承杆在结构体内时，取千斤顶下卡头到浇筑混凝土上表面的距离；当支承杆在结构体外时，取千斤顶下卡头到模板下口第一个横向支撑扣件节点的距离。

A.0.2　当采用 $\phi25$ 圆钢支承杆，模板处于正常滑升状态时，即从模板上口以下，最多只有一个浇灌层高度尚未浇筑混凝土的条件下，支承杆的允许承载力应按下式进行简化计算：

$$P_0=\alpha\cdot40EI/[K(L_0+95)^2] \tag{A.0.2}$$

式中：E——支承杆弹性模量（kN/cm^2）；

I——支承杆截面惯性矩（cm^4）；

L_0——支承杆脱空长度，从混凝土上表面至千斤顶下卡头距离（cm）。

A.0.3 当支承杆因构筑物工艺要求倾斜布设时，支承杆的允许承载力应计算倾斜产生的不利影响。

附录B 用贯入阻力测量混凝土凝固的试验方法

B.0.1 贯入阻力试验应在混凝土拌合物中筛出的砂浆中进行。以一根测杆在10s±2s的时间内垂直插入砂浆中25mm±2mm深度时，测杆端部单位面积上所需力——贯入阻力的大小来判定混凝土凝固的状态。

B.0.2 试验仪器与工具应包括下列仪器：

1 贯入阻力仪主要包括加荷装置和测杆，加荷装置的最大测量值不小于1kN，精度为±5N；测杆的承压面积为$100mm^2$、$50mm^2$和$20mm^2$三种，在距贯入端25mm处刻一圈标记；

2 砂浆试模的高度为150mm，圆柱体试模的直径或立方体试模的边长不应小于150mm；试模需要采用刚性不吸水的材料制作；

3 标准筛应符合现行国家标准《试验筛 金属丝编织网、穿孔板和电成型薄板 筛孔的基本尺寸》GB/T 6005的有关规定，筛孔孔径5mm，筛取砂浆用；

4 吸液管用以吸除砂浆试件表面的泌水。

B.0.3 砂浆试件的制备及养护应符合下列规定：

1 应从试验制备或现场取样的混凝土拌合物中，采用标准筛把砂浆筛落在不吸水的垫板上，每次应筛净，并拌合均匀，将砂浆一次分别装入试模中。

2 砂浆试样宜采用振动台或振动器振实，振动应持续到表面出浆为止，不得过振。当采用人工捣实时，可在试件表面每隔20mm～30mm用捣固棒插捣一次，然后用棒敲击试模周边，使插捣的印穴弥合，捣实后的砂浆表面宜低于试模上沿约10mm。

3 应把试样置于试验所规定的条件下进行养护。

B.0.4 测试方法应符合下列规定：

1 应在测试前5min吸除试件表面的泌水，在吸水时，试模可稍微倾斜，吸干后平稳地复原。

2 根据混凝土砂浆凝固情况，选用适当规格的贯入测杆，测试时应将测杆端部与砂浆表面接触，然后约在10s的时间内，向测杆施以均匀向下的压力，直至测杆贯入砂浆表面下25mm深度，并应记录贯入阻力仪指针读数、测试时间及混凝土龄期。更换测杆宜按附录表B.0.4选用。

表 B.0.4 更换测杆选用表

贯入阻力值（kN/cm^2）	0.02～0.35	0.35～2.0	2.0～2.8
测杆面积（mm^2）	100	50	20

3 对于常温下的混凝土，贯入阻力的测试时间可从搅拌后2h开始进行，每隔1h测试一次，每次测3点，直至贯入阻力达到2.8kN/cm^2时为止。各测点的间距应大于测杆直径的两倍，且不应小于15mm，测点与试件边缘的距离不应小于25mm。对于速凝或缓凝的混凝土及气温过高或过低时，可将测试时间适当调整。

4 贯入阻力的计算是将测杆贯入时所需的压力除以测杆截面面积。每次测试的三点取平均值，当三点数值的最大差异超过20%，取相近两点的平均值。

B.0.5 试验报告应符合下列规定：

1 试验的原始资料应包括下列内容：

1) 混凝土配合比，水泥、粗细骨料品种，水灰比等；

2) 附加剂类型及掺量；

3) 混凝土坍落度、强度等级；

4) 试验日期、筛出砂浆时的温度及试验环境温度；

5) 贯入阻力试验结果。

2 应绘制混凝土贯入阻力曲线，以贯入阻力为纵坐标（kN/cm^2），以混凝土龄期（h）为横坐标，绘制曲线的试验数据不应少于6个。

B.0.6 混凝土贯入阻力曲线的分析及应用应符合下列规定：

1 混凝土出模时应达到的贯入阻力范围，从混凝土贯入阻力曲线上可以得出混凝土的最早出模时间（龄期）及适宜的滑升速度的范围，并可以此检查实际施工时的滑升速度。

2 当滑升速度已确定时，可从事先绘制好的多组混凝土贯入阻力曲线中，选择与已定滑升速度相适应的混凝土配合比。

3 在现场施工中，可随时测定混凝土的贯入阻力，检查混凝土的出模强度及滑升时间。

附录C　滑模施工常用检查记录表

C.0.1　滑模施工预埋件检查记录应符合表C.0.1的规定。

表C.0.1　滑模施工预埋件检查记录

编　号：

<table>
<tr><td>工程名称</td><td colspan="4"></td><td>施工单位</td><td colspan="3"></td></tr>
<tr><td>标高
1</td><td>位置
2</td><td>编号、名称
3</td><td>尺寸简图
4</td><td>数量
5</td><td>加工情况
6</td><td>埋设情况
7</td><td>埋设日期
8</td><td>检查要求</td></tr>
<tr><td></td><td></td><td></td><td></td><td></td><td></td><td></td><td></td><td rowspan="6">1　全部检查；
2　预埋件位置符合设计要求；
3　预埋件不应露出混凝土表面</td></tr>
<tr><td></td><td></td><td></td><td></td><td></td><td></td><td></td><td></td></tr>
<tr><td></td><td></td><td></td><td></td><td></td><td></td><td></td><td></td></tr>
<tr><td></td><td></td><td></td><td></td><td></td><td></td><td></td><td></td></tr>
<tr><td></td><td></td><td></td><td></td><td></td><td></td><td></td><td></td></tr>
<tr><td></td><td></td><td></td><td></td><td></td><td></td><td></td><td></td></tr>
</table>

负责人：　　　　　　　　质检员：　　　　　　　　记录人：

注：（1～5）项在施工开始前填写；（6～8）项在施工过程中填写。

C. 0. 2 贯入阻力试验检查记录应符合表 C. 0. 2 的规定。

表 C. 0. 2 贯入阻力试验检查记录

编号：

<table>
<tr><td>工程名称</td><td colspan="5"></td><td colspan="2">试验日期</td><td></td><td colspan="2">试验部位</td><td></td><td>天气情况</td><td></td></tr>
<tr><td rowspan="2">混凝土强度</td><td rowspan="2">水灰比
%</td><td rowspan="2">坍落度
（cm）</td><td rowspan="2">水泥
品种</td><td colspan="2">附加剂品种</td><td colspan="6">混凝土配合比（kN/m³）</td><td colspan="2">备 注</td></tr>
<tr><td>掺合料</td><td>外加剂</td><td>水泥</td><td>砂</td><td>石子</td><td>水</td><td>掺合料</td><td>外加剂</td><td colspan="2" rowspan="2"></td></tr>
<tr><td></td><td></td><td></td><td></td><td></td><td></td><td></td><td></td><td></td><td></td><td></td><td></td></tr>
<tr><td colspan="14">测 试 记 录</td></tr>
<tr><td colspan="2">测试环境</td><td colspan="3"></td><td colspan="3">筛出砂浆时温度（℃）</td><td colspan="3"></td><td colspan="3">贯入阻力曲线</td></tr>
<tr><td colspan="2">测试时间</td><td></td><td></td><td></td><td></td><td></td><td></td><td></td><td></td><td></td><td colspan="3" rowspan="8"></td></tr>
<tr><td colspan="2">测试温度</td><td></td><td></td><td></td><td></td><td></td><td></td><td></td><td></td><td></td></tr>
<tr><td colspan="2">测杆面积</td><td></td><td></td><td></td><td></td><td></td><td></td><td></td><td></td><td></td></tr>
<tr><td rowspan="4">贯
入
力
（kN）</td><td>1</td><td></td><td></td><td></td><td></td><td></td><td></td><td></td><td></td><td></td></tr>
<tr><td>2</td><td></td><td></td><td></td><td></td><td></td><td></td><td></td><td></td><td></td></tr>
<tr><td>3</td><td></td><td></td><td></td><td></td><td></td><td></td><td></td><td></td><td></td></tr>
<tr><td>平均值</td><td></td><td></td><td></td><td></td><td></td><td></td><td></td><td></td><td></td></tr>
<tr><td colspan="2">贯入阻力值</td><td></td><td></td><td></td><td></td><td></td><td></td><td></td><td></td><td></td></tr>
<tr><td colspan="2">检查要求</td><td colspan="12">1 检查试验设备的合格证、准用证；2 检查试验记录，符合试验方案要求；3 同一配合比、24h 内的强度增长变化规律曲线</td></tr>
</table>

负责人：　　　　质检员：　　　　计算：　　　　测试人：

注：1 按本标准附录 B 进行试验，绘制曲线的试验数据不应少于 6 个；

2 贯入阻力平均值达到 $2.8kN/cm^2$ 时可以停止；

3 贯入阻力 3 点数值的最大差异超过 20%时，取相近 2 点的平均值。

C.0.3 提升系统滑升检查记录应符合表C.0.3的规定。

表C.0.3 提升系统滑升检查记录

编号：

<table>
<tr><td>工程名称</td><td colspan="4"></td><td colspan="2">施工单位</td><td colspan="2"></td></tr>
<tr><td rowspan="2">日期</td><td rowspan="2"></td><td rowspan="2">作业班次</td><td rowspan="2"></td><td rowspan="2" colspan="2">操作平台标高</td><td>接班时</td><td colspan="2"></td></tr>
<tr><td>交班时</td><td colspan="2"></td></tr>
<tr><td colspan="2">混凝土浇筑开始时间</td><td colspan="2">时 分</td><td colspan="3">混凝土浇筑完成时间</td><td colspan="2">时 分</td></tr>
<tr><td>提升次数</td><td>时间</td><td>提升行程数</td><td>实测提升高度</td><td colspan="5">平均高度（mm/次）</td></tr>
<tr><td>1</td><td></td><td></td><td></td><td colspan="5"></td></tr>
<tr><td>2</td><td></td><td></td><td></td><td colspan="5"></td></tr>
<tr><td>3</td><td></td><td></td><td></td><td colspan="5"></td></tr>
<tr><td>4</td><td></td><td></td><td></td><td colspan="5"></td></tr>
<tr><td>5</td><td></td><td></td><td></td><td colspan="5"></td></tr>
<tr><td>6</td><td></td><td></td><td></td><td colspan="5"></td></tr>
<tr><td>7</td><td></td><td></td><td></td><td colspan="5"></td></tr>
<tr><td>8</td><td></td><td></td><td></td><td colspan="5"></td></tr>
<tr><td>9</td><td></td><td></td><td></td><td colspan="5"></td></tr>
<tr><td>10</td><td></td><td></td><td></td><td colspan="5"></td></tr>
<tr><td>11</td><td></td><td></td><td></td><td colspan="5"></td></tr>
<tr><td>12</td><td></td><td></td><td></td><td colspan="5"></td></tr>
<tr><td>13</td><td></td><td></td><td></td><td colspan="5"></td></tr>
<tr><td>14</td><td></td><td></td><td></td><td colspan="5"></td></tr>
<tr><td colspan="2">本班提升总高</td><td></td><td>最高油压</td><td colspan="5"></td></tr>
<tr><td>检查要求</td><td colspan="8">1 检查每1个工作班组滑升的记录；
2 用钢卷尺检查提升高度；
3 滑升进度与混凝土出模强度相适应，符合施工方案要求</td></tr>
</table>

负责人：　　　　质检员：　　　　填表人：

C.0.4 滑模平台垂直度测量检查记录应符合表C.0.4的规定。

表C.0.4 滑模平台垂直度测量检查记录

编号：

<table>
<tr><td colspan="2">工程名称</td><td colspan="2"></td><td>施工单位</td><td></td></tr>
<tr><td colspan="2">施工部位</td><td colspan="2"></td><td>日　　期</td><td></td></tr>
<tr><td rowspan="2">测点序号</td><td>时间</td><td colspan="2"></td><td>标高</td><td></td></tr>
<tr><td colspan="2">位移值（mm）</td><td colspan="3">方向</td></tr>
<tr><td>1</td><td colspan="2"></td><td colspan="3"></td></tr>
<tr><td>2</td><td colspan="2"></td><td colspan="3"></td></tr>
<tr><td>3</td><td colspan="2"></td><td colspan="3"></td></tr>
<tr><td>4</td><td colspan="2"></td><td colspan="3"></td></tr>
<tr><td>5</td><td colspan="2"></td><td colspan="3"></td></tr>
<tr><td>6</td><td colspan="2"></td><td colspan="3"></td></tr>
<tr><td>7</td><td colspan="2"></td><td colspan="3"></td></tr>
<tr><td>8</td><td colspan="2"></td><td colspan="3"></td></tr>
<tr><td>9</td><td colspan="2"></td><td colspan="3"></td></tr>
<tr><td>10</td><td colspan="2"></td><td colspan="3"></td></tr>
<tr><td>11</td><td colspan="2"></td><td colspan="3"></td></tr>
<tr><td>12</td><td colspan="2"></td><td colspan="3"></td></tr>
<tr><td>简
图</td><td colspan="5"></td></tr>
<tr><td>检查要求</td><td colspan="5">1　检查全站仪、经纬仪等测量设备的合格证、准用证；
2　每1个标准楼层或小于9m高度，测量检查不少于1次；
3　垂直度控制调整符合设计要求</td></tr>
</table>

负责人：　　　　质检员：　　　　测量人：

C.0.5 滑模平台水平度测量记录应符合表C.0.5的规定。

表 C.0.5　滑模平台水平度测量记录

编号：

<table>
<tr><td colspan="2">工程名称</td><td></td><td>施工单位</td><td></td></tr>
<tr><td colspan="2">施工部位</td><td></td><td>日　　期</td><td></td></tr>
<tr><td rowspan="2">测点
序号</td><td>时间</td><td></td><td>基准标高</td><td></td></tr>
<tr><td colspan="2">高程差 H_i（mm）</td><td colspan="2">相对高程差 ΔH_i：</td></tr>
<tr><td>1</td><td colspan="2"></td><td colspan="2"></td></tr>
<tr><td>2</td><td colspan="2"></td><td colspan="2"></td></tr>
<tr><td>3</td><td colspan="2"></td><td colspan="2"></td></tr>
<tr><td>4</td><td colspan="2"></td><td colspan="2"></td></tr>
<tr><td>5</td><td colspan="2"></td><td colspan="2"></td></tr>
<tr><td>6</td><td colspan="2"></td><td colspan="2"></td></tr>
<tr><td>7</td><td colspan="2"></td><td colspan="2"></td></tr>
<tr><td>8</td><td colspan="2"></td><td colspan="2"></td></tr>
<tr><td>9</td><td colspan="2"></td><td colspan="2"></td></tr>
<tr><td>10</td><td colspan="2"></td><td colspan="2"></td></tr>
<tr><td>简
图</td><td colspan="4"></td></tr>
<tr><td>检查
要求</td><td colspan="4">1　检查全站仪、水准仪等测量设备的合格证、准用证；
2　每 1 个标准楼层或小于 9m 高度，测量检查不少于 1 次；
3　垂直度控制调整符合设计要求</td></tr>
</table>

负责人：　　　　质检员：　　　　测量人：

注：基准标高指本次测量时所取参考水平面的标高值；

高程差 H_i 指被测点与基准参考水平面的高差，高于参考平面为（+），低于为（−）；

相对高程差 ΔH_i 指被测点高程差（H_i）与各测点高程差平均值（$\bar{H}_i$）的差，即：

$$\Delta H_i = H_i - \bar{H}_i$$

$$\bar{H}_i = \Sigma H_i / n$$

式中：ΣH_i——各测点高程差之和；

n——以同一参考平面的测点总数。

C.0.6　纠偏、纠扭施工检查记录应符合表 C.0.6 的规定。

表 C.0.6 纠偏、纠扭施工检查记录

编 号：

工程名称		施工单位	
纠偏（扭）部位			
纠偏（扭）原因			
技术要点与 操作要求			
处理结(效)果			
检查要求	1 检查纠偏（扭）方案编审程序符合性； 2 检查每次纠偏（扭）的施工记录； 3 检查每次控制调整是否达到设计要求		

负责人：　　　　质检员：

编制人：　　　　现场工程师：

附录D　滑模施工检查验收记录表

表D　滑模施工检查验收记录

工程名称			施工单位	
序号	检查项目	检查内容要点	检查判定方法说明	符合性
1	施工方案	施工方案编审程序符合性，滑模施工工艺的可行性； 滑模装置详图设计核查； 滑模装置加工制作质量	检查施工方案的编制、审核、批准手续，审查意见的整改落实情况； 检查滑模装置设计计算书的手续完整性，检查主要荷载取值等是否符合实际情况和标准规定； 检查滑模装置加工制作技术资料； 检查现场滑模装置与设计图是否一致	
2	主要构配件	材质、规格与方案的符合性； 材料质量复试； 外观质量检查； 预埋件质量检查	材料外观检查应符合国家现行标准的有关规定； 检查产品质量合格证、性能检验报告等有效性； 检查材料按规定复试的质量报告； 材料规格尺寸按规定抽检； 预埋件隐检记录	
3	模板系统	检查模板、围圈、提升架质量； 检查倾斜度调节装置等	检查模板的几何形状是否符合设计要求，倾斜度调节装置是否有效，保证结构截面尺寸，预防模板出现反锥度； 检查模板内表面平整度、模板拼缝质量； 检查围圈、提升架是否符合设计要求，有无明显变形； 检查收分模板、抽拔模板是否符合设计要求； 检查模板空滑高度是否超过允许值	

续表 D

序号	检查项目	检查内容要点	检查判定方法说明	符合性
4	操作平台系统	检查操作平台、料台等结构的强度、刚度和稳定性； 检查随升垂直运输设施的支承结构等	检查操作平台的施工荷载情况，防止局部超载； 检查操作平台上各观测点与相对应的标准控制点间的偏差记录表是否超标； 检查拔杆、井架等随升垂直运输装置及料台的支承结构是否符合设计要求； 检查利用操作平台纠偏或纠扭记录、效果	
5	提升系统	检查支承杆的工作状态； 检查千斤顶和液压系统的工作状态； 检查滑升速度	检查支承杆、千斤顶、液压控制台等规格、数量、性能是否符合设计要求； 检查液压千斤顶的给油、排油、提升等工作状态是否正常，避免漏油污染支承杆和混凝土，查看提升记录； 检查支承杆是否出现异常倾斜、弯曲，接头质量及部位是否满足设计要求； 查看提升系统滑升检查记录表	
6	滑模精度控制系统	检查建筑物轴线、标高、垂直度； 检查千斤顶的同步性； 检查平台偏扭的纠正效果	检查精度控制方案是否满足设计要求，查验仪器检定报告、合格证，查看测量记录； 检查各千斤顶的升差情况，复核调平装置； 检查千斤顶同步控制装置如限位卡挡、激光扫描仪、计算机控制装置等是否灵敏、有效	
7	水电配套系统	检查临时供电设施； 检查临时供水设施； 检查广播及通信监控设施	检查是否有双路供电或自备电源； 检查是否设高压水泵，满足最高点的供水和施工消防要求； 检查通信联络设施的声光信号是否准确、统一、清楚，不扰民，并有多重系统保障	

续表 D

序号	检查项目	检查内容要点	检查判定方法说明	符合性
8	安全设施	检查防护栏杆、脚手板、挡脚板、安全网等设施； 检查安全通道、疏散楼梯； 检查防雷接地设施、消防设施	检查安全技术交底记录； 核查安全设施现场布设是否符合设计要求，是否完善、有效； 危险警戒区、安全标识及标牌是否醒目与齐全； 复测接地电阻是否符合国家现行标准的规定； 检查灭火器材的性能、数量和消防水压是否达标； 检查安全通道、疏散楼梯是否通畅，应急照明是否有效	
9	混凝土出模质量	检查出模强度； 检查出模混凝土观感质量	检查贯入阻力试验记录或滑模早期强度测试仪记录，出模强度是否满足本标准的控制要求； 检查刚出模的混凝土原浆压实效果，检查混凝土有无拉裂、鱼鳞状外凸、偏扭痕迹、局部坍塌等现象，及时整改	
施工单位检查结论	结论：　　检查日期：　　年　月　日 质量负责人：　　项目技术负责人：　　项目经理：			
监理单位验收结论	结论：　　验收日期：　　年　月　日 专业监理工程师：　　总监理工程师：			

本标准用词说明

1 为了便于在执行本标准条文时区别对待，对要求严格程度不同的用词说明如下：

1）表示很严格，非这样做不可的：

正面词采用“必须”，反面词采用“严禁”；

2）表示严格，在正常情况下均应这样做的：

正面词采用“应”，反面词采用“不应”或“不得”；

3）表示允许稍有选择，在条件许可时首先应这样做的：

正面词采用“宜”，反面词采用“不宜”；

4）表示有选择，在一定条件下可以这样做的，采用“可”。

2 条文中指明应按其他有关标准执行的写法为“应符合……的规定”或“应按……执行”。

引用标准名录

1 《建筑结构荷载规范》GB 50009

2 《混凝土结构设计规范》GB 50010

3 《烟囱工程施工及验收规范》GB 50078

4 《混凝土外加剂应用技术规范》GB 50119

5 《混凝土结构工程施工质量验收规范》GB 50204

6 《钢结构工程施工质量验收标准》GB 50205

7 《组合钢模板技术规范》GB/T 50214

8 《混凝土结构工程施工规范》GB 50666

9 《低压流体输送用焊接钢管》GB/T 3091

10 《试验筛 金属丝编织网、穿孔板和电成型薄板 筛孔的基本尺寸》GB/T 6005

11 《混凝土外加剂》GB 8076

12 《直缝电焊钢管》GB/T 13793

13 《普通混凝土配合比设计规程》JGJ 55

14 《液压滑动模板施工安全技术规程》JGJ 65

主要参考文献

[1] 中华人民共和国住房和城乡建设部．滑动模板工程技术标准 GB/T 50113 — 2019[S]. 北京：中国建筑工业出版社，2019.

[2] 中华人民共和国住房和城乡建设部．滑动模板工程技术规范：GB 50113 — 2005[S]. 北京：中国计划出版社，2005.

[3] 中华人民共和国住房和城乡建设部．液压滑动模板施工安全技术规程 JGJ 65 — 2013[S]. 北京：中国建筑工业出版社，2013.

[4] 彭宣常，孟春柳，张晓萌等．滑动模板工程技术标准报批稿[R]. 北京：中冶建筑研究总院有限公司，2017.

[5] 胡洪奇，彭宣常，罗竟宁等．关于修订滑模规范的几项考虑[R]. 北京：中冶建筑研究总院有限公司，2016.

[6] 彭宣常，姚新林，彭骏等．提高滑模施工结构观感质量的措施应用调研报告[R]. 北京：中冶建筑研究总院有限公司，2017.

[7] 彭宣常，张亚钊，张晓萌等．滑模出模强度现场快速检测仪器设备应用效果调研报告[R]. 北京：中冶建筑研究总院有限公司，2017.

[8] 张晓萌，姚新林，彭骏等．滑模工程设计与滑模施工工艺的应用探讨[J]. 2019 年第一届全国模板脚手架学术交流大会论文集；钢结构，2019(34).

[9] 毛凤林，米舰，彭宣常等．2013～2018 年全国滑模(爬)模工艺技术创新成果 [R]. 北京：中国施工企业管理协会滑模工程分会，2018.

[10] 罗竟宁，毛凤林，彭宣常等．滑模工程[J]. 北京：中国施工企业管理协会滑模工程分会，2010～2018.

[11] 尚润涛，米舰，彭宣常等．滑模工程分会成立 30 年回顾[C]，北京：中国施工企业管理协会，2017.

[12] 彭圣浩．建筑工程施工组织设计实例应用手册(第四版)[M]. 北京：中国建筑工业出版社，2016.

[13] 彭圣浩．建筑工程质量通病防治手册(第四版)[M]. 北京：中国建筑工业出版社，2014.

[14] 中华人民共和国住房和城乡建设部．液压爬升模板工程技术标准 JGJ 195 — 2018[S]. 北京：中国建筑工业出版社，2018.

[15] 中华人民共和国住房和城乡建设部．建筑结构荷载规范 GB 50009 — 2012[S]. 北京：中国建筑工业出版社，2012.

[16] 谢正武等．滑模混凝土早期强度测试仪研制[D]. 北京：国合建设集团有限公司，2010.

[17] 罗竞宁，彭宣常，张晓萌．面向 21 世纪的中国滑模工程技术[C]. 北京：中国建筑模板 20 年，中国模板协会，2004.

[18] 彭浩，程玉平，刘幸等．滑模工具式支承杆的计算方法及工程应用[J]. 工业建筑，2005(35).

[19] 谢建民，肖备．滑模施工支承杆与模板倾斜度探讨[J]. 建筑技术，2006(11).

[20] 方体利，刘宁．大直径立井高强混凝土液压滑模套壁施工工艺简述[C]. 2009 年全国矿山建设学术会议文集(上册)，合肥工业大学出版社，2009.

[21] 马勋才，欧阳秘，刘亚军．地下工程连续式斜井滑模施工综述[J]. 云南水力发电，2016(04).

[22] 王均等．山区高速公路高桥墩滑模施工关键控制技术[A]；第六届中国公路科技创新高层论坛论文集(下册)[C]，人民交通出版社，2013.

[23] 米舰，郭顺祥，刘和强等．北七家沙子营全向信标/测距仪台搬迁工程综合施工技术[R]. 北京：北京市住房和城乡建设委员会，北京住总集团，2015.

[24] 李建平，蒋建忠，邢永谦等．陕西生态水泥股份有限公司富平 2×4500t/d 熟料新型干法水泥生产线工程[R]. 北京：中冶股份建筑新技术应用示范工程，中国 20 冶集团，2014.

[25] 赵自亮等．填海区密布大型筒仓施工关键技术研究[R]. 广东：广东省建筑业新技术应用示范工程，广州市恒盛建设工程有限公司，2012.

[26] 杨翔虎．杨晨．“滑空倒模”专利在施工实践中的应用[J]. 江苏建筑 ，2018(5).

[27] 孟雷雷．滑模施工初滑时间、滑升速度及模板的确定[J]. 煤炭科技，2011(2).

[28] 戴元灏，傅立容．采用滑模工艺预制大型海工钢筋混凝土构件的质量检测与耐久性剖析[J]. 水运工程，2004(2).

[29] 吴之昕等．滑升模板施工工艺标准(高层建筑、高耸构筑物)：ZJQ00-SG-002-2003[S]，中国建筑工程总公司．北京：中国建筑工业出版社，2003.

[30] 李清江等．建筑结构工程施工工艺标准(滑模工程Ⅱ401～Ⅱ405)：Q CJJT-JS02-2004[S]，北京城建集团．北京：中国计划出版社，2004.

[31] 中华人民共和国住房和城乡建设部．钢筋混凝土筒仓施工与质量验收规范 GB 50669 — 2011[S]. 北京：中国计划出版社，2011.

[32] 中华人民共和国住房和城乡建设部．烟囱工程施工与验收规范 GB 50078 — 2008[S]. 北京：中国计划出版社，2008.

[33] 中华人民共和国住房和城乡建设部．煤矿井巷工程施工规范 GB 50511 — 2010[S]. 北京：中国计划出版社，2010.

[34] 中华人民共和国住房和城乡建设部．有色金属矿山井巷工程施工规范 GB 50653 — 2011[S]. 北京：中国计划出版社，2011.

[35] 国家能源局．水工建筑物滑动模板施工技术规范 DL/T 5400 — 2016[S]．北京：中国电力出版社，2016.